"十四五"职业教育国家规划教材

高等职业教育药学类与食品药品类专业第四轮教材

生物化学 第4版

（供医学检验类、护理类、药学类、药品与医疗器械类、食品类专业用）

主　编　毕见州　何文胜

副主编　杜建红　周志涵　韩　霞　苏玉环

编　者（以姓氏笔画为序）

丁　倩（山东医学高等专科学校）

王　霞（广东食品药品职业学院）

毕见州（山东药品食品职业学院）

苏玉环（泰山护理职业学院）

杜建红（山西药科职业学院）

李新舟（福建生物工程职业技术学院）

何文胜（福建生物工程职业技术学院）

岳　红（长春医学高等专科学校）

周志涵（湖南食品药品职业学院）

郝雪微（哈尔滨医科大学大庆校区）

梁君玲（山东药品食品职业学院）

韩　霞（山东医学高等专科学校）

彭臻菲（福建卫生职业技术学院）

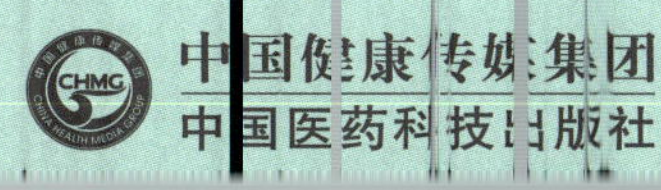

中国健康传媒集团

中国医药科技出版社

内容提要

本教材为“高等职业教育药学类与食品药品类专业第四轮教材”之一，系根据生物化学教学大纲的基本要求和课程特点编写而成。内容包括生物大分子蛋白质、核酸、酶的分子组成、结构、理化性质、生理功能，维生素与酶的辅助因子的关系，糖类、脂类、蛋白质和核酸在体内的代谢过程及代谢紊乱的调节和相关药物，肝胆生化，生物化学关键技术的原理和操作等。本教材每章设有学习引导、学习目标、实例分析、目标检测、即学即练和知识链接等模块，配套的数字化资源包括知识回顾、习题库、PPT、微课视频等，以供读者深入学习。本教材为理实一体教材，设有生物药物的作用、分离纯化、含量测定和鉴定等实训任务内容。

本教材可供高等职业院校医学检验类、护理类、药学类、药品与医疗器械类、食品类专业使用，也可作为医药企业相关技术人员的参考资料。

图书在版编目（CIP）数据

生物化学／毕见州，何文胜主编．—4版．—北京：中国医药科技出版社，2021.8

高等职业教育药学类与食品药品类专业第四轮教材

ISBN 978－7－5214－2534－5

Ⅰ.①生… Ⅱ.①毕… ②何… Ⅲ.①生物化学－高等职业教育－教材 Ⅳ.①Q5

中国版本图书馆CIP数据核字（2021）第129615号

美术编辑 陈君杞

版式设计 友全图文

出版 **中国健康传媒集团**｜中国医药科技出版社

地址 北京市海淀区文慧园北路甲22号

邮编 100082

电话 发行：010－62227427 邮购：010－62236938

网址 www.cmstp.com

规格 889×1194mm 1/16

印张 15 1/4

字数 414千字

初版 2008年7月第1版

版次 2021年8月第4版

印次 2023年11月第4次印刷

印刷 三河市万龙印装有限公司

经销 全国各地新华书店

书号 ISBN 978－7－5214－2534－5

定价 45.00元

获取新书信息、投稿、为图书纠错，请扫码联系我们。

出版说明

“全国高职高专院校药学类与食品药品类专业‘十三五’规划教材”于2017年初由中国医药科技出版社出版，是针对全国高等职业教育药学类、食品药品类专业教学需求和人才培养目标要求而编写的第三轮教材，自出版以来得到了广大教师和学生的好评。为了贯彻党的十九大精神，落实国务院《国家职业教育改革实施方案》，将“落实立德树人根本任务，发展素质教育”的战略部署要求贯穿教材编写全过程，中国医药科技出版社在院校调研的基础上，广泛征求各有关院校及专家的意见，于2020年9月正式启动第四轮教材的修订编写工作。

党的二十大报告指出，要办好人民满意的教育，全面贯彻党的教育方针，落实立德树人根本任务，培养德智体美劳全面发展的社会主义建设者和接班人。教材是教学的载体，高质量教材在传播知识和技能的同时，对于践行社会主义核心价值观，深化爱国主义、集体主义、社会主义教育，着力培养担当民族复兴大任的时代新人发挥巨大作用。在教育部、国家药品监督管理局的领导和指导下，在本套教材建设指导委员会专家的指导和顶层设计下，依据教育部《职业教育专业目录（2021年）》要求，中国医药科技出版社组织全国高职高专院校及相关单位和企业具有丰富教学与实践经验的专家、教师进行了精心编撰。

本套教材共计66种，全部配套“医药大学堂”在线学习平台，主要供高职高专院校药学类、药品与医疗器械类、食品类及相关专业（即药学、中药学、中药制药、中药材生产与加工、制药设备应用技术、药品生产技术、化学制药、药品质量与安全、药品经营与管理、生物制药专业等）师生教学使用，也可供医药卫生行业从业人员继续教育和培训使用。

本套教材定位清晰，特点鲜明，主要体现在如下几个方面。

1. 落实立德树人，体现课程思政

教材内容将价值塑造、知识传授和能力培养三者融为一体，在教材专业内容中渗透我国药学事业人才必备的职业素养要求，潜移默化，让学生能够在学习知识同时养成优秀的职业素养。进一步优化“实例分析/岗位情景模拟”内容，同时保持“学习引导”“知识链接”“目标检测”或“思考题”模块的先进性，体现课程思政。

2. 坚持职教精神，明确教材定位

坚持现代职教改革方向，体现高职教育特点，根据《高等职业学校专业教学标准》要求，以岗位需求为目标，以就业为导向，以能力培养为核心，培养满足岗位需求、教学需求和社会需求的高素质技能型人才，做到科学规划、有序衔接、准确定位。

3. 体现行业发展，更新教材内容

紧密结合《中国药典》（2020年版）和我国《药品管理法》（2019年修订）、《疫苗管理法》（2019

年）、《药品生产监督管理办法》（2020年版）、《药品注册管理办法》（2020年版）以及现行相关法规与标准，根据行业发展要求调整结构、更新内容。构建教材内容紧密结合当前国家药品监督管理法规、标准要求，体现全国卫生类（药学）专业技术资格考试、国家执业药师职业资格考试的有关新精神、新动向和新要求，保证教育教学适应医药卫生事业发展要求。

4. 体现工学结合，强化技能培养

专业核心课程吸纳具有丰富经验的医疗机构、药品监管部门、药品生产企业、经营企业人员参与编写，保证教材内容能体现行业的新技术、新方法，体现岗位用人的素质要求，与岗位紧密衔接。

5. 建设立体教材，丰富教学资源

搭建与教材配套的“医药大学堂”（包括数字教材、教学课件、图片、视频、动画及习题库等），丰富多样化、立体化教学资源，并提升教学手段，促进师生互动，满足教学管理需要，为提高教育教学水平和质量提供支撑。

6. 体现教材创新，鼓励活页教材

新型活页式、工作手册式教材全流程体现产教融合、校企合作，实现理论知识与企业岗位标准、技能要求的高度融合，为培养技术技能型人才提供支撑。本套教材部分建设为活页式、工作手册式教材。

编写出版本套高质量教材，得到了全国药品职业教育教学指导委员会和全国卫生职业教育教学指导委员会有关专家以及全国各相关院校领导与编者的大力支持，在此一并表示衷心感谢。出版发行本套教材，希望得到广大师生的欢迎，对促进我国高等职业教育药学类与食品药品类相关专业教学改革和人才培养作出积极贡献。希望广大师生在教学中积极使用本套教材并提出宝贵意见，以便修订完善，共同打造精品教材。

数字化教材编委会

主　编　毕见州　何文胜

副主编　杜建红　周志涵　韩　霞　苏玉环

编　者　（以姓氏笔画为序）

丁　倩（山东医学高等专科学校）

王　霞（广东食品药品职业学院）

毕见州（山东药品食品职业学院）

苏玉环（泰山护理职业学院）

杜建红（山西药科职业学院）

李新舟（福建生物工程职业技术学院）

何文胜（福建生物工程职业技术学院）

岳　红（长春医学高等专科学校）

周志涵（湖南食品药品职业学院）

郝雪微（哈尔滨医科大学大庆校区）

袁万瑞（山东药品食品职业学院）

梁君玲（山东药品食品职业学院）

韩　霞（山东医学高等专科学校）

彭臻菲（福建卫生职业技术学院）

前言

生物化学系医药卫生类、食品类专业的专业基础课程，为后续课程如药理学、药物化学、生物制药技术、生物技术制药、医学生化检验等奠定理论知识和技能基础，也为胜任医学检验、药学（服务）、制药等岗位工作和职业资格考试奠定基础。本教材的主要内容包括四大部分：一是构成生物体的物质基础；二是物质代谢及其调控；三是遗传信息的贮存、传递、表达和调控；四是生物药物的分离纯化及常见血液指标的分析检测和所承载的生物化学技术的介绍。

本教材在第3版的基础上，由全国10所院校教学和生产一线的教师、学者编写而成，纳入一些最新的学科发展和生化技术的最新内容，对内容进一步增删。①按照《中国药典》（2020年版）修订了所有的生物药物名称；按照《中国老年糖尿病诊疗指南（2021年版）》《中国成人血脂异常防治指南（2016年修订版）》修订了血脂和血糖指标。②增加了基因组、癌基因、抑癌基因、蛋白质的超二级结构和结构域等内容。③增加了分子生物学相关的实训任务，如聚合酶链式反应（PCR反应）操作，聚丙酰胺凝胶电泳法分离蛋白质等。④进一步简化绪论和章节中对生物药物的叙述，改为重点生物药物的介绍。⑤增加了的数字化资源，主要内容有知识回顾、目标检测的答案解析、习题库（含解析）、PPT和微课视频等，方便老师和学生使用。

本教材的主要特色有四个方面：①以生物药物如蛋白质类、核酸类、酶（含维生素）类、糖类、脂类和血液指标等为载体；以生物药物的生产、检测和临床化验为主线；以工作过程为导向、任务驱动为形式；采用各种不同的生物化学技术如色谱、离心、电泳、光谱技术和PCR技术等，引导学生学习相关理论知识，指导学生掌握各种生物化学技术技能，实现与工作实际和当前时效无缝对接。②教材有机融合“课程思政，立德树人”等内容。③针对教材的使用，在绪论中重点介绍教师的“教”和学生的“学”，教师的“教”可为新教师或跨专业教学的教师提供参考；学生的“学”，主要针对高职高专学生认知规律，设置指导性建议和方法，希望能减少学生学习的盲目性和畏难情绪，有效提高学习效率。④在教材的编排中充分体现“以学生为中心”的理念，尊重学生的认知规律，设置了“学习引导”“学习目标”“实例分析”“即学即练”“知识链接”等模块。

本教材适合高职高专院校医学检验类、护理类、药学类、药品与医疗器械类、食品类专业的师生使用，也可供从事医药相关工作的技术人员作为培训教材或参考书使用。

本教材编写分工如下：毕见州和周志涵（第一章）、毕见州和梁君玲（第二章）、丁倩（第三章）、何文胜和李新舟（第四章）、王霞（第五章）、岳红（第六章）、苏玉环（第七章）、韩霞（第八章）、郝雪微（第九章）、彭臻菲（第十章）、杜建红（第十一章）。

本教材在编写过程中，参考了国内一些专家和学者的著作，在此一并表示衷心的感谢！由于编者水平所限，内容不当之处在所难免，恳请广大读者批评指正。

编　者

2021年5月

目录

CONTENTS

第一章　绪　论

学习引导

酿酒酿醋、抗脚气病维生素的发现、蛋白质的变性学说和遗传物质 DNA 的发现，科学家们一直致力于生物体内发生的一切与生命有关活动的研究。从生物体分子组成、结构到代谢和功能研究，从机体整体水平研究过渡到细胞水平，直到现在的分子水平研究，随着人类基因组计划的完成到后基因组时代的深入，科学家们一刻也未停止探索生命奥秘的脚步，而围绕这一主线的核心学科就是生物化学。那么生物化学研究内容到底包括哪些？我们学习生物化学的目的是什么？这门学科有什么好的学习方法？学习本门课程对后续专业课的学习和日常的医药卫生保健有哪些指导作用？开启本章的学习旅程，这些问题将一一得到解答。

本章主要介绍生物化学的研究内容、发展历程、生物化学与医药学的关系和学习生物化学的方法。

学习目标

1. 掌握　生物化学的概念。
2. 熟悉　生物化学的研究内容；生物化学与医药学的关系；生物化学的“学”。
3. 了解　了解生物化学的发展历程。

第一节　生物化学的研究内容

PPT

一、生物化学的概念

生物化学（biochemistry）是研究生物体（包括人类、动物、植物和微生物）内基本物质的分子组成、结构特征、理化性质以及这些物质在体内发生化学变化规律的一门学科。它从分子水平揭示了生命现象的本质，又称为生命的化学（chemistry of life）。这门学科综合运用化学、数学、物理、生理学、细胞生物学、遗传学、免疫学、生物信息学等的理论和技术，已成为一门研究手段多样、研究范围广泛、研究意义深远的前沿学科。

二、生物化学的研究内容 微课1

生物化学的研究对象是活细胞和生物体，研究的主要目的是从分子水平上探讨生命现象的本质并把这些基础理论、基本原理和生化技术应用于相关领域、相关学科中，为人类控制生物并改造生物、征服自然并改造自然，保障身体健康和提高生存质量服务。现代生物化学的研究主要集中在以下几个方面：

（一）生物体的物质基础

构成生物体的物质主要包括蛋白质、核酸、酶、维生素、激素、糖类、脂类、信号物质、水和无机盐等。蛋白质、核酸、多糖、脂类属于生物大分子，称为四大结构物质；而四大调控物质包括激素、维生素、微量元素、信号物质；其中糖类、脂肪、蛋白质可为机体代谢提供能量，被称为三大供能物质；核酸、蛋白质、多糖、蛋白聚糖和复合脂质等是体内重要的生物大分子，这些大分子具有信息功能，又称为生物信息分子。对这些物质的分子组成、结构特征、理化性质、生物学功能及结构与功能的关系进行研究，是现代生物化学研究内容之一，因为是从相对静止的角度把这些物质孤立起来考虑的，所以对生物体物质基础部分的研究又称为静态生物化学。

（二）物质代谢及其调控

新陈代谢（metabolism）是生命的基本特征，包括物质代谢和能量代谢两个方面，生物体不断地与外界环境进行有规律的物质交换，更新体内基本物质的化学组成，同时伴随着能量的变化。体内物质代谢几乎都是由一系列酶催化的反应所组成的代谢途径完成的，这些酶促反应和代谢途径相互联系、相互制约，有条不紊地进行，维持着机体的正常生理状态。

物质代谢错综复杂而又有条不紊，源于体内严格的调节和控制机制，一旦物质代谢发生紊乱、调节失控，就会导致组织器官功能异常，机体呈现为病理状态，如癌症或贫血的发生、血糖或血脂升高、痛风症状的出现等。总之，机体在漫长的进化过程中，已经形成了精细、严密、完善的调控机制，保证新陈代谢的有序进行，使内环境保持相对稳定，各种组织器官功能得以正常发挥。因此研究物质代谢及其调控是生物化学的主要内容，通常称为动态生物化学。

（三）遗传信息的贮存、传递、表达和调控

遗传的物质基础是核酸，除某些 RNA 病毒外，DNA 是遗传信息的携带者，按照遗传学的中心法则，将储存在 DNA 分子中的遗传信息以基因（gene）为单位进行复制、转录、翻译，从而完成 RNA 和蛋白质的生物合成，使生物性状得以代代相传。而 RNA 病毒的逆转录现象，则是中心法则的补充和完善。生物体内对基因的复制和表达存在着一整套严密的调控机制，保证基因表达与否、表达的量、表达的时间和部位，能够满足细胞结构和功能的需求并适应内外环境的变化。遗传信息的贮存、传递、表达和调控是现代生物化学研究的重要内容，又被称为信息生物化学。

三、生物化学的发展 微课 2

生物化学是一门古老又年轻的学科。四千多年前的酿酒、公元前 12 世纪的制酱和制醋等仅是对生物化学知识的简单应用，直到 20 世纪初才成为一门独立的学科，目前已成为生命科学领域重要的前沿学科之一。

近代生物化学的发展可分为三个阶段：初期、快速发展时期以及分子生物学的崛起。

（一）初期阶段

从 18 世纪中叶至 20 世纪初，这一时期的研究主要以生物体的化学组成为主，取得的主要成绩包括：1777 年法国 Lavoisier 阐明了呼吸的化学本质，开创了生物氧化及能量代谢的研究；1828 年德国

Wohler 由氰酸铵合成尿素，开创有机物人工合成先河；1877 年，德国 Hopper - Seyle 提出“Biochemie”一词，建立生理化学学科；1897 年，德国 Buchner 兄弟发现无细胞酵母提取液可发酵糖类生成酒精，奠定了近代酶学的基础，1903 年德国 Neuberg 提出“biochemistry”一词，至此，生物化学成为一门独立的学科。

（二）快速发展阶段

20 世纪初期至 20 世纪中期，生物化学进入蓬勃发展时期，即动态生物化学阶段。例如：在营养方面，发现了人类必需氨基酸、必需脂肪酸及多种维生素，1911 年波兰的 Funk 鉴定出糙米中对抗脚气病的物质是胺类（维生素 B_1），提出维生素的概念；在内分泌方面，1904 年英国的 Atarling 和 Bayliss 发现了促胰液素并于 1905 年提出激素的概念，此后，多种激素被发现并分离、合成；在酶学方面，1926 年美国的 Sumner 结晶出脲酶（脲即尿素），提出酶的化学本质是蛋白质；在物质代谢方面，基本确定体内主要物质的代谢途径，包括糖代谢途径的酶促反应过程、脂肪酸 β - 氧化、尿素循环及三羧酸循环等，例如，1932 年英国的 Krebs 发现了尿素循环，4 年后即 1937 年又创立了三羧酸循环理论，该理论的创立奠定物质代谢的基础，1957 年 Krebs 由此获得诺贝尔生理学或医学奖；在生物能研究中，提出了生物能产生过程中的 ATP 循环学说；在遗传学上，1944 年美国的 Avery 完成肺炎球菌转化试验，发现 DNA 是遗传物质。

（三）分子生物学崛起

20 世纪 50 年代以来，生物化学进入了飞速发展时期，推动着生命科学各个领域间的交叉渗透和深入研究。1953 年美国的 Waston 和英国的 Crick 创立了 DNA 双螺旋结构模型及 60 年代中期遗传学中心法则的初步确立、遗传密码的发现，为揭示遗传信息传递规律奠定了基础，标志着生物化学的发展进入分子生物学时代。1973 年美国 Cohen 建立了体外重组 DNA 方法，标志着基因工程的诞生，极大地推动了医药工业和农业的发展，产生了大量转基因动植物和基因剔除动物模型，创建了基因诊断与基因治疗技术。1981 年 T. Cech 从四膜虫中发现了核酶（ribozyme），打破了酶的化学本质都是蛋白质的传统概念。1985 年 Mullis 发明了聚合酶链式反应（polymerase chain reaction，PCR）技术，使人们能够在体外高效率扩增 DNA，该技术现已广泛应用于新型冠状病毒（SARS - CoV - 2）的临床检测。

 知识链接

新型冠状病毒和新型冠状病毒肺炎的命名

2020 年 2 月 11 日，世界卫生组织（简称：世卫组织）总干事谭德塞博士宣布，将新型冠状病毒肺炎（简称：新冠肺炎）命名为“COVID - 19”，其中字母 CO 代表“冠状”（corona），字母 VI 代表“病毒”（virus），字母 D 代表“疾病”（disease），数字 19 代表该疾病发现时间为 2019 年。世卫组织在官方推特上解释了其命名准则：不涉及地理位置、动物、个人或人群，而且要易读，并与该疾病有关。

随后，国际病毒分类委员会将新型冠状病毒正式命名为“SARS - CoV - 2”。

1990 年开始实施的人类基因组计划（human genome project，HGP）于 2001 年完成了人类基因组“工作草图”，2003 年成功绘制人类基因组序列图，但在 1 号染色体上还存在漏洞和不精确之处，2006 年英、美科学家宣布完成人类 1 号染色体的基因测序图，这表明人类最大和最后一个染色体的测序工作已经完成。基因组序列图的完成，首次在分子层面为人类提供了一份生命“说明书”，标志着人类对自身遗传、变异、生长、衰老、疾病和死亡的认识发生了质的飞跃，推动了生命与医药科学的革命性进展。

随着人类基因组计划的十余种模式生物的基因组全序列测定的完成，生命科学开始了一个新的纪

元——后基因组时代（post genome era），基因组计划的重心已逐渐由结构基因组学研究转移到功能基因组学、蛋白质组学、蛋白质空间结构的分析与预测、基因表达产物的功能分析以及细胞信号转导机制的研究。

2003 年启动的人类蛋白质组计划（Human Proteome Project，HPP）按人体组织、器官和体液分批开始实施的策略，率先启动的两个组别之一——“国际人类肝脏蛋白质组计划”，2018 年公布了 17 个国家的研究成果：成功构建了肝脏蛋白质组的表达谱、修饰谱、连锁图及其综合数据库；首次实现人类组织、器官转录组和蛋白质组的全面对接，发现一批针对肝脏疾病、恶性肿瘤等重大疾病的生物标志物、潜在药靶和蛋白质药物等；除蛋白质组学外，转录组学、代谢组学、糖组学等组学的研究也是方兴未艾，成果迭出，这些都将为人类认识自身、研究疾病、创制新药、攻克疾病带来根本性的变革。

2006 年，山中伸弥（日本）在小鼠体细胞中转入基因，将完整、成熟细胞的细胞核重新编程，转化成多能干细胞，破除了以往认为胚胎发育及细胞分化不可逆的概念，为实现干细胞治疗及体外器官培养铺平了道路。

2009 年三位诺贝尔奖获得者发现了端粒和端粒酶保护染色体的机理，为人类防治癌症、揭示衰老等提供了崭新的视角。

更重要的是，20 世纪以来，我国生物化学家在营养学、临床生化、蛋白质变性学说、人类基因组等研究领域都做出了巨大的贡献。另外，在酶学、蛋白质结构、生物膜结构与功能方面的研究都有举世瞩目的成就。近年来，我国的基因工程、蛋白质工程、新基因的克隆与功能、疾病相关基因的定位克隆及其功能研究均取得了重要的成果。

20 世纪 20 年代，我国生物化学家吴宪等创立了无蛋白血滤液的制备和血糖测定法，提出了蛋白质变性学说；1963 年，童第周首次成功克隆了脊椎动物（鱼类）；1965 年，我国科学家首先人工合成了具有全部生物活性的结晶牛胰岛素，并于 1971 年，用 X 射线衍射方法测定牛胰岛素的分子空间结构；1981 年，采用了有机合成和酶促相结合的方法成功地合成了酵母丙氨酸 - tRNA；2001 年，加州大学圣迭戈分校博士后王磊（中国籍）开创性地人为扩充生物体的遗传密码，从而在生物体的细胞中引入了新型氨基酸，为生命科学研究开辟了一个崭新领域；2014 年中国科学院院士贺福初领衔的“中国人蛋白质组计划”，该计划对多种人体肿瘤进行了全面深入的蛋白质组分析，2018 年建立了首个与弥漫性胃癌预后相关的蛋白质组分子分型，2019 年率先公布早期肝细胞癌的蛋白质组分子分型并发现新的治疗靶标，2020 年又在国际期刊“Cell”（细胞）上发表了非小细胞肺癌的蛋白质组分子分型研究，再次证明蛋白质组学在精准医学中的独特性和至关重要性。

PPT

第二节　生物化学与医药学

一、生物化学与医学的关系

生物化学与医学关系非常密切。生物化学理论和现代生物化学技术的不断发展为现代医学奠定了坚实的基础，越来越多的生物化学理论和技术应用于疾病的诊断、治疗和预防，而且许多疾病的发病机制已经深入到分子水平。

在疾病的发病机制方面：由于基因突变导致蛋白质一级结构改变的“分子病”，基因单碱基的突变所导致的镰状细胞贫血；蛋白质空间结构改变导致的“构象病”，朊病毒感染引起的“疯牛病”；新型

冠状病毒刺突S蛋白与人体细胞表面的ACE2受体结合导致新型冠状病毒肺炎（COVID-19）；酶的缺陷或活性异常导致代谢紊乱而引起的先天性代谢缺陷病。例如：糖原贮积症是糖代谢途径中酶的缺陷导致代谢紊乱所致；白化病和苯丙酮尿症是因缺乏酪氨酸酶和苯丙氨酸羟化酶所致。

在血生化检测方面：通过测定血清各种酶及同工酶谱，分析血液化学成分，极大地增加了疾病的诊断依据，提升了诊断水平。如测定丙氨酸氨基转移酶、*L*-乳酸脱氢酶、肌酸激酶同工酶谱等对于肝病、心肌梗死的诊断提供了临床依据。

在基因诊断和基因治疗方面：应用PCR技术的核酸检测已经成为临床检测新冠病毒的“金标准”；癌基因的发现，证明癌基因在正常生理情况下并不引起细胞癌变，只有在某些理化因素或病毒的作用下，才被激活而导致细胞癌变，这为根治肿瘤奠定了基础。

随着生物化学衍生的分子生物学发展，人类基因组计划的完成，后基因时代蛋白质组学等的深入研究，在不久的将来，必将对疾病的认识、诊断、治疗和预防等观念发生根本性的变革。

二、生物化学与药学的关系

生物化学为药学研究领域特别是新药的发现和研究提供了重要的理论基础和技术手段。生物化学和分子生物学已渗透到药学领域的药物化学、中药学、药理学、药物制剂、药物分析等多个学科之中，并成为当代药学学科发展的先导学科。如生物化学的研究不仅可以从分子水平阐明活细胞内发生的全部化学过程，而且可以阐明许多疾病的发病机制，为新药合理设计提供依据，减少寻找新药的盲目性；同时，应用现代生物化学技术，从生物体获取的生理活性物质除可直接开发成有临床价值的生物药物外，还可从中寻找到结构新颖的先导化合物，设计合成新的化学实体。

三、生物化学与制药的关系

生物化学在制药工业生产中起着非常重要的作用。生物化学学科的发展促进了制药工业产品更新、技术进步和行业发展。以生物化学、微生物学和分子生物学为基础发展起来的生物技术制药工业，已经成为制药工业的一个新门类。各种生物技术已经广泛应用于制药工业中；愈来愈多的重组药物，如人胰岛素、人干扰素、人白细胞介素-2、牛碱性成纤维细胞生长因子、人促红素、人用重组单克隆抗体、人用基因治疗制品和各种疫苗等均已在临床广泛使用，新的蛋白质工程药物种类正在日益增加。应用生物工程技术改造传统制药工业，已成为行业技术的主力军，生物制药技术和传统的制药技术已经融为一体，已迅速发展成为新型的工业生产模式。

鉴于生物化学在医药学和制药行业中的地位和作用，作为医药学、医学检验、药品生产等相关专业的学生，通过本门课程的学习，既可以理解生命现象的本质，又可以把生物化学原理和技术应用于药物的研究、制备、检测、储运养护和临床使用中，同时为进一步学习其他后续课程奠定扎实的生物化学基础。

第三节　生物化学的“教”与“学”

PPT

一、生物化学的“教”

首先感谢老师选用本教材，希望本教材对您的生物化学教学有所帮助，更希望您对本教材提出宝贵的意见和建议，以便再版时修正和改进。

作为教师，我们都希望能高质量地完成教学任务。在生物化学理论飞速发展及生物化学技术应用不断扩展和深入的年代，如何利用有限的时间把课教好，对我们每个人都是一个挑战。下面列出几点建议，仅供老师们参考。

1. 教材内容的取舍 使用任何一本教材，都不可能在课上讲授其中所有的内容。建议将书上内容分为课堂上必讲的内容、学生课下自学的内容（可以看微课视频）。课堂上必讲的是重点内容，要讲透，多与学生所学专业、日常生活联系，让绝大多数学生都能理解、领会，将这部分知识和技术内化成自身的知识和技能体系；对于简单、容易理解的内容，可以布置作业，让学生课后自学，并在课后提交PPT或自学体会，计入平时成绩。

另外，对于不同的专业可以选用不同的内容。对于医学检验、药学专业的学生，可以开设第十章肝胆生化；第十一章生物化学技术，可在完成各种实训任务时穿插讲解和演示，也可以参考数字化资源中的视频讲解；对于实训内容的选择，制药类专业可开设生物药物的分离纯化和含量（浓度）测定等，而其他专业可开设各种血液指标的生化检测，包括血糖、血脂（脂肪、胆固醇）、酶的检测等。

2. 课件PPT的使用 与教材配套的PPT课件涵盖了书上所有的内容，但它不是万能的，忌讳照搬照念，否则可能会导致学生慢慢失去兴趣。每位老师可根据自己的体会和经验补充动画和图片，有些地方还要增加板书来提升课堂授课效果。

3. “实例分析”和“即学即练”的使用 在本书中安插的“实例分析”很有启发性和教育意义，每个实例都紧扣重要的知识点，建议老师结合实例内容引导学生认真思考，积极主动参与课堂讨论，进行科技强国、自主创新等思政教育；“即学即练”是安排在所学内容之后，讲完某个重要的知识点，借此了解学生即时学习状态，以便教师掌握课堂情况，判断是否继续巩固本知识点还是开启后续的课程内容。“实例分析”和“即学即练”都可以作为学生平时成绩的一部分。

4. “目标检测”和习题库 纸质版教材的“目标检测”内容基本是按照每一章内容顺序编排的，是对重要知识点的测试；而习题库的习题则是对所有知识点内容检测与反馈，可以选择性使用。

5. “知识链接” 每个章节都设有“知识链接”，这个模块的设置是为有自学能力的同学提供的，可以扩大学生的知识面，教师可根据情况选择性讲解或引导学生自学。

二、生物化学的“学”

亲爱的同学，拿到这本教材，您一定很好奇：生物化学（简称生化）讲什么？学生化有什么用？怎么才能学好？关于生化讲什么（研究内容），在本章的第一节中已有叙述，下面重点讲述的是生化的用处和学好的方法，请耐心地看完，希望对您的学习有所帮助。

（一）学习《生物化学》有什么用？

在学习生化之前，您可能听师兄、师姐说过“生理生化必有一挂”，因此没学之前就有点忐忑、不知所措，但生化是必修课，又不得不学。其实，没有传说中的那么邪乎，如果您事先了解学习生化有诸多“好处”，采用科学智慧的学习方法，就不愁学不好。

从本书中，您可以学到生物化学知识和生物化学技术方法，还可以学到很多与医药、食品营养、卫生保健等相关知识。这些知识不仅可以为其他专业课的学习奠定基础，更重要的是可以将这些知识进行内化和传播，使自己、家人受益无穷。比如在生活中我们会遇到夸大甚至虚假的医药、保健品广告宣传，如果您有丰富的生化专业知识，就可以从专业的角度来看待这些广告宣传，书中列举了一些实例进行分析，您认真看书或扫描二维码查看相关内容，就可以得到确切的答案。

通过读这本书，而不是仅仅通过简单的科普和广告来了解药学知识，您会成为专业人士，未来的医师、药师和工程师。

（二）如何学好《生物化学》？

本教材的内容主要包括：静态生物化学、动态生物化学、信息生物化学等内容。每一部分都是环环紧扣，相互联系的，针对不同的内容，介绍一下学习方法。

1. 静态生物化学的学习方法 这部分内容有的书上称为结构生物化学，是学好后面内容的基础。对初步接触生化的同学来说，好学这一部分并非易事，学得不好，会影响学习兴趣和对后续内容的掌握，那么如何学好呢？我认为要注意以下几点：

（1）具备一定的有机化学基础 生物分子的结构直接关联到其理化性质和生理功能，对结构的认识和理解需要很好的有机化学基础，如果基础不牢，学起来会困难一些。比如，有机化学中的手性碳原子的判断，构型（*D* 型和 *L* 型）的判断，构型和构象区别，顺反异构、旋光异构，杂环化合物等相关知识和概念，在生物化学中都要用到。因此，学好有机化学对生物化学的学习帮助很大。

（2）对于生物分子结构记忆和理解 如氨基酸、脂肪酸、磷脂等的结构通式只需记住；对于碱基，能分清楚嘌呤碱和嘧啶碱就可以，若能细分记忆更好；对于生物大分子的一级结构和立体结构，需要理解并形象记忆。

例如：①氨基酸的结构通式要记住，构型为 *L* 型（而糖则为 *D* 型），可以多写几遍，加深记忆；氨基酸的种类可以采用助记口诀辅助记忆；②碱基需要分清嘌呤碱和嘧啶碱，2 个杂环的是嘌呤碱，1 个杂环是嘧啶碱，但要注意碱基的编号，因很多碱基和核苷类药物都是它们的类似物；③记住磷脂的通式，是因为它具有特殊的亲水头和疏水尾，可用于很多药物的生产，如脂质体、微球等；④对于生物大分子蛋白质、核酸、酶、多糖空间结构的理解，可以发挥形象思维，从自己的身边入手，如上楼的楼梯（蛋白质的 α－螺旋）、夏天折叠的纸扇子（蛋白质的 β－折叠）、钥匙和锁（结构域和受体、底物和酶）、两根麻绳的扭曲（DNA 的双螺旋）、三叶草（tRNA 结构）、一根竹杆（直链淀粉）、一棵大树（支链淀粉）、更加茂密的大树（糖原）等。对有能力和要求高的同学，可以查询有关 Waston 和 Crick 于 1953 年发表的 DNA 双螺旋结构文章，顺便还可以熟悉一下英文。

（3）对于结构、性质和功能的比较 可多采用对比法记忆，如蛋白质和核酸结构（α－螺旋和双螺旋）、性质（变性、复性和紫外吸收等）的比较；DNA 和 RNA 组成的比较；蛋白质和核酸功能的关联；三种能源物质（糖、脂肪和蛋白质）供能的比较；两类维生素（脂溶性维生素和水溶性维生素）的比较；两类生物催化剂（酶和核酶）的比较。

2. 动态生物化学的学习方法 物质的代谢内容复杂，每条代谢途径都涉及大量的代谢反应，每个反应都由特定的酶催化完成。学好代谢是同学们将要面临的最大挑战，但如果按照老师的建议，区分哪些内容是必须掌握的，哪些是熟悉和了解的，也就没有那么难了。

在学习一条代谢途径的时候，需要掌握以下内容：①代谢途径的组织定位和细胞定位，该途径的生理意义；②代谢途径的底物、终产物和重要的中间产物（尤其涉及药物）；③代谢途径的限速酶及调节方式；④途径中涉及的能量代谢，如 ATP 的生成方式及能量计算；⑤代谢途径中关键酶缺失的生理后果等。

掌握这些内容是要学会用“生化逻辑”去理解和消化，不要单独记忆每一步反应。例如：在空腹、餐后和饥饿的情况下，血糖是如何保持基本恒定的？若是极度饥饿的情形，大脑和肌肉又是如何保证能量的基本供给并维持生命的基本体征？如果出现意外，心肌缺血、缺氧，可以注射果糖二磷酸钠，为什么不能注射葡萄糖？毕竟葡萄糖又便宜又易得。

3. 信息生物化学的学习方法 这部分知识属于基础分子生物学内容，逻辑性很强，大的框架是围绕着遗传学的“中心法则”展开的。在学习中，明确“一个中心”（DNA）和“两个基本点”（RNA 和蛋白质）之间内在的逻辑关系，包括遗传信息的复制、损伤修复、重组、转录、逆转录、转录后的加工和翻译等。这些过程总是涉及蛋白质和核酸分子之间的相互作用，以及碱基互补配对，因此掌握蛋白质和核酸分子之间的相互作用规律以及碱基互补配对原则，对于理解分子生物学的各种机制和原理至关重要。

（三）如何考出好成绩?

每个同学都想考出好成绩，首先要弄清楚考核评分标准，参考评分标准制定学习计划；其次要注意以下几点：

1. 课前预习，带着问题听课 课前可以翻看本章的目录，搭建知识框架，也可以扫码查看本章的“知识回顾”，对于感兴趣的难点、疑点重点标注，等待课堂老师的讲解和释疑。

2. 课上速记，掌握重点难点 课上紧跟老师的思路，将老师课堂上重点讲述和重复强调的内容记录或标记下来，以便课后复习参考。如果来不及记录，可用提示语句标出，课下再补齐，切忌为了记笔记而耽误听课。

3. 课后复习，加深巩固重点 课后可以进入“医药大学堂”的网站查看课件、微课视频，学而时习，温故知新。同时，利用好每章课后的“目标检测”和习题库，反复练习和反馈，加深对知识的理解和消化。

4. 归纳总结，加速知识内化 可采用归纳、总结、对比等方法，梳理归纳知识点和知识体系，在理解和反复的基础上巧妙记忆，必然事半功倍，让书本知识变成自己的“内在养分”。

答案解析

一、名词解释

生物化学　新陈代谢

二、填空题

1. PCR 是＿＿＿＿＿的缩写、HGP 是＿＿＿＿＿的缩写、COVID－19 是＿＿＿＿＿的缩写、SARS－CoV－2 分别是＿＿＿＿＿的缩写。
2. 本教材的数字化网站是“＿＿＿＿＿＿＿”。

三、选择题

【A 型题】

1. 现代生物化学从（　　）上探讨生命现象的本质。

A. 细胞水平　　B. 分子水平　　C. 整体水平　　D. 酶水平

2. 遗传的物质基础是（　　）。

A. DNA　　B. RNA　　C. 核酸　　D. 蛋白质

3. 研究构成生物体的基本物质的化学组成、结构、性质、功能属于（　　）。

A. 静态生物化学　B. 动态生物化学　C. 信息生物化学　D. 生物化学技术

4. 下列物质不属于生物大分子的是（　　）。

A. 蛋白质　B. 维生素　C. 核酸　D. 糖类

5. 1965 年我国在世界上首先人工合成了有生物活性的（　　）。

A. tRNA　B. 生长激素　C. 结晶牛胰岛素　D. 猪胰岛素

6. 下列打破了酶的化学本质都是蛋白质的传统概念的事件是（　　）。

A. DNA 双螺旋结构模型的创立　B. 遗传中心法则的确立

C. 体外重组 DNA 方法的建立　D. 核酶的发现

【B 型题】

［第 7 ~ 11 选项］

A. 1903 年　B. 1965 年　C. 1944 年　D. 1957 年　E. 2006 年

7. 我国在世界上首次合成有生物活性的结晶牛胰岛素是（　　）。

8. 人类基因组计划的最终完成时间是（　　）。

9. 生物化学学科诞生于（　　）。

10. 发现 DNA 是遗传物质是在（　　）。

11. Krebs 因三羧酸循环的创立而获得诺贝尔生理学或医学奖是（　　）。

［第 12 ~ 16 选项］

A. 贺福初　B. 童第周　C. 吴宪　D. 袁隆平　E. 王磊

12. 提出蛋白质变性学说的是（　　）

13. 领衔“中国人蛋白质组计划”研究的是（　　）

14. 首次成功克隆了脊椎动物（鱼类）的是（　　）

15. 创立血滤液的制备和血糖测定法的是（　　）

16. 人为扩充生物体的遗传密码的是（　　）

【X 型题】

17. 构成生命最基本的物质包括（　　）。

A. 蛋白质　B. 核酸　C. 糖类　D. 脂类

18. 机体的三大供能物质包括（　　）。

A. 蛋白质　B. 核酸　C. 糖类　D. 脂类

四、简答题

1. 生物化学的研究内容包括哪些？

2. 总结一下学习生物化学的方法。

书网融合……

知识回顾　微课 1　微课 2

第二章 蛋白质的化学

学习引导

流感病毒、新型冠状病毒肆虐期间，广大医护人员和卫生防疫人员都在负重前行，有些“逆行者”为什么会预先注射胸腺肽等药物？胸腺肽的成分是什么呢？张文宏教授曾呼吁：多吃鸡蛋、多喝牛奶，可以提高机体免疫能力，有效地对抗病毒感染，即使发生病毒感染，在感染的关键期第7～10天可以降低轻症转重症几率。蛋白质类药物和食物有如此功效，那么其分子组成是什么？蛋白质分子结构的改变是否会影响其生物学作用？《中国药典》规定很多药物，特别是生物制品需要进行蛋白质含量测定，中药提取物需进行杂蛋白的检测，针对不同来源的蛋白质，该选用哪些生物化学技术和方法进行分离纯化和含量测定呢？

本章主要介绍蛋白质的生理功能、分子组成、分子结构、理化性质、常用的分离纯化技术和方法，以及蛋白质的含量测定和临床应用。

学习目标

1. **掌握** 蛋白质的元素组成；氨基酸的结构和结构特点；蛋白质的理化性质及应用；蛋白质的分离纯化技术和方法。

2. **熟悉** 蛋白质的分子结构以及结构与功能的关系。

3. **了解** 蛋白质的生理功能和分类；重要的氨基酸、肽、蛋白质类药物。

蛋白质（protein，Pr）是由氨基酸（amino acid，AA）组成的生物大分子物质，它是生物体中含量最丰富的物质（约占人体干重的45%），在非细胞结构的朊病毒（prion）体内仅含有蛋白质而不含核酸。蛋白质不仅是构成组织细胞的结构成分（即结构蛋白），如结缔组织的胶原蛋白、血管和皮肤的弹性蛋白、膜蛋白等；更是体内一些特定生理功能的活性蛋白，如具有催化功能、免疫调节功能、防御功能、运输和贮存功能等。可见，蛋白质是一切生命的物质基础，没有蛋白质就没有生命。

第一节 蛋白质的生理功能和分类

PPT

一、蛋白质的生理功能

1. 生物催化作用 生物体内，物质代谢的全部生化反应几乎都是在酶的催化下完成的，而多数酶

的化学本质是蛋白质。

2. 代谢调节作用　激素主要对物质代谢起调节作用，其中一类属于多肽和蛋白质类激素，如胰岛素、胰高血糖素、生长素等。

3. 免疫保护作用　抗体、补体和各种免疫分子的化学本质都是蛋白质。抗体是一种免疫球蛋白，能与侵入机体的抗原（如细菌、病毒等）进行特异性结合，以免除抗原对机体的侵害。抗体可用于许多疾病的治疗和预防。

4. 转运和贮存作用　血红蛋白具有运输 O_2 和 CO_2 的作用；血浆载脂蛋白与胆固醇（酯）、脂肪和磷脂结合构成血浆脂蛋白，血浆脂蛋白是脂类物质在血液中的转运形式；血浆运铁蛋白转运铁，并在肝中形成铁蛋白复合物而贮存。许多药物（如氢化可的松）吸收后也常与血浆蛋白结合而转运。

5. 接收和传递信息的作用　受体蛋白包括跨膜蛋白和胞内蛋白，如蛋白质类激素受体、胞内甾体激素受体以及一些药物受体。受体和配基结合，并接收信息，将信息放大、传递，引起细胞内一系列变化。

6. 控制生长和分化作用　核蛋白是核酸和蛋白质组成的结合蛋白质，生物体的生长、繁殖、遗传、变异等都与核蛋白密切相关；遗传信息多以蛋白质的形式表达，蛋白质对基因的表达有调节和控制作用，通过控制和调节基因的表达来保证机体生长、发育和分化的正常进行。

7. 运动与支持作用　躯体运动、血液循环、呼吸与消化等功能活动主要靠肌动蛋白和肌球蛋白来完成；细菌的鞭毛和纤毛也赋予细菌运动的特性；胶原蛋白、弹性蛋白和角蛋白可维持器官、细胞的正常形态，抵御外界伤害，保证机体的正常生理活动。

8. 参与生物膜组成作用　磷脂和蛋白质是生物膜的基本组成。蛋白质掺入膜内或附于膜上，它与细胞内外物质的转运有关，也是能量转换的重要场所。

总之，蛋白质的生物学功能极其繁多，比如有些毒性蛋白（细菌外毒素、蛇毒蛋白、蓖麻蛋白等）侵入人体后可引起各种毒性反应，甚至危及生命；有些蛋白具有抗冻功效，南极水域中某些鱼类，血液中有抗冻蛋白，可保护血液不被冻凝，使鱼类在低温下得以生存。此外，在高等动物的记忆和识别方面，蛋白质也起着很重要的作用。

二、蛋白质的分类

（一）根据分子组成分类

可分为单纯蛋白质和结合蛋白质。单纯蛋白质只由氨基酸组成；结合蛋白质则由蛋白质和非蛋白部分组成。常见的非蛋白部分有色素类、糖类、脂类、磷酸和金属离子等。

（二）根据分子形状和空间构象分类

可分为球状蛋白质及纤维状蛋白质。蛋白质分子的长短轴之比大于10的为纤维状蛋白质，多属结构蛋白，较难溶于水，作为细胞坚实的支架或连接各细胞、组织和器官，如结缔组织中的胶原蛋白，其长轴为300nm，而短轴仅为1.5nm；长短轴之比小于10的为球状蛋白质，多属功能蛋白，水溶性较好，如酶、免疫球蛋白等。

第二节　蛋白质的分子组成

PPT

实例分析 2-1

实例　2008年，食用三鹿牌婴幼儿配方奶粉的婴幼儿被发现患有泌尿系统结石，甚至出现了死亡病例。经检测，发现含有三聚氰胺（melamine，$C_3H_6N_6$），俗称密胺、蛋白精。三聚氰胺是一种三嗪类含氮杂环有机物，分子中含有6个非蛋白氮（含氮量约为66.67%），为白色晶体，几乎无味。

讨论　1. 为什么不法厂家要在奶粉中添加三聚氰胺？

2. 三聚氰胺可导致婴幼儿出现哪些病症？

答案解析

一、蛋白质的元素组成

组成蛋白质的主要元素有C、H、O、N，大多含S，有些蛋白质含有少量的P或金属元素Fe、Cu、Zn、Mn、Co等，个别的含I。各种不同生物蛋白质中N的含量很接近，平均为16%，因此，用凯氏定氮法测定生物样品中的含氮量即可推算出蛋白质的含量。

$$样品中蛋白质含量（g）= 样品中含氮量（g）\times 6.25$$

答案解析

即学即练 2-1

按国家标准规定每100ml牛奶中蛋白质含量不得低于2.9g。某品牌牛奶，用凯氏定氮法测得含氮量为0.576g，那么这个品牌的牛奶蛋白质含量合格吗？

二、蛋白质的基本结构单位——氨基酸

虽然自然界存在300余种氨基酸（amino acid），但编码人体蛋白质的氨基酸常见的有20种，还有一种是*L*-硒半胱氨酸（selenocysteine，Sec），主要存在于含硒酶（尤其是抗氧化酶）中，也就是说组成人体蛋白质的氨基酸有21种。蛋白质在酸、碱、酶的作用下可产生游离氨基酸，所以蛋白质的基本结构单位是氨基酸。

知识链接

L-硒半胱氨酸

L-硒半胱氨酸的结构和半胱氨酸类似，只是Se原子取代S原子。含*L*-硒半胱氨酸残基的蛋白都称为硒蛋白。1986年英国科学家Chambers等人在研究和鉴定一些动物（猫、牛和鼠等）谷胱甘肽过氧化酶的作用时，在基因编码过程中发现了*L*-硒半胱氨酸，并提出由UGA编码。

迄今为止，*L*-硒半胱氨酸已被发现是25种硒酶（尤其是抗氧化酶）的活性中心，如果缺*L*-硒半胱氨酸，含硒酶就无法工作，人体就会出现各种病症，例如克山病（Keshan disease，KD）亦称地方性

心肌病，该病于1935年在我国黑龙江省克山县发现，并由此得名。嵌入蛋白的*L*－硒－甲基硒半胱氨酸是中国CFDA和美国FDA批准的第三代营养强化剂，具有抑制肿瘤、抗氧化（含更容易氧化的硒醇基）、辅助治疗心血管疾病、解毒排毒等多种功效。

（一）氨基酸的结构特点

氨基酸分子中α－碳原子上连接一个羧基、一个氨基，故称为α－氨基酸。此外氨基酸分子还有一个侧链R，不同的氨基酸其侧链各异，除甘氨酸外，其余氨基酸的α－碳原子均为不对称碳原子，有*D*型和*L*型两种旋光异构体，构成天然蛋白质的氨基酸均为*L*型，*D*型氨基酸不参与蛋白质的组成；另外，脯氨酸是α－亚氨基酸。*L*－氨基酸和*D*－氨基酸的结构通式（Fischer投影式）如下。

$$\begin{array}{c} COOH \\ | \\ H_2N-C-H \\ | \\ R \end{array} \qquad\qquad \begin{array}{c} COOH \\ | \\ H-C-NH_2 \\ | \\ R \end{array}$$

L-α-氨基酸　　　　*D*-α-氨基酸

（二）氨基酸的分类

编码人体蛋白质的21种氨基酸，根据其侧链R基团结构和理化性质不同，分为4类（表2－1）。

1. 非极性疏水氨基酸　除甘氨酸的侧链为H原子外，其余非极性疏水氨基酸的R基团不带电荷或极性极弱，呈疏水性。如甘氨酸、丙氨酸、缬氨酸、亮氨酸、异亮氨酸、苯丙氨酸和脯氨酸共7种。

2. 极性疏水氨基酸　这类氨基酸的侧链R具有一定的极性，但在中性溶液中不解离，或仅极弱地解离。包括丝氨酸、苏氨酸、半胱氨酸、硒半胱氨酸、天冬酰胺、谷氨酰胺、蛋氨酸、酪氨酸和色氨酸共9种。

3. 酸性氨基酸　在生理条件下（pH 7.35～7.45），这类氨基酸带负电荷，包括天冬氨酸和谷氨酸2种。

4. 碱性氨基酸　在生理条件下（pH 7.35～7.45），这类氨基酸带正电荷，包括赖氨酸、精氨酸和组氨酸3种。

表2－1　氨基酸的分类

分类	名称	缩写代号	相对分子质量	pI	结构式
非极性疏水氨基酸	甘氨酸（glycine）	甘，Gly，G	75.05	5.97	$H-\underset{NH_2}{\underset{\mid}{CH}}-COOH$
	丙氨酸（alanine）	丙，Ala，A	89.06	6.0	$H_3C-\underset{NH_2}{\underset{\mid}{CH}}-COOH$
	缬氨酸（valine）	缬，Val，V	117.09	5.96	$(H_3C)_2CH-\underset{NH_2}{\underset{\mid}{CH}}-COOH$

续表

分类	名称	缩写代号	相对分子质量	pI	结构式
非极性疏水氨基酸	亮氨酸 (leucine)	亮，Leu，L	131.11	5.98	$(H_3C)_2CH-CH_2-CH(NH_2)-COOH$
	异亮氨酸 (isoleucine)	异亮，Ile，I	131.11	6.02	$H_3C-CH_2-CH(CH_3)-CH(NH_2)-COOH$
	苯丙氨酸 (phenylalanine)	苯丙，Phe，F	165.09	5.48	$C_6H_5-CH_2-CH(NH_2)-COOH$
	脯氨酸 (proline)	脯，Pro，P	115.13	6.30	吡咯烷环（NH）-COOH
极性疏水氨基酸	丝氨酸 (serine)	丝，Ser，S	105.6	5.68	$HO-CH_2-CH(NH_2)-COOH$
	苏氨酸 (threonine)	苏，Thr，T	119.8	6.17	$H_3C-CH(OH)-CH(NH_2)-COOH$
	半胱氨酸 (cysteine)	半胱，Cys，C	121.2	5.17	$HS-CH_2-CH(NH_2)-COOH$
	硒半胱氨酸 (selenocysteine)	未知，Sec，U	168.05	—	$HSe-CH_2-CH(NH_2)-COOH$
	天冬酰胺 (asparagine)	天胺，Asn，N	132.12	5.41	$H_2N-C(=O)-CH_2-CH(NH_2)-COOH$
	谷氨酰胺 (glutamine)	谷胺，Gln，Q	146.15	5.65	$H_2N-C(=O)-(CH_2)_2-CH(NH_2)-COOH$
	蛋氨酸 (methionine)	蛋，Met，M	149.15	5.74	$H_3C-S-CH_2-CH_2-CH(NH_2)-COOH$

续表

分类	名称	缩写代号	相对分子质量	pI	结构式
极性疏水氨基酸	酪氨酸（tyrosine）	酪，Tyr，Y	181.09	5.66	$HO-C_6H_4-CH_2-CH(NH_2)-COOH$
	色氨酸（tryptophan）	色，Trp，W	204.22	5.89	吲哚基$-CH_2-CH(NH_2)-COOH$
酸性氨基酸	天冬氨酸（aspartic acid）	天，Asp，D	133.60	2.77	$HOOC-CH_2-CH(NH_2)-COOH$
	谷氨酸（glutamic acid）	谷，Glu，E	147.08	3.22	$HOOC-(CH_2)_2-CH(NH_2)-COOH$
碱性氨基酸	赖氨酸（lysine）	赖，Lys，K	146.13	9.74	$H_2N-(CH_2)_2-CH_2-CH(NH_2)-COOH$
	精氨酸（arginine）	精，Arg，R	174.14	10.76	$H_2N-C(=NH)-NH-(CH_2)_2-CH_2-CH(NH_2)-COOH$
	组氨酸（histidine）	组，His，H	155.16	7.59	咪唑基$-CH_2-CH(NH_2)-COOH$

此外，2002 年美国 Srinivasan 和 Hao 发现的第 22 种编码氨基酸——*L*－吡咯赖氨酸（pyrrolysine，Ply，O），仅存在于一些产甲烷的古菌和某些革兰阳性的厚壁细菌（*Firmicutes*）和（δ－*Proteobacteria*）体内。在产生甲烷的古菌体内，只有催化甲烷合成酶分子中才有它。

助记口诀

21 种编码氨基酸的分类口诀

1. 非极性疏水氨基酸 携饼本弗干，晾一晾（缬氨酸、丙氨酸、苯丙氨酸、脯氨酸、甘氨酸、亮氨酸、异亮氨酸）。

2. 极性疏水氨基酸 光蛋老苏思瑟曦（奇幻小说《冰与火之歌》中的主角），天先安，谷先安（半胱氨酸、蛋氨酸、酪氨酸、苏氨酸、丝氨酸、色氨酸、硒半胱氨酸、天冬酰胺、谷氨酰胺）。

3. 酸性氨基酸 天安，谷安（天冬氨酸、谷氨酸）。

4. 碱性氨基酸 来敬祖（赖氨酸、精氨酸、组氨酸）。

生物界还发现150多种非蛋白质氨基酸，不参与蛋白质的组成，它们在某些生命活动中发挥重要作用。如*D*-丙氨酸参与细菌细胞壁肽聚糖的组成；*D*-苯丙氨酸参与组成短杆菌肽S；瓜氨酸和鸟氨酸是尿素合成的中间产物；γ-氨基丁酸（GABA）在脑中含量较高，对中枢神经系统有抑制作用。目前，一些非蛋白质氨基酸已作为药物用于临床。

PPT

第三节　蛋白质的分子结构

蛋白质分子是由多个氨基酸通过共价键（主要是肽键和二硫键）相连形成的生物大分子，结构极其复杂，其复杂而多样的结构赋予每种蛋白质特有的性质和生理功能，蛋白质的分子结构分为四个层次，即一级、二级、三级和四级结构，后三者统称为空间结构或空间构象（conformation）。由一条肽链形成的蛋白质只有一级、二级和三级结构，由两条或两条以上（具有独立三级结构）多肽链构成的蛋白质才有四级结构（图2-1）。

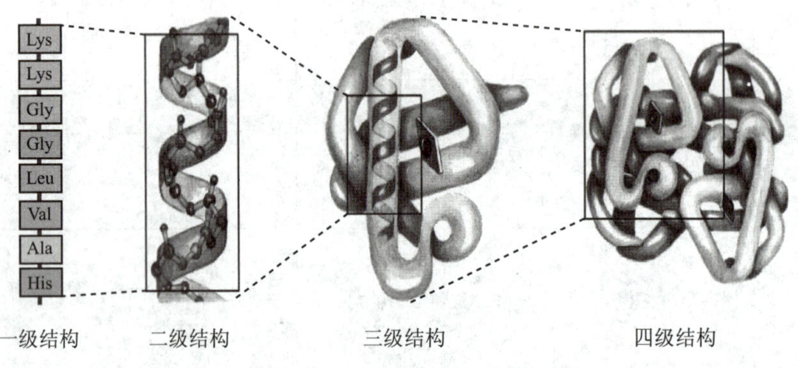

图2-1　蛋白质的结构层次

一、蛋白质的一级结构

（一）肽键和肽键平面

一个氨基酸分子的α-羧基与另一个氨基酸分子的α-氨基之间脱水缩合所形成的共价键称为肽键（peptide bond）。

$$H_2N-\overset{R_1}{\overset{|}{CH}}-\overset{O}{\overset{\|}{C}}-OH + H-\underset{H}{\underset{|}{N}}-\overset{R_2}{\overset{|}{CH}}-COOH \xrightarrow{-H_2O} H_2N-\overset{R_1}{\overset{|}{CH}}-\overset{O}{\overset{\|}{C}}-\underset{H}{\underset{|}{N}}-\overset{R_2}{\overset{|}{CH}}-COOH$$

肽键中的C—N键具有部分双键的性质，不能自由旋转，而且与之相邻的2个α-碳原子由于受到侧链R基团和肽键中H和O原子空间位阻的影响，也不能自由旋转，因此，组成肽键的4个原子（C、O、N、H）和与之相邻的2个α-碳原子均位于同一个平面上，构成肽键平面（peptide plane）或肽单位（peptide unit）（图2-2），但2个α-碳原子单键是可以自由旋转的，其自由旋转的角度决定了两个相邻肽键平面的相对空间位置。

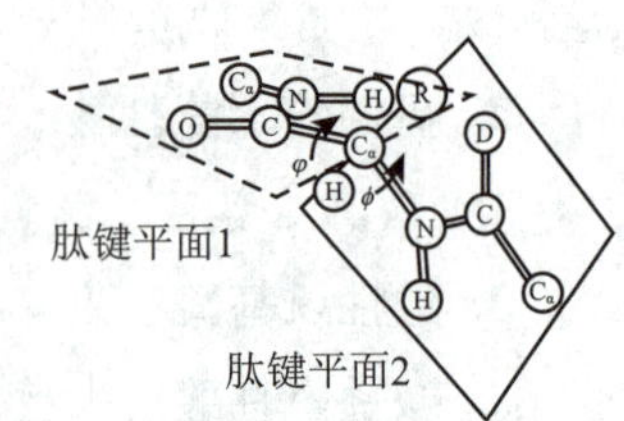

图2-2　肽键平面（肽单位）

因此，肽键平面是蛋白质形成不同二级结构的结构基础。

（二）肽和多肽链

氨基酸通过肽键相连形成的化合物称为肽（peptide）。两个氨基酸之间脱水缩合形成的肽称为二肽，依此类推，三肽、四肽……，一般10个以下氨基酸组成的肽，称为寡肽（oligopeptide）；10个以上氨基酸组成的肽，称为多肽（polypeptide）。肽链分子中的氨基酸相互衔接，形成长链，称为多肽链（polypeptide chain）。多肽链中的α－碳原子和肽键的若干重复结构称为主链（backbone），而各氨基酸残基的侧链基团R称为侧链（side chain）。多肽链主链有自由的氨基和羧基，分别称为氨基末端（amino terminal）或N－末端和羧基末端（carboxyl terminal）或C－末端。肽链中的氨基酸分子因脱水缩合而残缺，故称为氨基酸残基（residue）。

（三）多肽类药物

多肽类药物包括三大类：一类是多肽类激素；第二类是多肽类细胞生长调节因子；第三类是其他多肽类药物（包括重组多肽类药物）。下面介绍几种多肽类药物在临床上的应用。

1. 胸腺五肽 是由精氨酸、赖氨酸、天冬氨酸、缬氨酸和酪氨酸组成的合成五肽，用于各种细胞免疫功能低下的疾病和肿瘤的辅助治疗。其作用是诱导T细胞分化、促进T淋巴细胞亚群发育、成熟，调节T淋巴细胞亚群的比例，使其趋于正常。还可通过提高cAMP水平，促进T细胞分化，并与T细胞特异性受体结合，使细胞内GMP水平提高，从而诱发一系列胞内反应，起到调节机体免疫功能的作用。胸腺五肽结构如下：

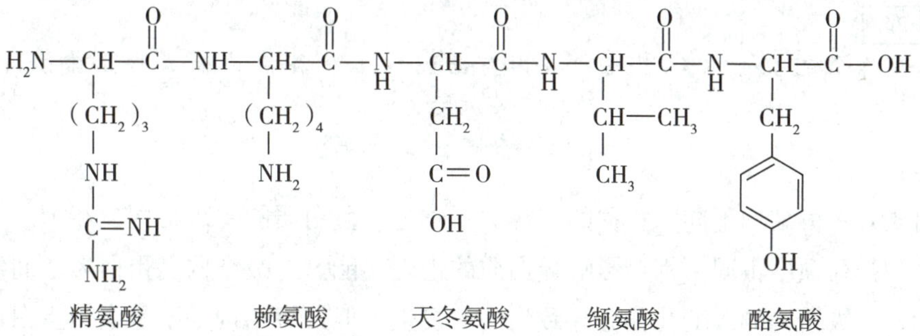

$$H_2N—CH—C(=O)—NH—CH—C(=O)—NH—CH—C(=O)—NH—CH—C(=O)—NH—CH—C(=O)—OH$$

精氨酸：$(CH_2)_3—NH—C(=NH)—NH_2$
赖氨酸：$(CH_2)_4—NH_2$
天冬氨酸：$CH_2—C(=O)—OH$
缬氨酸：$CH—CH_3$，CH_3
酪氨酸：$CH_2—C_6H_4—OH$

精氨酸　赖氨酸　天冬氨酸　缬氨酸　酪氨酸

2. 醋酸格拉替雷 是一种人工合成的多肽制剂，由谷氨酸、丙氨酸、酪氨酸和赖氨酸四种氨基酸组成，于1996年获美国FDA核准用于治疗多发性硬化症。

3. 醋酸亮丙瑞林 是一种自然产生的促性腺激素释放激素或促黄体生成释放激素的合成九肽类似物。适应证较广，包括子宫内膜异位症、子宫肌瘤、绝经前乳腺癌、前列腺癌、中枢性性早熟症等。

4. 醋酸奥曲肽 是一种人工合成的天然生长抑素的八肽衍生物，它保留了与生长抑素类似的药理作用，且作用持久。适应证包括肢端肥大症，缓解与功能性胃肠胰内分泌瘤有关的症状和体征，对具有类癌综合征表现的类癌肿瘤、VIP瘤、胰高糖素瘤有效。

5. 艾塞那肽 是第一个肠降血糖素类似物，是人工合成的由39个氨基酸组成的肽酰胺，为皮下注射剂。用于改善血糖控制的辅助疗法，也可用于正在服用磺酰脲类药物、二甲双胍或磺酰脲类复方药，却不能有效控制血糖的2型糖尿病患者。

（四）蛋白质的一级结构

蛋白质分子中氨基酸残基的排列顺序称为蛋白质的一级结构（primary structure）。一级结构中的主要化学键是肽键，此外还含有二硫键，是由两个半胱氨酸巯基（—SH）脱氢而成。

实例分析 2－2

实例　1921 年，加拿大医生班廷（F. Banting）和贝斯特（C. Best）首先发现胰岛素。1953 年英国化学家 F. Sanger 首次测定了牛胰岛素的氨基酸序列，使人类对蛋白质的认识深入到分子水平，1958 年 F. Sanger 获得 Nobel 化学奖。1965 年 9 月 17 日，中国科学家率先合成了具有全部生物活性的结晶牛胰岛素，开创了人工合成蛋白质的先河，这项成果于 1982 年荣获国家自然科学奖一等奖。

讨论　1. 胰岛素可用于治疗什么疾病？

2. 牛胰岛素中的氨基酸是如何连接的？

3. 人胰岛素是用什么生物化学技术生产的？

答案解析

牛胰岛素的一级结构由 A 和 B 两条肽链组成，A 链有 21 个氨基酸残基，B 链有 30 个氨基酸残基，A 链内形成一个二硫键，两条链之间有两个二硫键（图 2－3）。

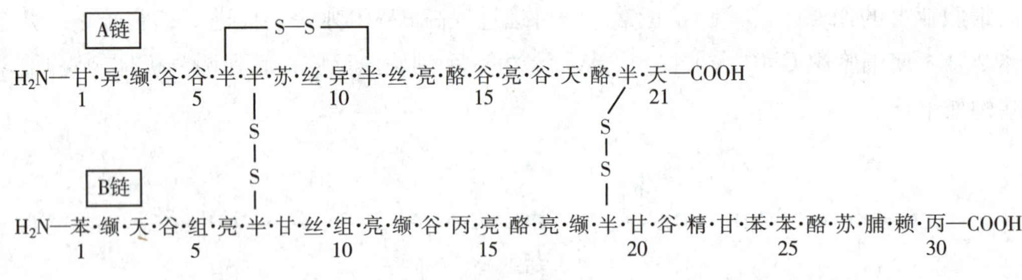

图 2－3　牛胰岛素一级结构

不同的蛋白质其一级结构不同，物种的亲缘关系越近，蛋白质的一级结构越相似。一级结构中氨基酸的种类、数量和排列顺序不同，都会影响蛋白质的生理功能。一级结构是蛋白质空间结构和特异性生物学功能的基础，一级结构的改变往往会导致疾病的发生，但一级结构并不是决定蛋白质空间结构的唯一因素。

二、蛋白质的空间结构

蛋白质的空间结构是指蛋白质分子中原子和基团在三维空间上的排列、分布及肽链的走向。空间结构（或称空间构象）是以一级结构为基础的，是表现蛋白质生物学功能或活性所必需的。

（一）蛋白质的二级结构

蛋白质的二级结构（secondary structure）是指蛋白质分子中多肽链主链的某一段（包含若干肽单位）沿一定的轴盘旋或折叠，并以氢键为主要的次级键而形成的有规则的构象。如 α－螺旋、β－折叠、β－转角等，不涉及氨基酸残基侧链 R 的构象。

1. α－螺旋　蛋白质分子中多个肽键平面通过 α－碳原子的旋转，使多肽链的主链沿中心轴盘曲成稳定的 α－螺旋（α－helix）构象（图 2－4）。特征如下：

（1）多个肽键平面通过 α－碳原子旋转，相互紧密盘曲成稳固的右手螺旋。肽键平面与螺旋长轴平行。

（2）主链呈螺旋式上升，每隔 3.6 个氨基酸残基上升一圈，螺距是 0.54nm。

（3）相邻两圈螺旋之间形成的链内氢键，是 α－螺旋稳定的次级键。脯氨酸是亚氨基酸，形成肽键后 N 上无氢原子，不能形成氢键，故不能形成 α－螺旋。

（4）侧链 R 位于螺旋的外侧，其形状、大小及电荷影响 α－螺旋的形成。

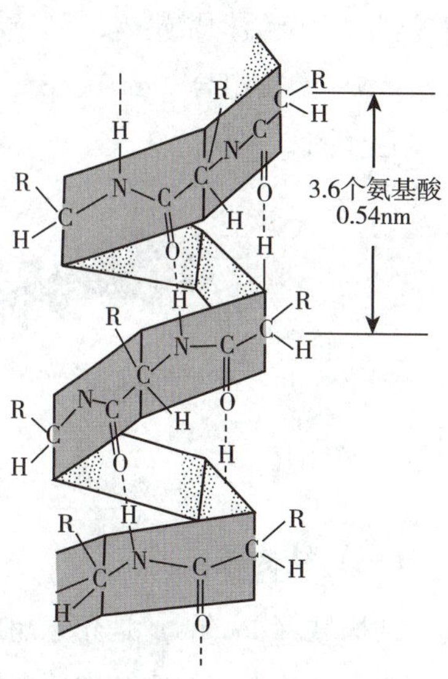

图 2－4　α－螺旋结构

2. β－折叠　β－折叠（β－pleated sheet）也叫 β－片层（β－sheet），是蛋白质中常见的二级结构，β－折叠中多肽链的主链相对较伸展，多肽链的肽平面之间呈手风琴状折叠（图 2－5）。结构特点如下：

（1）肽链的伸展使肽键平面之间一般折叠成锯齿状。

（2）两条以上肽链（或同一条肽链的不同部分）平行排列，相邻肽链之间的氢键是维持稳定的主要次级键。

（3）肽链平行的走向有顺式和反式两种，肽链的 N－末端在同侧的为顺式，否则为反式，反式结构较顺式更加稳定。

（4）侧链 R 位于片层的上下。

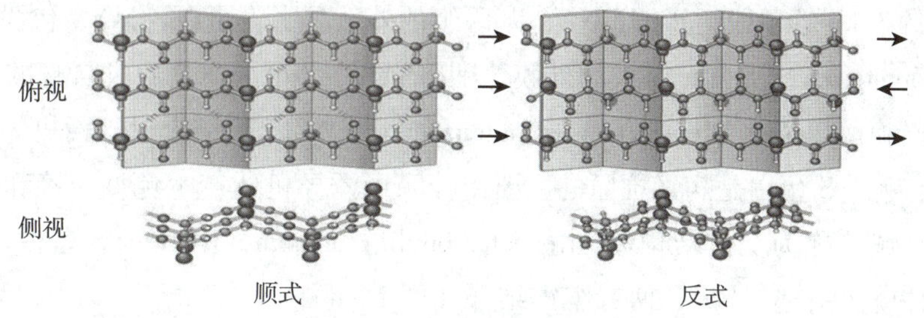

图 2－5　β－折叠结构

3. β－转角　多肽链的主链经过 180°回折结构称为 β－转角（β－turn）。由转角处第 1 个氨基酸残基羰基上的氧与第 4 个氨基酸残基亚氨基上的氢形成氢键维持该构象的稳定（图 2－6）。

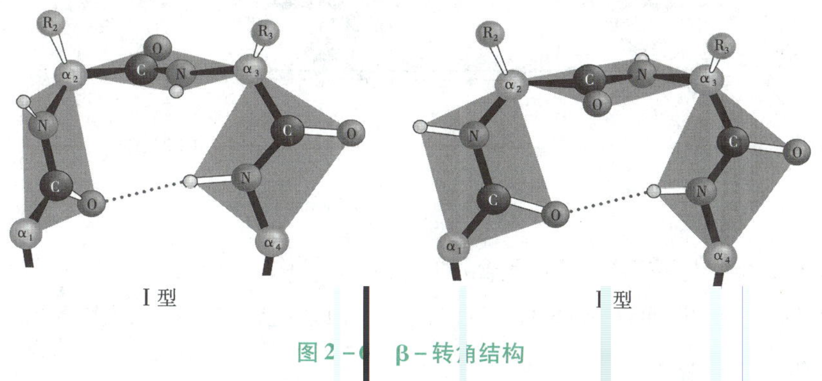

图 2－6　β－转角结构

4. 无规卷曲　蛋白质多肽链中肽键平面不规则排列而形成的松散结构称为无规卷曲（random coil）。

（二）超二级结构

超二级结构（supersecondary structure）又称模体（motif），是蛋白质构象中二级结构与三级结构之间的一个层次，是指多肽链内顺序上相互邻近的二级结构常常在空间折叠中靠近，彼此相互作用，形成有规则的二级结构聚集体，可降低蛋白质分子的内能，参与形成蛋白质的三级结构。超二级结构有多种形式：α-螺旋组合（αα）、β-折叠组合（ββ）和α-螺旋β-折叠组合（αβα）等，其中以αβα最为常见（图2-7）。

图2-7　蛋白质的超二级结构

（三）结构域

结构域（domain）是介于超二级结构和三级结构间的一个层次，是蛋白质三级结构内的独立折叠单元，通常是几个超二级结构单元的组合。在较大的蛋白质分子中，由于多肽链上相邻的超二级结构紧密联系，进一步折叠形成一个或多个相对独立的致密的三维实体，即结构域。下面介绍新型冠状病毒的受体结构域。

新型冠状病毒（SARS-CoV-2）是有包膜的病毒，由核心RNA和衣壳蛋白（N）组成。新冠病毒基因组是一个大小约30kb的单股、正链RNA，基因组的外面是由膜蛋白（M）、包膜蛋白（E）以及刺突蛋白（spike glycoprotein，S蛋白）组成的外膜包围。SARS-CoV-2是通过自身的S蛋白与人体细胞表面的血管紧张素转换酶2（angiotensin converting enzyme 2，ACE2）结合后入侵机体的，即由刺突蛋白介导病毒进入宿主细胞，S蛋白是病毒抗原的主要组分，可诱导机体产生免疫应答和抗体等。刺突蛋白上与ACE2结合的区域被称为受体结构域（receptor binding domain，RBD）。S蛋白就像一把“钥匙”，细胞上的ACE2受体就像一把“锁”，两者牢牢结合（图2-8）。

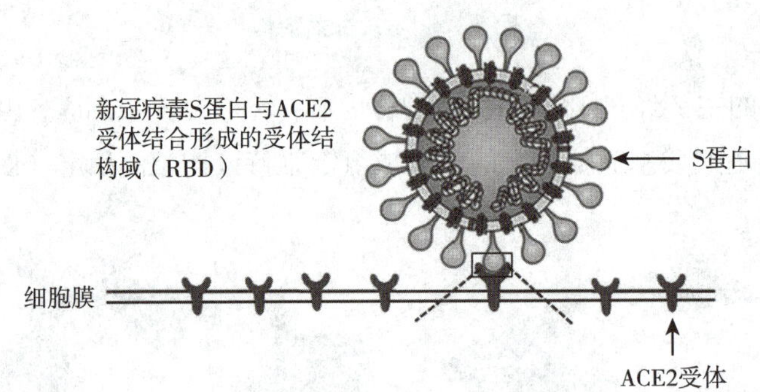

图2-8　S蛋白与ACE2受体结合示意图

科学家已解析出S蛋白与ACE2-RBD复合物的3D蛋白结构，明确了SARS-CoV-2与ACE2识别的结构基础，S蛋白已成为药物设计的关键靶标，同时也奠定了以S蛋白为表位研发生产新冠病毒疫苗的基础。

（四）蛋白质的三级结构

在二级结构的基础上，由于相距较远的氨基酸残基的相互作用使多肽链进一步折叠、盘曲，形成的包括主、侧链在内的整条肽链的空间排布，这种一条多肽链中所有原子或基团在三维空间的整体排布，称为蛋白质的三级结构（tertiary structure），见图2-9。维持三级结构的主要是侧链R之间所形成的各

种次级键，如疏水键、氢键、盐键和范德华力，有时也有二硫键的参与。疏水键是维持三级结构的主要作用力。三级结构是蛋白质具有生物活性的结构基础。

（五）蛋白质的四级结构

具有两条或两条以上的具有独立三级结构的多肽链之间通过非共价键相连形成的更复杂的空间构象，称为蛋白质的四级结构（quarternary structure）。每一条具有完整三级结构的多肽链称为一个亚基（subunit），一个亚基一般由一条多肽链组成，但有的亚基由两条或两条以上肽链组成，这些肽链间以二硫键连接。胰岛素虽然含有两条肽链，但两条肽链之间以两个二硫键相连，所以胰岛素不具有四级结构。

一般亚基单独存在没有活性，只有聚合形成四级结构才有生物学功能。如过氧化氢酶由4个相同的亚基构成；血红蛋白（hemoglobin，Hb）（图2-10）则由2个α亚基和2个β亚基组成的四聚体，如果一个亚基单独存在，虽可结合氧且亲和力增强，但在机体组织中难以释放，失去原有运输氧的功能。

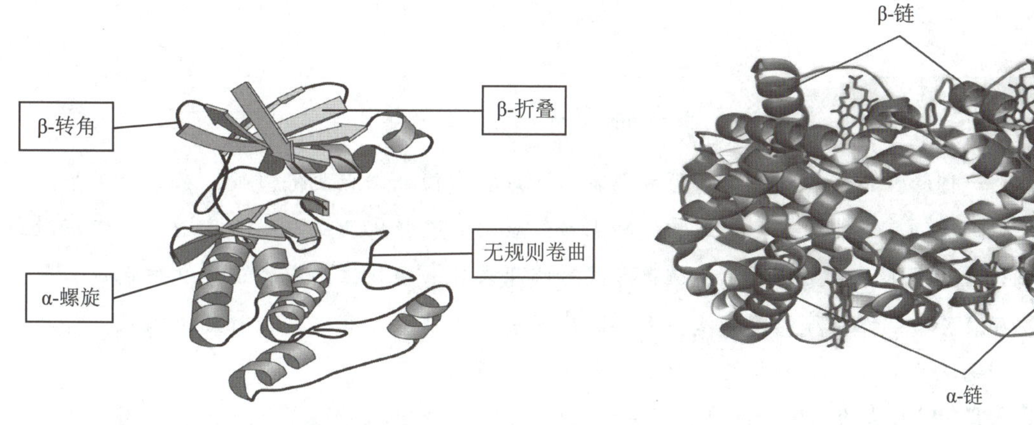

图2-9　常见蛋白激酶三级结构示意图

图2-10　血红蛋白四级结构示意图

三、蛋白质结构与功能的关系　微课1

（一）一级结构与生物学功能的关系

1. 一级结构中“关键”部分相同，其生物学功能也相同　蛋白质一级结构是空间结构的基础，也是生物学功能的基础。一级结构相似会具有相似的空间结构与功能。如不同哺乳动物的胰岛素都是由A和B两条肽链组成，且二硫键的位置和空间构象也极相似，一级结构仅个别氨基酸有差异，因此都具有相似的调节血糖的生理功能（表2-2）。

表2-2　三种哺乳动物胰岛素氨基酸的差异

来源	氨基酸残基序号			
	A_8	A_9	A_{10}	B_{30}
人	Thr	Ser	Ile	Thr
牛	Ala	Ser	Val	Ala
猪	Thr	Ser	Ile	Ala

A表示A链，B表示B链；A_8表示A链的第8位氨基酸，依此类推。

2. 一级结构中“关键”部分变化，其生物学功能也改变 一级结构中起关键作用的氨基酸残基缺失或被替代，会严重影响空间构象乃至生物学功能，甚至产生“分子病”。比如正常人血红蛋白β亚基的第6位谷氨酸被缬氨酸替代，使原来水溶性的血红蛋白聚集成丝，相互黏着，导致红细胞变成镰刀形而极易破碎，产生贫血（图2-11），这种由于蛋白质分子氨基酸种类改变而导致的疾病，称为“分子病”。该病是因为基因上遗传信息的突变所致。

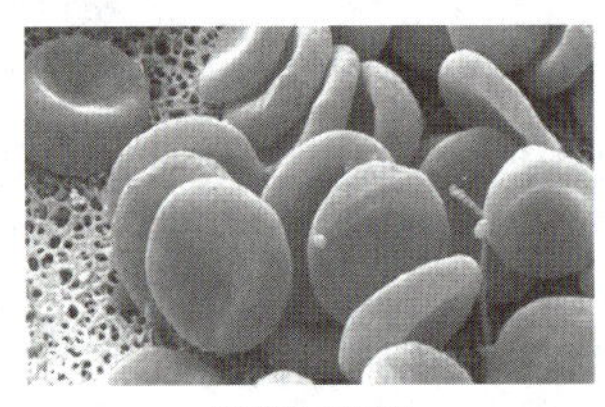
正常红细胞

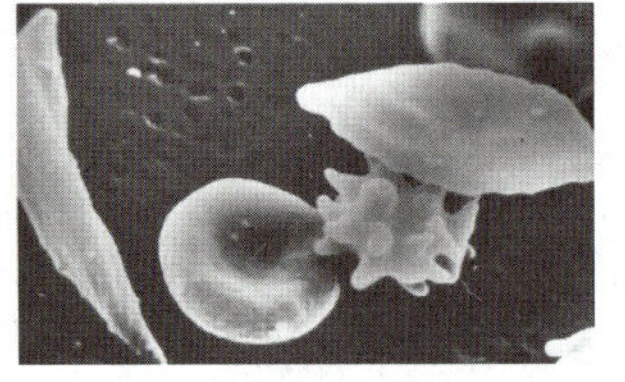
镰状红细胞

图2-11 正常红细胞和镰状红细胞

并非一级结构中每个氨基酸都很重要，细胞色素C中，某些位置即使置换数十个氨基酸残基，其功能依然不变。

知识链接

镰状细胞贫血

镰状细胞贫血是一种隐性遗传性贫血症，患者异常的血红蛋白使红细胞变得僵硬，在显微镜下看上去为镰刀状，这种镰状红细胞不能通过毛细血管，加上血红蛋白的凝胶化使血液黏滞度增大，堵塞微血管，引起局部供血和供氧不足，产生脾肿大、胸腹疼痛等临床表现。镰状红细胞比正常红细胞更容易衰老死亡，从而导致贫血。本病无特殊治疗方法，应预防感染和防止缺氧。溶血发作时可予供氧、补液和输血等支持治疗。研究认为能使患者痊愈的治疗方法是干细胞移植。

目前已有报道采用基因疗法治愈镰状细胞贫血的案例。美国学者从患者身上提取干细胞，用“小干扰核糖核酸”（siRNA）封闭缺陷基因，同时用健康的基因将其替换，再把修复的干细胞重新移植到患者体内。

（二）空间结构与功能的关系

蛋白质的生物学功能不仅与一级结构有关，更重要的是依赖于空间结构，没有适当的空间结构，蛋白质就不能发挥其生物学功能。

1. 蛋白质前体的活化 许多蛋白质通常以无活性或活性很低的蛋白质原形式存在，只有一定条件下，才转变为有特定构象的蛋白质而表现其生物活性。如胰岛素的前体胰岛素原，猪胰岛素原是由84个氨基酸残基组成的一条多肽链，其活性仅为胰岛素的10%，在体内经特异蛋白酶作用才产生具有A、B两条链的胰岛素，胰岛素具有特定的空间结构，从而表现其完整的生物活性。同样，酶原的激活也是这个道理。

2. 蛋白质的变构现象 有些蛋白质受某些因素的影响，其一级结构不变而空间构象发生一定的变化，导致其生物学功能的改变，称为蛋白质的变构效应（allosteric effect）。有些改变可导致人类生病，此类疾病被称为“蛋白质构象病”。目前发现的蛋白质构象病有20多种，如人纹状体脊髓变性病、阿尔茨海默病、帕金森病和牛海绵状脑病（疯牛病）等。

疯牛病是朊病毒蛋白（prion protein，PrP）引起的一组人和动物神经退行性病变，临床症状是痴呆、丧失协调性以及神经系统障碍。此类疾病有遗传性、传染性和偶发性等特点。以潜伏期长、病程缓慢，进行性脑功能紊乱，无缓解康复，终至死亡为特征。朊病毒蛋白有正常型（PrP^{c}）和致病型（PrP^{sc}）两种构象，这两者一级结构相同，但空间结构不同，PrP^{c} 含有36.1%的α-螺旋，11.9%的β-折叠，而 PrP^{sc} 含有30%的α-螺旋，43%的β-折叠，PrP^{sc} 一旦形成，可导致更多的 PrP^{c} 向 PrP^{sc} 转变，上述构象转变即可导致疯牛病。美国加州大学医学院 Stanley B Prusiner 教授因发现了朊病毒蛋白及其致病机制，1997年被授予诺贝尔生理学或医学奖。

答案解析

即学即练 2-2

下列哪些疾病属于蛋白质构象病？

A. 阿尔茨海默病　　B. 帕金森病　　C. 疯牛病　　D. 镰状细胞贫血

四、常用的蛋白质类药物

1. 人白介素-2　是由高效表达人白细胞介素-2（简称人白介素-2）基因的大肠埃希菌，经发酵、分离和高度纯化后，冻干制得。它作为一种糖蛋白类药物，能够诱导机体分泌干扰素和多种细胞因子，临床上可用于肾细胞癌、恶性淋巴瘤等的辅助治疗。

2. 人血白蛋白　是由575个氨基酸残基组成的一条多肽链，有两种制品：一种是从健康人血浆中分离制得的，称人血清白蛋白；另一种是从健康产妇胎盘血中分离制得的，称胎盘血白蛋白。可用于预防和治疗循环血容量减少，休克抢救，烧伤的早期和后期治疗，低蛋白血症和水肿等。

3. 人干扰素α1b　是由高效表达人干扰素α1b基因的大肠埃希菌，经发酵、分离和高度纯化后，冻干制得。它通过干扰素同靶细胞表面干扰素受体结合，阻止病毒蛋白质的合成、抑制病毒核酸的复制和转录，从而实现治疗恶性肿瘤、亚急性重症肝炎、肝纤维化（早期肝硬化）、感染与损伤性疾病、病毒性疾病、异位性皮炎等疾病的目的。

4. 卡瑞利珠单抗　是我国自主研发并具有知识产权的人源化PD-1单克隆抗体，可与人PD-1受体结合并阻断PD-1/PD-L1通路，用于晚期肺癌、肝癌、食管癌和霍奇金淋巴瘤的治疗。

PPT

第四节　蛋白质的理化性质

一、蛋白质的两性电离和等电点

蛋白质由氨基酸组成，除其分子末端的α-NH_2和α-COOH可以解离成正、负离子外，许多氨基酸残基侧链上尚有不少可解离的基团，比如—NH_2、—COOH、—OH、咪唑基、胍基。所以蛋白质是两性电解质。蛋白质解离成正、负离子的趋势相等，即成为兼性离子，净电荷为零，此时溶液的pH称为蛋白质的等电点（isoelectric point，pI）。各种蛋白质具有特定的等电点，除了与溶液的pH有关外，还与所含氨基酸的种类和数目有关，体内多数蛋白质的等电点在5左右，所以在生理条件下（pH 7.35～7.45），体内蛋白质多以负离子形式存在。

$$\mathrm{Pr}\begin{matrix}\diagup \mathrm{COOH} \\ \diagdown \mathrm{NH_3^+}\end{matrix} \underset{H^+}{\overset{OH^-}{\rightleftharpoons}} \mathrm{Pr}\begin{matrix}\diagup \mathrm{COO^-} \\ \diagdown \mathrm{NH_3^+}\end{matrix} \underset{H^+}{\overset{OH^-}{\rightleftharpoons}} \mathrm{Pr}\begin{matrix}\diagup \mathrm{COO^-} \\ \diagdown \mathrm{NH_2}\end{matrix}$$

pH<pI	pH=pI	pH>pI
正离子	兼性离子	负离子

在等电点状态下蛋白质的溶解度、导电性、黏度最低，可采用等电点沉淀法分离制备蛋白质，但此法一般结合其他沉淀法联合应用。另外，在一定的 pH 条件下，不同的蛋白质所带电荷不同，可用离子交换色谱法和电泳法分离纯化。

答案解析

即学即练 2-3

两种蛋白质的 pI 分别为 5.35 和 7.80，在 pH 6.5 的缓冲溶液中电泳，泳向阳极的是哪种蛋白质？

二、蛋白质的胶体性质

蛋白质属于生物大分子，其颗粒大小介于 1~100nm 之间，属于胶粒的范畴，因此蛋白质溶液是胶体溶液，具有胶体溶液的性质。如不能透过半透膜，具有布朗运动、丁达尔现象等。

蛋白质是一种比较稳定的亲水胶体，所谓稳定，在这里指的是“不易沉淀”。蛋白质颗粒表面大多为亲水基团，可吸引一层水分子，使颗粒表面形成一层水化膜，就像颗粒表面穿了一层“水衣”，阻止蛋白质颗粒相互聚集而沉淀。另外，在非等电点状态，蛋白质颗粒带有同性电荷，pH > pI，带有负电荷；pH < pI，带有正电荷。同性电荷相互排斥，使蛋白质颗粒不易聚集而沉淀。蛋白质分子之间同性电荷的排斥作用和水化膜的隔离作用是维持蛋白质胶体溶液稳定的两大因素，如果破坏使其稳定的因素，蛋白质极易从溶液中沉淀。

利用蛋白质胶体溶液性质可以分离纯化蛋白质。

三、蛋白质的变性和复性

实例分析 2-3

实例 重组人血管内皮抑制素（化学本质是蛋白质）是一种抗肿瘤药，系采用大肠埃希菌作为蛋白表达体系生产出的，主要能抑制肿瘤新生血管形成，阻断肿瘤细胞的营养供应，最终达到“饿死”肿瘤细胞的目的。其在生产过程中先加入 8mol/L 尿素，之后逐渐降低尿素浓度，直至完全除去尿素达到分离纯化的目的。

讨论 1. 加入尿素的目的是什么？

2. 可采用哪种方法除去尿素？除去尿素的目的是什么？

答案解析

在某些理化因素的作用下，蛋白质分子的空间构象发生改变或破坏，导致其生物活性丧失和某些理化性质的改变，这种现象称为蛋白质的变性作用（denaturation）。

1. 变性因素 物理因素有高温、紫外线、X 射线、超声波和剧烈震荡、高压、搅拌和研磨等。化学

因素包括强酸、强碱、尿素、去污剂（如十二烷基磺酸钠，SDS）、有机溶剂（如浓乙醇）、重金属盐（Hg^{2+}、Ag^{+}）和生物碱试剂（如三氯醋酸）等。

2. 变性本质　一般认为，变性的发生主要破坏了维持空间构象的二硫键和次级键，不涉及氨基酸序列的改变和肽键的断裂，仅仅是天然构象的紊乱，一级结构不被破坏。

3. 变性作用的特征

（1）生物活性丧失　生物活性是指蛋白质表现其生物学功能的能力。如果蛋白质变性，则生物学功能会丧失。如血红蛋白失去运输 O_2 和 CO_2 的能力，酶失去催化活性，多肽和蛋白质类激素失去对物质代谢的调节能力等。

（2）某些理化性质改变　变性的蛋白质疏水基团外露，溶解度降低，所以变性的同时易产生沉淀；蛋白质溶液的黏度增加、旋光度改变、pI 有所提高；同时，色氨酸、酪氨酸和苯丙氨酸残基外露，紫外吸收能力也会增强；变性后的分子结构松散，容易被蛋白酶水解，如煮熟的牛肉（含高蛋白）容易消化就是这个道理。

4. 变性的应用　在工业生产和临床上，常利用变性的因素进行灭菌和消毒，比如蒸汽灭菌，酒精、紫外线的消毒；中草药有效成分的提取或其注射液的制备也常用变性的方法（加热、浓乙醇等）除去杂蛋白；生物制品包括多肽、激素、酶制剂和其他生物制品如疫苗等，在生产和储运过程中也要有效防止其变性失活。

若蛋白质的变性程度较轻，去除变性因素，有些蛋白质可恢复或部分恢复其原有的构象和生物活性，称为复性（renaturation）。构象可以恢复的称为可逆变性，构象不能恢复者称为不可逆变性。

核糖核酸酶的变性与复性及其功能的丧失与恢复就是一个典型的例子。牛胰核糖核酸酶（化学本质是蛋白质）是由 124 个氨基酸残基组成的一条多肽链，含有 4 对二硫键，将天然的牛胰核糖核酸酶在 8mol/L 的尿素中用 β－巯基乙醇处理，破坏了维持空间构象的一些次级键和二硫键，分子变成一条松散的肽链，酶完成失活，但用透析法除去尿素和 β－巯基乙醇，此酶经氧化又自发恢复其原有的构象，同时酶的活性也恢复（图 2－12）。

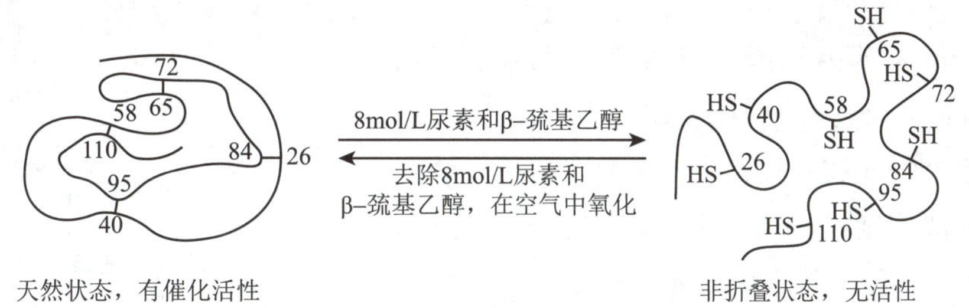

图 2－12　牛胰核糖核酸酶的变性和复性

四、蛋白质的沉淀

微课2

蛋白质颗粒相互聚集从溶液中析出的现象称为蛋白质的沉淀。

1. 中性盐沉淀（盐析）　向蛋白质溶液中加入高浓度的中性盐，破坏了蛋白质的水化层并中和其电荷，使蛋白质颗粒相互聚集而沉淀，这种现象称为盐析（salting out）。常用的中性盐包括 $(NH_4)_2SO_4$、NaCl、Na_2SO_4 等。混合蛋白质可用不同的盐浓度使其分别沉淀，这种方法称为分级沉淀，又叫分段盐析。

本法已不再适用于大规模工业生产中，因其纯化除盐成本较高，但常用于实验室和科研中蛋白质类生物活性物质的分离制备，主要是由于盐析出的蛋白质不变性。

答案解析

即学即练 2－4

向鸡蛋清蛋白中加入高浓度的 NaCl，鸡蛋清蛋白会发生什么现象？

2. 有机溶剂沉淀 在蛋白质溶液中加入一定量的与水互溶的有机溶剂（如乙醇、甲醇和丙酮），破坏蛋白质表面的水化层，使蛋白质颗粒相互聚集而沉淀。有机溶剂沉淀常引起变性，用此法分离制备生物活性蛋白质时，应确保在低温下操作，尽可能缩短操作时间，同时也要掌握好有机溶剂的浓度。

答案解析

即学即练 2－5

向蛋白质溶液中加入乙醇，一是高浓度乙醇，作用时间长，常温操作；二是低浓度乙醇，作用时间短，低温操作。二者各会发生什么现象？其原理是什么？

3. 重金属盐沉淀 蛋白质在 pH > pI 的条件下带负电荷，可与重金属离子（Ag^{+}、Hg^{2+}、Pb^{2+}）结合成不溶性蛋白盐而变性沉淀。临床上常用口服大量蛋白质（如牛奶、蛋清）和催吐剂抢救误服重金属中毒的病人。

4. 生物碱试剂沉淀 蛋白质在 pH < pI 的条件下带正电荷，与生物碱试剂（鞣酸、苦味酸、钨酸）和三氯醋酸、磺基水杨酸、硝酸等结合成不溶性的盐而沉淀。无蛋白血滤液的制备、中草药注射液中蛋白质的检查以及鞣酸、苦味酸的收敛作用皆以此原理为依据。

五、蛋白质的紫外吸收

色氨酸、酪氨酸和苯丙氨酸由于含有共轭双键，在 280nm 波长附近有最大吸收峰（图 2－13），其中色氨酸的最大吸收峰最接近 280nm 波长处，由于多数蛋白质含酪氨酸和色氨酸残基，故测定蛋白质在 280nm 波长处吸光度，是定量分析溶液中蛋白质浓度的快速简便方法。

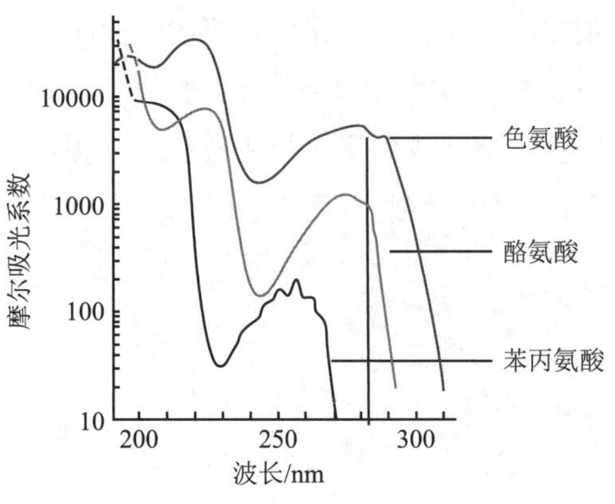

图 2－13 蛋白质的紫外吸收

六、蛋白质的呈色反应

1. 双缩脲反应 含两个或两个以上肽键的蛋白质和多肽，在碱性条件下与 $CuSO_4$ 共热，可形成紫色或红色的络合物。肽键越多，反应的颜色越深。氨基酸和二肽无此反应，此法可用于蛋白质的定性和定量测定。亦可测定蛋白质的水解程度，水解越完全，颜色越浅。

2. Folin－酚反应 Folin－酚反应又称酚试剂反应或 Lowry 法。在碱性条件下，蛋白质分子中的酪氨酸、色氨酸可与酚试剂（主要成分是磷钨酸－磷钼酸）发生氧化－还原反应生成蓝色化合物（钨蓝－钼蓝）。在 680nm 波长处有最大吸收。蓝色的深度与蛋白质的量成正比。此法是测定蛋白质浓度的常用方法。

3. 茚三酮反应　在 pH 5～7 时，蛋白质与茚三酮丙酮溶液共热可产生蓝紫色（脯氨酸显黄色）。凡是含—NH_2的化合物皆有此反应，可用于氨基酸、蛋白质、肽类化合物的定性和定量测定。

PPT

第五节　蛋白质的分离纯化和含量测定

一、蛋白质的提取

一些蛋白质以可溶形式存在于体液中，可直接提取。但多数蛋白质存在于细胞内或特定的细胞器中，需先破碎细胞，然后以适当的溶剂提取。细胞破碎的方法有很多种。如动物细胞可用匀浆法和超声破碎法；植物细胞可先用纤维素酶处理，再用研磨法；不同的微生物细胞，采用不同的方法，例如对于细菌添加溶菌酶，再配合研磨法，细菌的包涵体则用差速离心法分离。

总的要求是既要尽量提取所需蛋白质，又要防止蛋白酶的水解和其他因素对蛋白质特定构象的破坏作用。蛋白质的粗提液可进一步分离纯化。

二、蛋白质的分离纯化

（一）根据溶解度不同进行分离纯化的方法

1. 盐析法　盐析沉淀的蛋白质一般保持着天然构象而不变性。有时不同盐浓度可有效地使蛋白质分级沉淀。对不同的蛋白质进行盐析，需要采用不同的盐浓度和不同的 pH。盐析时的 pH 多选择在 pI 附近。例如，在 pH 7.0 附近时，血清清蛋白（白蛋白）溶于半饱和的 $(NH_4)_2SO_4$溶液中，球蛋白沉淀下来；当 $(NH_4)_2SO_4$达到饱和浓度时，清蛋白也随之析出。所以盐析可将蛋白质初步分离。

2. 低温有机溶剂沉淀法　此法沉淀蛋白质的选择性较高，且无需脱盐，较为常用。但应注意低温操作，以避免蛋白质变性。如用丙酮沉淀时，必须在 0～4℃低温条件下进行，丙酮用量一般为 10 倍蛋白质溶液体积。除了丙酮之外，也常用乙醇，例如，用冷乙醇从血清中分离制备人清蛋白和球蛋白。

另外还有等电点沉淀法，此法常和其他沉淀法联合应用；近年来新兴的免疫沉淀法，是指将某一纯化蛋白免疫动物，获得抗该蛋白的特异抗体，形成抗原抗体复合物，然后从复合物中分离获得抗原蛋白，这就是免疫沉淀法。

（二）根据分子大小和形状不同进行分离纯化的方法

1. 透析　利用蛋白质大分子对半透膜的不可通过性而与小分子物质分开。如火棉胶、玻璃纸等，可用来做成透析袋，把含有杂质的蛋白质溶液放于袋内，置于流动的水或缓冲液中，小分子透出，大分子蛋白质留于袋内。常用于盐析法中除去中性盐，以及离心法纯化蛋白质混入的氯化铯、蔗糖等小分子物质。

2. 超滤　利用超滤膜在一定的压力或离心力的作用下，大分子物质被截留而小分子物质则滤过排出。选择不同孔径的超滤膜可截留不同相对分子质量的物质。常用于蛋白质溶液的浓缩、脱盐和分级纯化等。

3. 凝胶过滤色谱　其原理是按照蛋白质相对分子质量大小进行分离，又称分子筛色谱或排阻色谱。常用的凝胶有葡聚糖凝胶、聚丙烯酰胺和琼脂糖凝胶等。当蛋白质分子的直径大于凝胶的孔径时，被排阻于凝胶之外；小于孔径者则进入凝胶。在洗脱时，大分子受阻小而最先流出；小分子受阻大而最后流出，从而使相对分子质量不同的蛋白质分开。

4. 离心分离法 是利用机械的快速旋转所产生的离心力，将不同密度的物质分离开来的方法。超速离心机可产生比地心吸引力（*g*）大60万倍以上的离心力（即600000*g*），蛋白质分子可以在此力场中沉降。沉降速度与蛋白质相对分子质量的大小，分子的形状、密度以及溶剂的密度有关。目前，超速离心法是分离生物高分子普遍使用的有效方法。

（三）根据带电性质不同进行分离纯化的方法

1. 离子交换色谱（ion－exchange chromatography） 是利用蛋白质两性解离特性和pI作为分离依据的一种方法，应用广泛，是蛋白质分离纯化的重要手段。离子交换剂包括离子交换纤维素、离子交换凝胶、大孔离子交换树脂等。利用离子交换色谱分离纯化蛋白质是依据各种蛋白质分子表面所带电荷情况不同，造成其与离子交换剂吸附能力的差异，利用适宜条件加以洗脱，即可达到分离纯化蛋白质的目的。

2. 电泳法 电泳（electrophoresis）是指带电粒子在电场中向着与其本身所带电荷相反的电极移动的现象。在一定条件下，各种蛋白质分子因所带电荷性质、数量及分子大小不同，其在电场中的电泳迁移率各异，这样就达到了分离不同蛋白质的目的。

由于电泳装置、电泳支持物的不断改进以及电泳目的的不同，逐步形成了形式多样、方法各异但本质相同的电泳技术，主要包括醋酸纤维素薄膜电泳、聚丙烯酰胺凝胶电泳、等电聚焦电泳、免疫电泳和二维电泳等。

（四）根据配基特异性不同进行分离纯化的方法

亲和色谱（affinity chromatography）是根据具有特异亲和力的化合物之间能可逆性地结合与解离的性质建立的色谱方法，是一种具有高度专一性分离纯化蛋白质的有效方法。例如分离纯化抗原，首先选用与抗原相应的抗体为配基，用化学方法使之与固体载体相连接。常用的固体载体有琼脂糖凝胶、葡聚糖凝胶等。然后将连有抗体的固相载体装入色谱柱，使含有抗原的混合物通过此柱，相应的抗原被抗体特异地结合，而非特异性抗原等杂质不能被吸附而直接流出色谱柱。改变条件，使抗原抗体复合物分离，此时即可得到纯化的抗原。

三、蛋白质的含量测定

1. 凯氏定氮法（Kjeldahl） 是测定蛋白质含量的经典方法，如人血白蛋白、人免疫球蛋白、人凝血酶原复合物以及多种抗毒素的蛋白质含量测定。此法的缺点是操作比较复杂，灵敏度较低（毫克级水平），其结果易受非蛋白氮的影响，可用钨酸或三氯醋酸沉淀法加以排除。由于该方法为绝对定量，在蛋白质标准品赋值时使用，一般不作为常规的检定方法。但是对于某些本身带有颜色，不适合比色法测定的特殊制品。如磷脂化铜锌超氧化物歧化酶，在质量标准测定中可采用此法。

2. 双缩脲法 此法简便，受蛋白质氨基酸组成影响小；但灵敏度低、样品用量大，测定蛋白质的浓度范围为1～10mg/ml。如新生牛血清、血液制品生产用人血浆中蛋白质含量测定采用此法。

3. Folin－酚法（Lowry法） 是测定蛋白质含量的常用方法，定量范围为20～250μg/ml。优点是操作简便、灵敏度高，可测定微克水平的蛋白质含量；缺点是标准蛋白质中显色氨基酸的量应与样品接近，此外，酚类物质、聚乙二醇等的存在可产生干扰，导致分析的误差。目前国内外疫苗、细胞因子类的蛋白质含量用该法测定，例如：注射用人干扰素 α1b、注射用人白介素 -2、注射用人粒细胞巨噬细胞刺激因子、冻干乙型脑炎灭活疫苗、冻干人用狂犬病疫苗（Vero 细胞）、流感病毒裂解疫苗等。

知识链接

促肝细胞生长素的鉴别和含量测定

促肝细胞生长素注射液是从健康乳猪新鲜肝脏中提取精制的一种具有生物活性的多肽类的无菌注射剂，主要用于肝炎、肝硬化及肝癌的治疗。该产品的鉴别系采用 SDS - 聚丙烯酰胺凝胶电泳法，按照相对分子质量应显示三条带，分别是 21.0kD ±10%、31.5kD ±10%、38.5kD ±10%；其含多肽应为标示量的 90.0% ~130.0%，含量测定方法采用 Folin - 酚法。

4. 紫外分光光度法　此法操作简便、快速，测定蛋白质浓度范围 0.1 ~1.0mg/ml，如重组胰蛋白酶的蛋白质含量测定采用此法。若样品中含有其他具有紫外吸收的杂质，如核酸等，可产生较大的误差，故应适当校正。

$$蛋白质的浓度（mg/ml）=1.55A_{280}-0.75A_{260}$$

式中，A_{280}和 A_{260}分别为 280nm 和 260nm 波长处的吸光度值。

5. 考马斯亮蓝法（Bradford 法）　这是一种迅速、可靠的通过染料法测定蛋白质浓度的方法。考马斯亮蓝有红、蓝两种颜色的形式，在一定浓度的乙醇及酸性条件下，可配成淡红色溶液，当与蛋白质结合后，产生蓝色化合物，在 595nm 波长处有吸收，反应迅速而稳定。此法的特点是快速、灵敏度范围一般是 25 ~200μg/ml，最小可测 2.5μg/ml 蛋白质；氨基酸、肽、Tris、糖等无干扰。如壳聚糖中蛋白质浓度不得超过 0.2% g/ml。

6. BCA 比色法　在碱性溶液中，蛋白质将 Cu^{2+} 还原为 Cu^{+} 再与 BCA 试剂（2,2′ - 联喹啉 -4,4′ - 二羧酸钠，bicinchoninic acid，BCA）反应生成紫色复合物，终产物很稳定，在 562nm 波长处有最大吸收，此法是从 Lowry 法派生的蛋白质含量测定方法，比 lowry 法的干扰物少，其灵敏度范围一般为 10 ~1200μg/ml，微量分析范围为 0.5 ~10μg/ml。

7. HPLC 法（高效液相色谱法）　HPLC 法具有定量精确、灵敏度高、重复性好、自动化程度高等特点，多用于成品的质量控制，且需要同种蛋白质作为标准品。如该法用于注射用人白介素 -2 中蛋白质含量测定。

8. ELISA 法（酶联免疫吸附法）　ELISA 法为特异蛋白质含量测定方法，具有特异性强、灵敏度高、同时测定样品多等特点，可用于生产中目标蛋白质含量测定。

实训项目

任务一　蛋白质含量的测定技术——紫外分光光度法

【实训目的】

通过实训，进一步明确紫外分光光度法测定蛋白质含量的原理，学会蛋白质样品的制备和蛋白质含量的测定技术；进一步熟悉分析天平的使用；学会移液管、离心机和紫外分光光度计的正确使用操作。

【实训原理】

蛋白质分子中含有色氨酸、酪氨酸、苯丙氨酸，使蛋白质在280nm波长处有最大吸收值。在一定浓度范围内（0.1～1.0mg/ml），蛋白质溶液的吸光度（A_{280}）与其含量成正比，可用作定量测定。

该方法的优点：迅速、简便、不消耗样品，低浓度盐类不干扰测定结果。因此，广泛应用于柱色谱分离中蛋白质洗脱情况的检测。此法的缺点：对于测定那些与标准蛋白质中色氨酸、酪氨酸含量差异较大的蛋白质，有一定误差；若样品中含有核酸等具有紫外吸收的物质，也会出现较大的干扰，可用280/260nm吸收差法进行校正，以减少核酸对蛋白质含量测定的干扰。

不同种类的蛋白质和核酸的紫外吸收是不同的，即使经过校正，测定结果也存在一定的误差，但可作为初步定量的依据。

【试剂和器材】

1. 试剂

（1）标准蛋白质溶液　结晶牛血清蛋白，经微量凯氏定氮法测定蛋白质含量，根据其纯度配制成1mg/ml蛋白质溶液。如需保存需放置于4℃的冰箱中。

（2）样品蛋白质溶液　鸡蛋的球蛋白，制备方法见“样品蛋白质溶液的制备”。

（3）饱和$(NH_4)_2SO_4$溶液；1mol/L NaOH溶液。

2. 器材　试管1.5cm×15cm，试管架；移液器1ml、2ml、5ml、10ml；离心机（10000r/min）；紫外分光光度计。

【实训方法和步骤】

1. 样品蛋白质溶液的制备

（1）取鸡蛋清10ml，加入80ml 0.1mol/L NaOH溶液，摇匀，作为蛋白质的母液。

（2）用移液器取5ml母液，加入5ml $(NH_4)_2SO_4$溶液，用离心机（10000r/min）离心4分钟。

（3）弃去上清液，所得沉淀即为鸡蛋的球蛋白，将10ml 1mol/L NaOH溶液加入球蛋白中，摇匀，即为样品蛋白质溶液。

2. 标准曲线的制作　取9支试管编号，按表2-3依次加入标准蛋白质溶液和NaOH溶液，摇匀。选用光程为1cm的石英比色杯，在280nm波长处分别测定各管溶液的A_{280}值。以A_{280}值为纵坐标，以蛋白质含量为横坐标，绘制标准曲线。要求做好实训记录。

表2-3　标准蛋白质溶液和NaOH溶液的加入量

试管编号	1	2	3	4	5	6	7	8	9
标准蛋白质溶液（ml）	0	0.5	1.0	1.5	2.0	2.5	3.0	3.5	4
NaOH（ml）	4	3.5	3.0	2.5	2.0	1.5	1.0	0.5	0
蛋白质含量（mg/ml）	0	0.125	0.250	0.375	0.500	0.625	0.750	0.875	1.00
A_{280}									

3. 样品蛋白质的含量测定

第一种方法：标准曲线法。

取待测的样品蛋白质溶液1ml，加入1mol/L NaOH 3ml，摇匀，按上述方法在280nm波长处测吸收值，并从标准曲线上查出样品蛋白质的含量（mg/ml）。

$$样品蛋白质的含量 = 稀释倍数 \times n$$

式中，n 为从标准曲线上查出的蛋白质含量，mg/ml。

第二种方法：280nm 与 260nm 吸收差法。

分别测定样品蛋白质在 280nm 和 260nm 波长处的吸收值，按照下述公式计算蛋白质的含量（mg/ml）。

$$\text{样品蛋白质含量} = 1.55A_{280} - 0.75A_{260}$$

【温馨提示】

1. 紫外分光光度计的使用要有对照，严格按照仪器的使用说明操作，并有使用记录。
2. 离心机的使用中注意离心管放置的位置要对称，质量要等同。
3. 样品和标准液的配制一定要摇匀。
4. 标准蛋白质溶液的配制中应根据 n 的含量来计算蛋白质的含量。

【实训思考】

1. 本法与其他蛋白质含量测定方法比较，有何优缺点？
2. 应用本法测定蛋白质含量，应考虑排除哪些因素的干扰？

任务二　氨基酸的分离鉴定技术——纸色谱法或薄层色谱法

【实训目的】

通过实训，进一步明确氨基酸纸色谱法的基本原理和方法，熟记色谱分离的步骤和操作方法；练习利用毛细管点样的操作。

【实训原理】

纸色谱法（paper chromatography）是生物化学上分离、鉴定氨基酸混合物的常用技术，可用于蛋白质中氨基酸成分的定性鉴定和定量测定。

纸色谱法是用滤纸作为惰性支持物的分配色谱法，纸色谱所用展开剂大多由有机溶剂和水组成。其中滤纸纤维素上吸附的水是固定相，展层用的有机溶剂是流动相。因为滤纸纤维与水的亲和力强，与有机溶剂的亲和力弱，因此在展层时，水是固定相，有机溶剂是流动相。

在纸色谱操作时，将样品点在距滤纸一端约 2 ~ 3cm 的某一处，该点称为原点；然后在密闭容器中展开溶剂沿滤纸的一个方向进行展层，溶剂由下向上移动的称上行法；由上向下移动的称下行法。这样混合氨基酸在两相中不断分配，由于分配系数（K_d）不同，即不同的氨基酸在相同的溶剂中溶解度不同，氨基酸随流动相移动的速率就不同，结果它们在滤纸不同位置上分布形成了距原点距离不等的展开点。

物质被分离后在纸色谱图谱上的位置可用比移值（rate offlow，R_f）来表示。所谓 R_f，是指在纸色谱中，从原点至展开点中心的距离（X）与原点至溶剂前沿的距离（Y）的比值：

$$R_f = \frac{\text{原点至展开点中心的距离}(X)}{\text{原点至溶液前沿的距离}(Y)}$$

R_f 值的大小与物质的结构、性质、溶剂系统、滤纸的质量和温度等因素有关。在一定条件下，某种物质的 R_f 值是常数。

本实验采用纸色谱法分离氨基酸。氨基酸是无色的，利用茚三酮反应，可将氨基酸展开点显色作定性、定量用。

【试剂和器材】

1. 试剂

（1）展开剂（扩展剂） 水合正丁醇：醋酸=4∶1，即将20ml正丁醇和5ml冰醋酸放入分液漏斗中，与15ml水混合，充分振荡，静置后分层，放出下层水层后备用。

（2）显色剂 0.1%水合茚三酮正丁醇溶液，即0.5g茚三酮溶于100ml正丁醇，即得0.5%茚三酮-正丁醇溶液，贮于棕色瓶中备用。

（3）氨基酸溶液 5g/L的赖氨酸（Lys）、缬氨酸（Val）、脯氨酸（Pro）、混合氨基酸的异丙醇（10%）溶液，其中10%是异丙醇体积百分比。

2. 器材 展开缸；色谱滤纸（新华1号）或硅胶G薄层板；点样用毛细管（或微量点样器）；吹风机；烘箱（或真空干燥箱）；喉头喷雾器；直尺；剪刀；一次性手套；铅笔；分液漏斗（250ml）。

【实训方法和步骤】

（一）纸色谱法

1. 准备滤纸 取色谱滤纸一张，裁剪成12cm×10cm大小。在纸的一端距边缘2cm处用铅笔画一直线，在直线上每间隔2cm做一记号，标出4个原点。裁剪滤纸时注意带一次性手套，以免手上的油迹污染滤纸。

2. 点样 用毛细管将各氨基酸样品分别点在4个原点上，用量10~20μl，每点在纸上扩散的直径，最大不超过3mm，越小越好。可用吹风机冷风吹干或自然干后再点样一次，且每次的点样点要重合。

3. 展层 用镊子将点好样的滤纸小心放入展开缸中，使之直立，点样的一端在下，扩展剂的液面需低于点样线1cm，盖上缸盖。待溶剂上升9cm左右时，用镊子取出滤纸，铅笔画出溶剂的前沿，自然干燥或用吹风机热风吹干（或置于干燥箱中）干燥2分钟取出。

4. 显色 用喷雾器均匀喷上0.1%茚三酮正丁醇溶液，然后置干燥箱中烘烤3分钟（100℃）或用热风吹干，直至氨基酸斑点显色，用铅笔画出轮廓。

5. 计算 计算出各种氨基酸的R_f值。

（二）薄层色谱法

1. 准备薄层板 可以直接购买薄层板，临用前一般应在110℃活化30分钟；也可以自己制作。

2. 点样 将薄层板铺有硅胶部分平放在干净的桌面上，用石英刀将薄层板切成宽约4cm、长约6cm大小，在薄层板的一端距边缘1~1.5cm处用铅笔画一条直线，平均分成4个点。用毛细管吸取少量氨基酸样品分别点在这4个位置上，每点完一点，立刻用吹风机吹干后再点一次，且每次的点样点要重合。

3. 展层 在展开缸中倒入少量展开剂（液面为1cm左右），用镊子将点好样的薄层板小心放入展开缸中，使之直立，点样的一端在下，展开剂的液面需低于点样线约5mm，盖上缸盖。待溶剂上升5cm左右时，取出薄层板，自然干燥或用吹风机吹干。

4. 显色和R_f值的计算 操作同上述的“纸色谱法”。

【温馨提示】

1. 拖尾现象是指展层、显色后在色谱分配图上，所看到的某一氨基酸的分子位移，不是如标准图谱所示的那样完整地显示在某一位置上，而是形成像笤帚似的前端粗圆而后逐渐细小下来，宛如拖着一个尾巴。其图所呈颜色也是由浓渐淡。样品点不要吹得太干燥，否则样品物质的分子会牢牢吸附在色谱滤纸的纤维上，出现“拖尾”现象。不要用热风吹，最好用冷风或自然干燥。

2. 为节省时间，本实验只饱和展开缸，不饱和点样滤纸，此步骤可最先做。在展开缸饱和20分钟后，做点样准备和点样操作。

3. 点样设计时，一般将混合样设计在中间位置较好，以免边沿效应影响混合样的分离。

4. 显色时一定要在通风橱内进行，并色谱析滤纸置于干净大白瓷盘内，再喷洒显色剂，以免污染工作台。

【实训思考】

1. 何谓 R_f 值？影响 R_f 值的主要因素是什么？

2. 怎样制备扩展剂？

3. 为什么展开缸要预先饱和呢？

任务三　血清蛋白质的分离——醋酸纤维素薄膜电泳法

【实训目的】

能熟练说出蛋白质电泳分离的原理和方法；熟练操作和使用电泳仪；熟记电泳的步骤和操作方法；进一步练习点样操作。

【实训原理】

醋酸纤维素薄膜电泳（CAME）是以醋酸纤维素薄膜（CAM）作支持物的一种区带电泳技术，将血清样品点样于醋纤膜上，在pH 8.6的缓冲液中电泳时，血清蛋白质均带负电荷而移向正极。由于血清中各蛋白质组分等电点不同而致使表面净电荷量不等，加上各蛋白质组分的分子大小和形状各异，因而电泳迁移率不同，彼此得以分离。电泳后，CAM经染色和漂洗，可清晰呈现清蛋白、α_1、α_2、β、γ-球蛋白5条区带。

【试剂与器材】

1. 试剂

（1）巴比妥缓冲液（pH 8.6　I=0.06）　取巴比妥钠12.76g，巴比妥1.66g，加蒸馏水加热溶解后稀释至1L。

（2）氨基黑10B染色液　取氨基黑10B 0.5g，甲醇50ml，冰醋酸10ml，加水至100ml。

（3）漂洗液　95%乙醇45ml、冰醋酸5ml、蒸馏水50ml。

（4）样品　血清蛋白。

2. 器材　盖玻片；染色皿；漂洗器；镊子；电泳仪；水平电泳槽；醋酸纤维素薄膜（2cm×8cm）。

【实训方法和步骤】

1. 薄膜的准备　距离边缘1.5cm用铅笔做好标记，粗糙面用于点样，然后将薄膜放进缓冲液中，自然浸润，约20分钟。

2. 电泳槽的准备　水平放置，将缓冲液注入电泳槽中，两边的缓冲液高度要一致，架上滤纸桥，盖上电泳槽盖。

3. 点样　将充分浸透（指膜上没有白色斑痕）的薄膜取出，用滤纸吸去膜上过多的缓冲液，盖玻片蘸取血清（约10~20pl），垂直印在CAM粗糙面的加样线上，待样品全部渗入薄膜内后，移开盖玻片。

4. 电泳 加样后，将薄膜条架于支架两端，点样面朝下，点样侧置于负极端。薄膜应平直无弯曲，加上槽盖平衡5分钟。正确连接电泳槽与电泳仪对应的正负极，开启电源通电。电压10～15V/cm膜总宽。电泳40～60分钟，泳动距离达3.5～4.0cm时即可断电。

5. 染色 电泳完毕后断电，用镊子取出薄膜条投入染液5～10分钟，染色过程中不时轻轻晃动染色皿，使染色充分。

6. 漂洗 从染液中取出薄膜条并尽量沥去染液，投入漂洗皿中反复漂洗，直至背景漂净为止，待干后观察条带。

【温馨提示】

1. 点样要少、轻、直、匀。
2. 不要将薄膜吸得过干。
3. 漂洗时不要用镊子来回拉动。

【实训思考】

1. 为什么薄膜的点样面朝下，点样端置于阴极？
2. 用醋酸纤维素薄膜作为电泳的支持物有何优点？

任务四　蛋白质的分离——SDS－聚丙烯酰胺凝胶电泳法

【实训目的】

能熟练说出SDS－聚丙烯酰胺凝胶电泳的原理；熟练操作和使用电泳仪；熟记聚丙烯酰胺凝胶垂直板电泳分离蛋白质的步骤和操作方法；进一步练习点样操作。

【实训原理】

聚丙烯酰胺凝胶是丙烯酰胺和交联剂甲叉双丙烯酰胺在催化剂的作用下聚合而成。蛋白质分子在聚丙烯酰胺凝胶中电泳时，它的迁移率取决于所带净电荷及分子的大小和形状等因素。如果在聚丙烯酰胺凝胶系统中加入SDS和巯基乙醇，则蛋白质分子的迁移率主要取决于它的相对分子质量，而与所带电荷和形状无关。

在蛋白质溶液中加入SDS和巯基乙醇后，巯基乙醇能使蛋白质分子中的二硫键还原；SDS是一种阴离子去垢剂，能使蛋白质的氢键、疏水键打开，并结合到蛋白质分子上，形成蛋白质－SDS复合物。SDS与蛋白质的结合一方面使各种蛋白质的SDS－复合物都带上相同密度的负电荷，掩盖了不同种类蛋白质间原有的电荷差别，使所有的SDS－蛋白质复合物在电泳时都以同样的电荷/蛋白质比向正极移动；另一方面，SDS与蛋白质结合后，可以使蛋白质的构象发生改变。从而使蛋白质－SDS复合物在凝胶电泳中的迁移率不再受蛋白质原有电荷和形状的影响，而只与蛋白质的相对分子质量有关。

【试剂与器材】

1. 试剂

（1）30%凝胶贮备液　丙烯酰胺（Acr）29.2g，N,N'－亚甲基双丙烯酰胺（Bis）0.8g，加双蒸水至100ml。如需储存，用锡纸包裹，于4℃冰箱保存，30天内使用。

（2）分离胶缓冲液（1.5mol/L）　Tris 18.17g，加双蒸水溶解，用6mol/L HCl溶液调节pH至8.8，定容至100ml，于4℃冰箱保存。

（3）浓缩胶缓冲液（0.5mol/L）　Tris 6.06g，加水溶解，用6mol/L HCl溶液调节pH至8.8，定容至100ml，于4℃冰箱保存。

（4）5×电泳缓冲液（pH 8.3）　Tris 15.1g，Glysine 94g，SDS 5.0g，加入约900ml双蒸水充分搅拌至溶解，定容至1000ml，室温保存。

（5）10%SDS，于4℃冰箱保存。

（6）10%过硫酸铵，现配现用。

（7）5×上样缓冲液　5mol/L的Tris－HCl溶液（pH 6.8）1.25ml，甘油2ml，10% SDS 2ml，β－巯基乙醇1ml，0.1%溴酚蓝0.5ml，加双蒸水定容至10ml。

（8）考马斯亮蓝R250染色液（1L）　2.5g考马斯亮蓝R250，加入500ml甲醇，100ml冰醋酸，用双蒸水定容至1000ml。

（9）脱色液（1L）　100ml甲醇，100ml冰醋酸，用双蒸水定容至1000ml。

（10）未知相对分子质量蛋白质样品（1mg/ml）。

2. 器材　垂直板电泳槽；稳压稳流电泳仪；脱色摇床；50ml小烧杯；移液枪；枪头；玻璃棒；滤纸；表面皿；手套等。

【实训方法和步骤】

1. 玻璃板的准备　一只手扣紧玻璃板，另一只手蘸取清洁剂仔细轻轻擦洗，自来水清洗干净后，用双蒸水冲洗残留的自来水，晾干。将晾干的玻璃板对齐，放入制胶夹中卡紧，垂直卡在架子上。

2. 制胶

（1）分离胶　按表2－4配制12%的分离胶，加入TEMED后立即摇匀，用吸管或移液枪吸取适量的胶沿两块玻璃之间的缝隙灌入，待胶面升到短玻璃板2/3的高度即停止灌入分离胶。然后胶上加一层水液封。当水和胶之间有一条折射线时，说明胶已凝了。再等3分钟使胶充分凝固就可倒去胶上层的水并用吸水纸将水吸干。

（2）浓缩胶　按表2－4配制5%的浓缩胶，加入TEMED后立即摇匀，将剩余空间灌满浓缩胶，将梳子插入浓缩胶中。由于胶凝固时体积会收缩减小，从而使加样孔的上样体积减小，所以在浓缩胶凝固的过程中要经常在两边补胶。待到浓缩胶凝固后，双手分别捏住梳子的两边垂直向上轻轻将其拔出。

将制好的胶板冲洗干净，放入电泳槽中，小玻璃板面向内，大玻璃板面向外，向其中加入1×电泳缓冲液。

表2－4　浓缩胶与分离胶的配制方法

试剂名称	5%浓缩胶（ml）	12%分离胶（ml）
30%凝胶贮备液	4	0.67
双蒸水	3.5	2.7
分离胶缓冲液	2.5	—
浓缩胶缓冲液	—	0.5
10% SDS	0.1	0.04
10%过硫酸铵	0.05	0.04
TEMED	0.005	0.003

3. 上样　取已知含量的蛋白质溶液，计算含50pg蛋白的溶液体积为上样量。取出样品至0.5ml离心管中，加入5×上样缓冲液至终浓度为1×，于沸水中煮5分钟使蛋白变性，用微量移液枪将处理好

的样品溶液小心的加入加样孔中，上样总体积一股不超过15μl。

4. 电泳 加样完毕，盖好上盖，连接电泳仪，打开电泳仪开关，调节电压，样品进入分离胶之前将电压控制在100～200V，15～20分钟。样品中的溴酚蓝指示剂到达分离胶之后，电压升到200V，当溴酚蓝指示剂到达距前沿1～2cm处即停止电泳，时长0.5～1小时。过程中通过冰袋或循环水降温。

5. 染色 电泳结束后，关掉电源，取出玻璃板，在长短两块玻璃板下角空隙内用刀轻轻撬开，使胶面与玻璃板分开，然后轻轻将胶片托起，放入大培养皿中，用0.25%的考马斯亮蓝R250染色液，在摇床上染色2～4小时，必要时可过夜。

6. 脱色 弃去染色液，用蒸馏水把胶面漂洗几次，然后加入脱色液，打开摇床，进行扩散脱色，适时换脱色液，直至蛋白质条带清晰为止。

7. 结果处理

（1）迁移率的计算 测量脱色后凝胶板的长度、每个蛋白质条带中心到加样孔的距离和染料的迁移距离。按以下公式计算蛋白质样品的相对迁移率（R_m）：

相对迁移率（R_m）= 样品迁移距离（cm）/染料迁移距离（cm）

（2）标准曲线的制作 以各标准蛋白质的相对迁移率为横坐标，蛋白质相对分子质量的对数为纵坐标作图，得到标准曲线。

（3）蛋白质样品的相对分子质量计算 根据测得的蛋白质样品的相对迁移率，从标准曲线上查得该蛋白质的相对分子质量。

【温馨提示】

1. 准备玻璃板的步骤中，操作时要使两玻璃对齐，以免漏胶。
2. 灌胶时，开始可快一些，胶面快到所需高度时要放慢速度。胶一定要沿玻璃板流下，这样胶中才不会有气泡。加水液封时要很慢，否则胶会被冲变形。
3. 插梳子和拔梳子时，要使梳子保持水平。

【实训思考】

1. 影响蛋白质在凝胶中迁移率的因素有哪些？
2. 加样之前，为什么需要将样品煮沸5分钟？

答案解析

目标检测

一、名词解释

蛋白质的一级结构　结构域　亚基　蛋白质变性　蛋白质复性　蛋白质等电点

二、填空题

1. 构成天然蛋白质的氨基酸的结构通式为__________。
2. 组成蛋白质的21种氨基酸中，__________是亚氨基酸，当它在α-螺旋中出现时，可使螺旋__________，与茚三酮反应时呈现__________色。
3. 体内多数蛋白质的等电点在__________左右，因此在生理条件下，蛋白质多带__________电荷。
4. 蛋白质中氮元素的含量比较恒定，平均值为__________，所以可以用__________法测定蛋白质的含量。

5. 维系蛋白质二级结构最主要的作用力是＿＿＿＿＿＿＿＿。
6. 蛋白质变性的本质是＿＿＿＿＿＿＿＿。
7. 用75%乙醇来消毒，主要是应用＿＿＿＿＿＿＿＿的这一特性。
8. 蛋白质水解时，切断＿＿＿＿＿＿＿＿，随之产生游离的＿＿＿＿＿＿＿＿和＿＿＿＿＿＿＿＿基团。
9. 当盐浓度高时，盐的加入使蛋白质的溶解度＿＿＿＿＿＿＿＿，称为＿＿＿＿＿＿＿＿现象。
10. 蛋白质颗粒表面的＿＿＿＿＿＿＿＿和＿＿＿＿＿＿＿＿是蛋白质亲水胶体稳定的两个因素。

三、选择题

【A 型题】

1. 蛋白质的基本结构单位是（　　）。
   A. 肽键平面　B. 核苷酸　C. 肽　D. 氨基酸
2. 蛋白质变性（　　）。
   A. 由肽键断裂而引起　B. 都是不可逆的
   C. 可使其生物活性丧失　D. 紫外吸收能力降低
3. 分子病主要是哪种结构异常（　　）？
   A. 一级结构　B. 二级结构　C. 三级结构　D. 四级结构
4. 下列关于蛋白质结构的叙述中，不正确的是（　　）。
   A. 所有蛋白质都有四级结构　B. α－螺旋为二级结构的一种形式
   C. 一级结构决定空间结构　D. 亚基单独存在，不具活性
5. 从组织提取液中沉淀活性蛋白质而又不使其变性的方法是加入（　　）。
   A. 硫酸铵　B. 强酸　C. 氯化汞　D. 三氯醋酸
6. 在以下混合蛋白质溶液中，各种蛋白质的 pI 分别为 4.3、5.0、5.4、6.5、7.4，电泳时欲使其都泳向正极，缓冲溶液的 pH 应该是（　　）。
   A. pH 8.1　B. pH 5.2　C. pH 6.0　D. pH 7.4
7. 最易受非蛋白氮影响的蛋白质含量测定方法是（　　）。
   A. 考马斯亮蓝法　B. 凯氏定氮法　C. 双缩脲法　D. Folin－酚法
8. 凝胶色谱法分离混合蛋白质时，洗脱时最先从色谱柱流出的是（　　）。
   A. 相对分子质量较小的组分　B. 相对分子质量较大的组分
   C. 沉降速度快的组分　D. 与载体亲和力弱的组分
9. 蛋白质的水解产物是氨基酸，主要断裂的是（　　）。
   A. 氢键　B. 疏水键　C. 二硫键　D. 肽键
10. 新型冠状病毒感染人体的机理主要是由于人体细胞表面 ACE2 受体与病毒的（　　）进行特异性结合。
    A. 衣壳蛋白（N）　B. 刺突蛋白（S 蛋白）
    C. 包膜蛋白（E）　D. 膜蛋白（M）

【B 型题】

［第 11～14 题选项］
A. 复性　B. 变性
C. 不能透过半透膜　D. 紫外吸收
E. 盐析

11. 向蛋白质溶液中加入 NaCl，会使溶液中的蛋白质发生（　　）。
12. 血液透析器净化血液，利用的是蛋白质的（　　）性质。
13. 紫外分光光度法测定蛋白质含量利用的使蛋白质的（　　）性质。
14. 重组人血管内皮抑制素生产中，加入尿素是为了使蛋白质（　　），去除尿素能够使蛋白质（　　）。

【X 型题】

15. 蛋白质作为胶体的性质包括（　　）。
A. 复性　　B. 丁达尔现象　　C. 不能透过半透膜　　D. 布朗运动
16. 可以使蛋白质失去生物学活性的条件有（　　）。
A. 加热　　B. 低温冷冻　　C. 强酸　　D. 强碱
17. 蛋白质和氨基酸共同具有的性质是（　　）。
A. 双缩脲反应　　B. 茚三酮反应　　C. 胶体性质　　D. 两性电离
18. 蛋白质变性引起的性质变化，以下正确的是（　　）。
A. 紫外吸收能力增强　　B. pI 增加
C. 溶解度降低　　D. 不易被蛋白酶水解
19. 维持蛋白质空间结构的作用力包括（　　）。
A. 离子键　　B. 氢键　　C. 疏水键　　D. 二硫键
20. 蛋白质在 280nm 波长处具有紫外吸收的性质，主要是由于（　　）存在的结果。
A. 酪氨酸　　B. 色氨酸　　C. 天冬氨酸　　D. 苯丙氨酸

四、简答题

1. 说明构成天然蛋白质的氨基酸有哪些特点？
2. 蛋白质的结构分哪些层次？说明各层次之间的关系以及维持各级结构的作用力。
3. 说明蛋白质的胶体性质、变性和沉淀在实际工作中有哪些应用。
4. 说明蛋白质分离纯化的基本步骤；若根据带电性质不同，可采用哪些方法分离纯化蛋白质？

书网融合……

知识回顾

微课 1

微课 2

习题

第三章 核酸的化学

学习引导

1868 年，瑞士化学家米歇尔从脓细胞中首先分离得到一种含氮和磷特别丰富的沉淀物质，随后人们多次发现了这类物质的存在。由于这类物质是从细胞核中提取出来，而且具有酸性，因此得名“核酸”（nucleic acid）。那么什么是核酸呢？它包含哪些种类？由哪些物质组成？结构如何？如何从细胞内进行分离纯化？带着这些问题，我们进入本章节的学习。

本章主要介绍核酸的生理功能、分子组成、分子结构、理化性质，以及常用的核酸分离纯化技术及其含量测定的方法。

学习目标

1. 掌握 核酸的分子组成；核酸的理化性质及应用。
2. 熟悉 核酸的分子结构；核酸的分离纯化技术及其含量测定的方法。
3. 了解 核酸类药物及临床应用。

核酸是生物体内重要的生物大分子，是生物遗传的物质基础，既参与细胞的生长、繁殖、分化、遗传和变异等各种生命活动，又与病毒感染、辐射损伤、肿瘤发生、代谢性疾病等密切相关。

PPT

第一节 核酸的概述

一、核酸的概念、分类及分布

核酸是以核苷酸为基本组成单位的生物大分子，具有复杂的空间结构和重要的生物学功能。根据化学组成不同，可将核酸分为脱氧核糖核酸（deoxyribouncleic acid，DNA）和核糖核酸（ribouncleic acid，RNA）两大类。DNA 主要分布于细胞核中，少量存在于细胞器（如线粒体、叶绿体和质粒）中；RNA 主要存在于细胞质中，根据分子结构和功能的不同，主要分为信使核糖核酸（messenger RNA，mRNA）、核糖体核糖核酸（ribosomal RNA，rRNA）和转运核糖核酸（transfer RNA，tRNA）三类。

二、核酸的生物学功能

核酸是生命遗传的物质基础。DNA 是生物遗传信息的载体，作为基因复制和转录的模板，但某些病毒中的 RNA 也可作为遗传信息的载体，如冠状病毒、轮状病毒、流感病毒等。

RNA 是 DNA 的转录产物，参与遗传信息的传递和表达，不同种类的 RNA 具有不同的生物学功能。mRNA 的功能是为蛋白质的生物合成提供直接模板；rRNA 与核糖体蛋白结合构成核糖体，为蛋白质生物合成提供了必需的场所；tRNA 作为蛋白质合成过程中氨基酸的载体和运载工具，为多肽链的合成提供活化的氨基酸。

第二节　核酸的分子组成

PPT

一、核酸的元素组成

核酸是一类主要由 C、H、O、N 和 P 等元素组成的生物大分子，其中，磷在核酸中的含量比较恒定，平均为 9% ~10%。因此，样品中核酸的含量可用磷的含量来表示。

二、核酸的基本结构单位——核苷酸

核酸是由多个核苷酸聚合而成的生物大分子，其基本结构单位是核苷酸（nucleotide），核苷酸由核苷（nucleoside）和磷酸组成，核苷包括戊糖（pentose）和碱基（base）（图 3－1）。

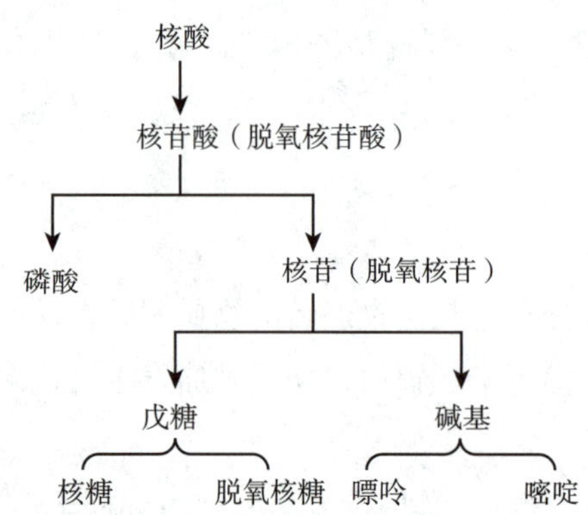

图 3－1　核酸的分子组成

（一）基本成分

1. 碱基　碱基分为嘌呤（pyrimidine）和嘧啶（purine）两类。常见的嘌呤有两种：腺嘌呤（adenine，A）和鸟嘌呤（guanine，G）；常见的嘧啶有三种：胞嘧啶（cytosine，C）、尿嘧啶（uracil，U）和胸腺嘧啶（thymine，T）。A、G、C 和 T 是构成 DNA 的碱基，A、G、C 和 U 是构成 RNA 的碱基。

嘧啶 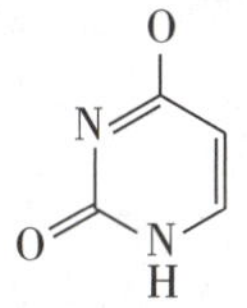　胞嘧啶（C） 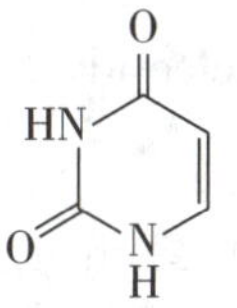　尿嘧啶（U） 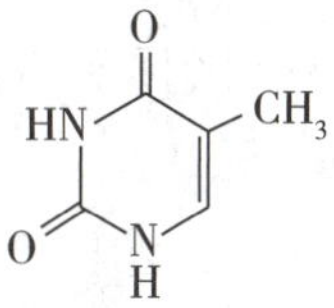　胸腺嘧啶（T）

除上述五种常见碱基外，生物体内还存在一些含量稀少的碱基，称为稀有碱基，例如次黄嘌呤（hypoxanthine）、黄嘌呤（xanthine）和二氢尿嘧啶（dihydrouracil）等。稀有碱基是在常见碱基基础上经甲基化、乙酰化、氢化、氟化或硫化等化学修饰而成，因此，稀有碱基也被称为修饰碱基。

2. 戊糖　戊糖主要分为两类：即 β－*D*－核糖（β－*D*－ribose）和 β－*D*－2′－脱氧核糖（β－*D*－2′－deoxyribose），两者的差别在于 C－2′原子所连接的基团，核糖 C－2′原子上有一个羟基，而脱氧核糖 C－2′原子上只有一个氢。核糖存在于 RNA 中，脱氧核糖存在于 DNA 中。

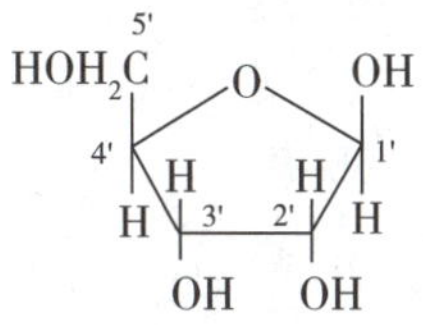

β－*D*－核糖 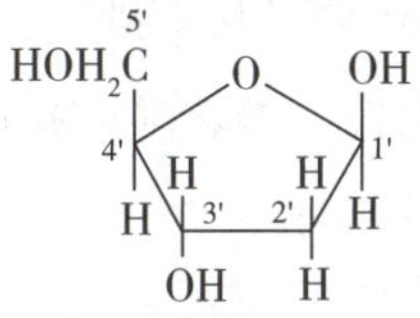　β－*D*－2′－脱氧核糖

3. 磷酸　核酸分子中的磷酸（H_3PO_4）在一定条件下，通过磷酸二酯键的形式连接两个核苷酸中的戊糖，使多个核苷酸聚合成长链。

（二）核苷

核苷是由戊糖和碱基通过糖苷键缩合而成的糖苷类化合物。糖苷键由戊糖 C－1′上的羟基与嘧啶碱的 N－1 或嘌呤碱的 N－9 上的氢脱水缩合而成。根据核苷中戊糖的差异，核苷分为核糖核苷与脱氧核糖核苷两类。

RNA 分子中常见的核苷包括腺苷、鸟苷、胞苷和尿苷，tRNA 中含有少量假尿嘧啶核苷，其结构特殊，核糖不是与尿嘧啶的 N－1 相连接，而是与嘧啶环的 C－5 相连接。DNA 分子中的脱氧核苷包括脱氧腺苷、脱氧鸟苷、脱氧胞苷、脱氧胸苷。

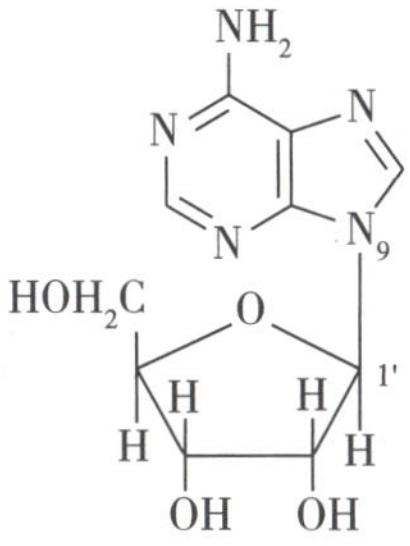

腺嘌呤核苷 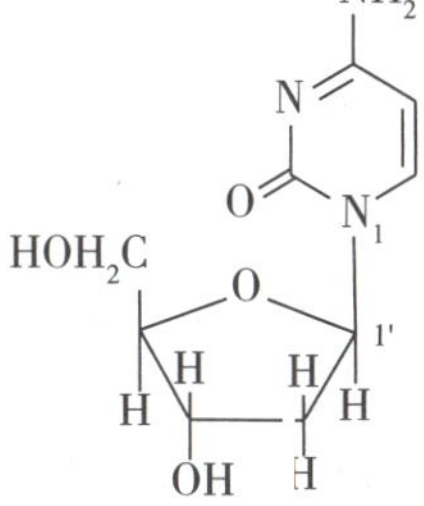　胞嘧啶脱氧核苷 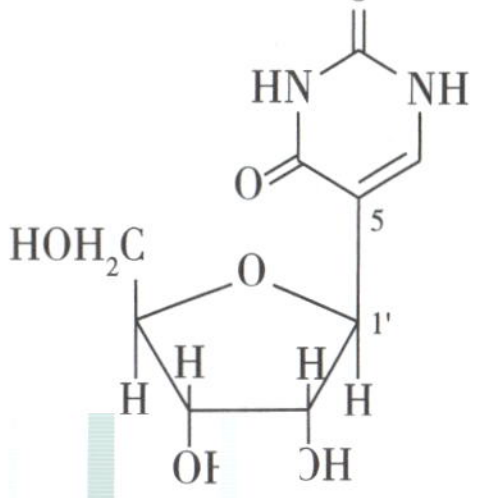　假尿嘧啶核苷

（三）核苷酸

核苷或脱氧核苷 C－5′原子上的羟基与磷酸脱水缩合形成磷酸酯键，由此形成核苷酸（nucleotide）或脱氧核苷酸（deoxynucleotide）。根据连接的磷酸基团的数目多少，核苷酸可分为核苷一磷酸（nucleoside 5′－monophosphate，NMP）、核苷二磷酸（nucleoside 5′－diphosphate，NDP）和核苷三磷酸（nucleoside 5′－triphosphate，NTP）。

核苷酸是核酸的基本结构单位。脱氧腺苷酸（dAMP）、脱氧鸟苷酸（dGMP）、脱氧胞苷酸（dCMP）、脱氧胸苷酸（dTMP）构成 DNA；腺苷酸（AMP）、鸟苷酸（GMP）、胞苷酸（CMP）、尿苷酸（UMP）构成 RNA。

核酸是由核苷酸聚合而成的生物大分子，核苷酸之间通过 3′,5′－磷酸二酯键相互连接（图 3－2）。每条核苷酸链都具有两个不同的末端，具有游离的 5′－磷酸基团的一端，称为 5′－磷酸末端（5′－P），简称 5′－端。具有游离的 3′－羟基的一端，称为 3′－羟基末端（3′－OH），简称 3′－端。核酸分子具有方向性，核苷酸的排列顺序和书写规则必须是 5′－端→3′－端方向。

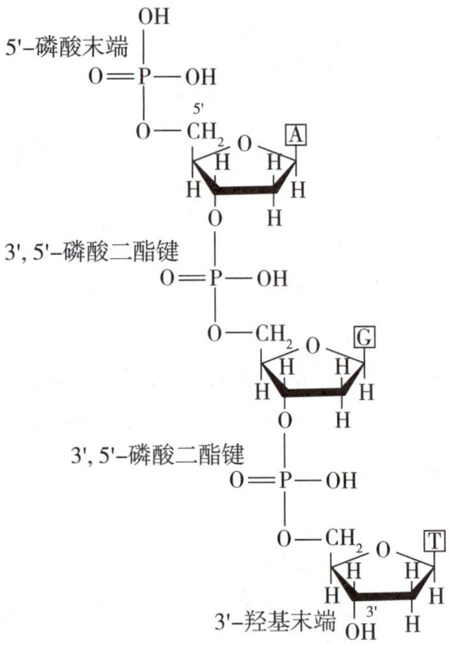

图 3－2　核苷酸的连接方式

三、生物体内重要的核苷酸衍生物

（一）多磷酸核苷酸

在一定条件下核苷一磷酸（NMP 或 dNMP）可以进一步磷酸化，5′位连接两个磷酸基团或三个磷酸基团形成核苷二磷酸（NDP 或 dNDP）和核苷三磷酸（NTP 或 dNTP）。如 AMP 磷酸化生成 ADP，ADP 再进一步磷酸化生成 ATP（图 3－3）。

ATP 作为能量的通用载体，在生物体内能量转换中起着核心作用。其他多磷酸核苷酸在生命活动中也发挥着重要作用，如 UTP、CTP 和 GTP 分别参与糖原、磷脂和蛋白质的生物合成。

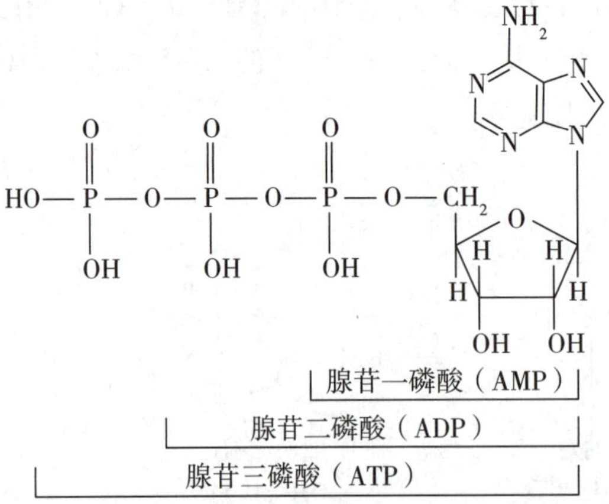

图 3－3　AMP、ADP 和 ATP 结构

（二）环化核苷酸

核苷酸分子中 5′－磷酸基团可以与戊糖 C－3′上的羟基脱水缩合形成 3′,5′－环核苷酸。生物体内常见的环化核苷酸有 3′,5′－环腺苷酸（cAMP）和 3′,5′－环鸟苷酸（cGMP），它们是细胞信号转导过程

中的第二信使，在信息传递过程中起重要的调控作用。目前临床使用的丁酰 cAMP 就是 cAMP 的衍生物，对冠心病有明显疗效。cGMP 对细胞代谢也有调节功能。

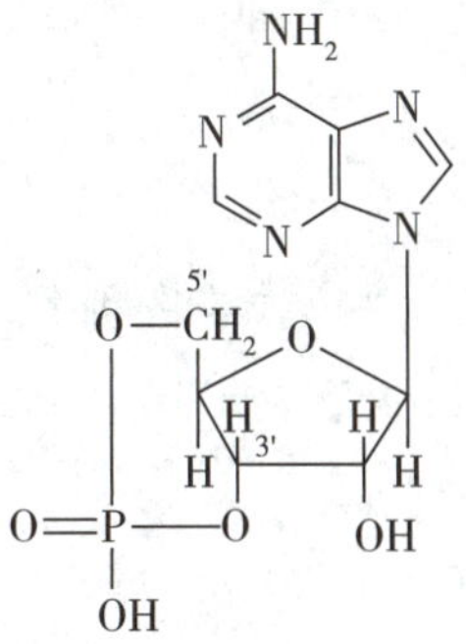

3', 5'-cAMP 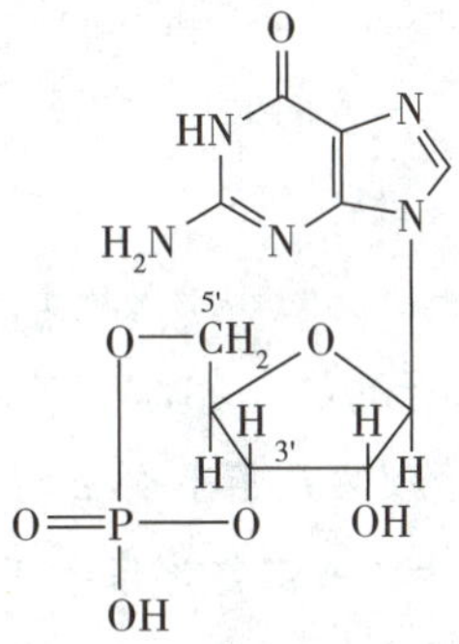　　　3', 5'-cGMP

（三）核苷酸类辅助因子

某些核苷酸还是许多辅助因子的组成成分，如 AMP 参与构成辅酶Ⅰ（NAD^+）、辅酶Ⅱ（$NADP^+$）、黄素腺嘌呤二核苷酸（FAD）、辅酶 A（CoA）等，在传递质子或电子的过程中发挥重要的作用。

四、碱基、核苷酸和核酸类药物

具有预防、诊断和治疗作用的碱基、核苷、核苷酸、核酸及其衍生物称为核酸类药物。按照结构和化学组成的不同，核酸类药物包括以下四大类：

（一）碱基及其衍生物类

多数是经过人工化学修饰的碱基衍生物，主要有别嘌呤醇、硫代鸟嘌呤、氯嘌呤、氟胞嘧啶和氟尿嘧啶等。如 5－氟尿嘧啶（5－fluorouracil，5－FU）是临床上常用的抗肿瘤药物，它通过干扰肿瘤细胞的核苷酸代谢、抑制核酸合成起到抗肿瘤的作用，临床上用于结肠癌、直肠癌、乳腺癌、卵巢癌、皮肤癌、肝癌、膀胱癌等的治疗。

（二）核苷及其衍生物类

按照碱基或戊糖的不同，分为腺苷类、尿苷类、胞苷类、肌苷类和脱氧核苷类。如肌苷（inosine）是由次黄嘌呤与核糖结合而成的核苷类化合物，临床上用于急性肝炎、慢性肝炎、肝硬化、白细胞减少、血小板减少等疾病的治疗，也用于眼科疾病（中心性视网膜炎、视神经萎缩）的辅助用药。

（三）核苷酸及其衍生物类

主要包括核苷酸类、核苷二磷酸类、核苷三磷酸类、核苷酸类混合物。腺苷三磷酸（adenine triphosphate，ATP）适用于因细胞损伤后细胞酶减退引起的疾病，临床上用于心力衰竭、心肌炎、心肌梗死、脑动脉硬化、冠状动脉硬化、急性脊髓灰质炎的治疗。

（四）多核苷酸类

包括黄素腺嘌呤二核苷酸、聚肌胞苷酸、聚腺尿苷酸等。聚肌胞苷酸（polycytidylic acid）是一种高效的干扰素诱导剂，有广谱抗病毒作用及免疫抑制作用，用于治疗带状疱疹、疱疹性角膜炎、病毒性肝炎、预防流感等。

PPT

第三节　核酸的分子结构

实例分析

实例　32 年前，李女士 2 岁的儿子被人贩子拐走，李女士多年寻找未果，直到 2020 年，警方发现顾某与李女士被拐卖儿子的特征相像。警方随即提取了李女士与顾某的血样，进行 DNA 的比对分析，结果显示顾某就是李女士的儿子。

答案解析

讨论　1. DNA 检测为什么可以作为亲子鉴定的有效手段？

2. DNA 的数据信息除了用于亲子鉴定外，还具有哪些应用价值？

一、DNA 的分子结构

（一）DNA 的一级结构

DNA 的一级结构是指 DNA 分子中从 5′－端到 3′－端脱氧核苷酸的排列顺序。由于脱氧核苷酸之间的差别仅在于碱基的不同，因此 DNA 的一级结构也就是从 5′－端到 3′－端碱基的排列顺序，即碱基序列。

（二）DNA 的二级结构

DNA 的二级结构一般是指 DNA 分子的空间双螺旋结构（图 3－4）。它是 1953 年由 J. Watson 和 F. Crick 联手，对 DNA 结晶进行 X 射线衍射图谱和其他化学结果分析后创建的。DNA 双螺旋结构模型的建立，不仅揭示了 DNA 的二级结构，也开创了分子生物学研究的新时代，被认为是现代生物学和医学发展史的一个里程碑。

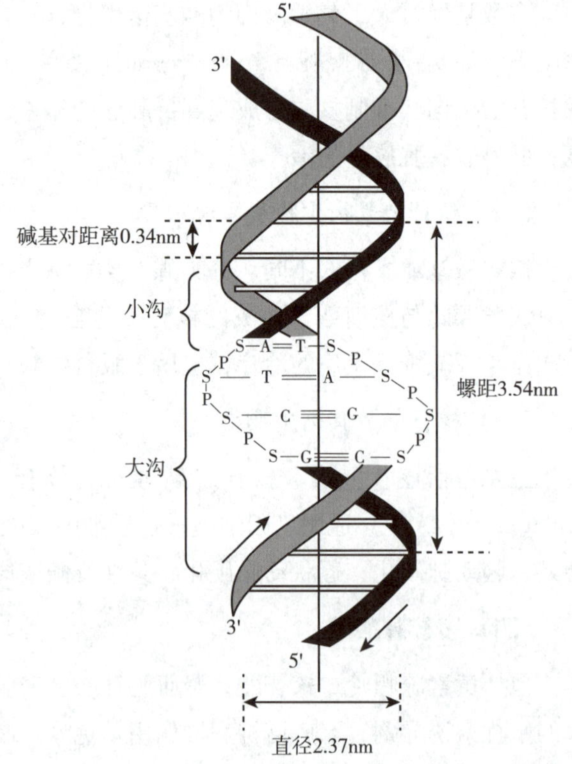

图 3－4　DNA 分子双螺旋结构模型

1. DNA 双螺旋结构模型的要点

（1）基本结构　DNA 的双螺旋结构是由两条反向平行的多聚脱氧核苷酸链围绕一个中心轴形成的右手螺旋结构。磷酸基团与脱氧核糖交替排列位于双螺旋结构外侧，构成双螺旋结构的亲水骨架；而疏水的碱基包埋在双螺旋结构的内侧，碱基平面与双螺旋纵向垂直。DNA 分子的两条链螺旋过程中在双螺旋结构的表面产生相间的大沟及小沟，这些大沟与小沟结构与蛋白质、DNA 之间的相互识别及作用有关。

（2）双链间碱基互补配对　两条链之间碱基遵循碱基互补配对规则（图 3－5），即 A 与 T 之间可形成两个氢键，G 与 C 之间可形成三个氢键。相互配对的碱基称为互补碱基对，DNA 的两条链则称为互补链。

图3－5　互补碱基对

（3）维持双螺旋结构稳定的作用力　横向稳定的作用力是互补碱基之间的氢键；维持纵向稳定的作用力是疏水性碱基形成的碱基堆积力。氢键和碱基堆积力共同维系着DNA双螺旋结构的稳定，后者的作用更为重要。

（4）其他参数　双螺旋的直径为2.37nm，每圈双螺旋约含有10.4个碱基对，螺距为3.54nm，每两个相邻碱基对之间的垂直距离为0.34nm。

2. DNA双螺旋结构的多样性　J. Watson和F. Crick提出的DNA双螺旋结构模型是在相对湿度92%的条件下从生理盐水溶液中提取的DNA纤维的构象，称为B型DNA。B型DNA是在水环境和生理条件下最稳定的结构；当环境的相对湿度降到72%时，DNA仍然保存着稳定的右手双螺旋结构，但是它的空间结构参数发生了改变，称为A型DNA；1979年美国科学家A. Rich等人在研究人工合成的寡核酸链CGCGCG的晶体结构时，发现了DNA的左手双螺旋结构，称为Z型DNA。

答案解析

即学即练3－1

维持DNA双螺旋稳定的作用力是什么？

（三）DNA的超螺旋结构

DNA是长度可观的生物大分子，因此DNA分子需要在双螺旋结构的基础上进一步盘绕和折叠后，才能组装在细胞核或线粒体及叶绿体中。

原核生物的DNA分子大多是共价闭合的环状双螺旋结构，环状双螺旋进一步螺旋可形成超螺旋（图3－6）。若超螺旋的方向与DNA双螺旋的方向相同，则为正超螺旋；反之，则为负超螺旋。自然界中的闭合双链DNA的超螺旋形式以负超螺旋为主。

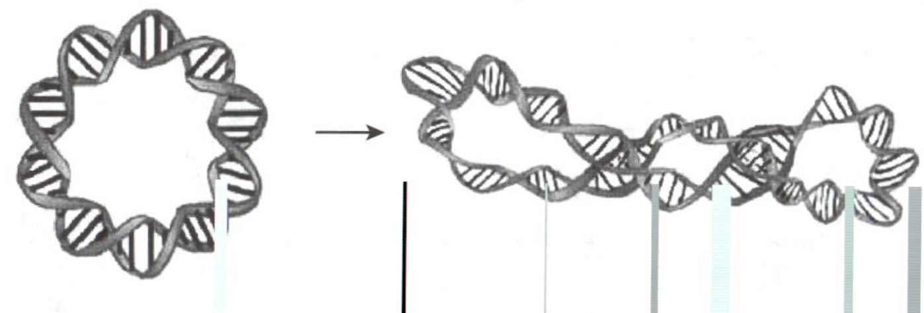

图3－6　原核生物DNA环状双螺旋与超螺旋结构

真核生物的DNA以高度有序的形式存在于细胞核中。在细胞分裂期，DNA分子以高度致密的染色体（chromosome）形式存在；而在细胞周期的大部分时间里以松散的染色质（chromatin）形式存在。染色质的基本组成单位是核小体（nucleosome）（图3－7）。核小体包括核心颗粒和连接区两部分。核心颗粒由组蛋白中的各2个分子的H2A、H2B、H3、H4形成的八聚体和盘绕八聚体1.75圈，长度约140个碱基对（bp）的DNA双链组成；连接区由组蛋白中的H_1和长度约60个碱基对（bp）的DNA双链组成。从DNA双螺旋到形成染色体的过程中，DNA被压缩了8000～10000倍。

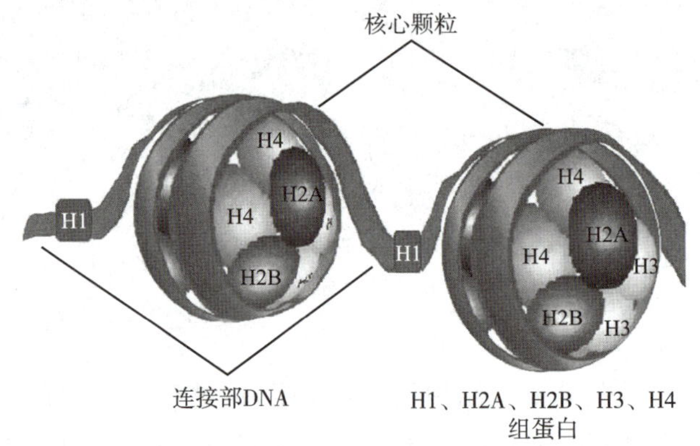

图3－7　核小体结构示意图

二、RNA的分子结构

RNA的一级结构是RNA分子中从5′－端到3′－端核苷酸的排列顺序，也可以用碱基序列来表示。RNA通常以单链的形式存在，通过局部区域的碱基配对，自身折叠形成局部双链、茎环或发夹等二级结构，再进一步折叠形成三级结构。与DNA相比，RNA分子较小，种类较多，不同种类的RNA功能各异。参与蛋白质合成的RNA主要有mRNA、tRNA和rRNA三类。

（一）信使RNA

mRNA是在细胞核内以DNA为模板转录生成的，随后转移至细胞质中，作为蛋白质生物合成的直接模板。mRNA种类最多，不同的mRNA大小不一，相对分子质量差别很大。但其含量少，约占细胞RNA总量的2%～5%，代谢活跃，在细胞内最不稳定。

原核生物经DNA转录生成的mRNA一般不需加工，可直接作为指导蛋白质合成的模板。而真核生物DNA转录的直接产物并非mRNA，而是mRNA的前体核不均一RNA（heterogeneous nuclear RNA，hnRNA）。hnRNA需要经过一系列的转录后修饰、剪接，成为成熟的mRNA，才能转移到细胞质中参与蛋白质的合成。

真核生物成熟的mRNA具有以下结构特点：

1. 5′－端帽子结构　大多数真核细胞mRNA 5′－端的起始结构都是7－甲基鸟苷三磷酸（m^7GpppN）（图3－8），称为帽子结构。该结构在mRNA从细胞核向细胞质转移过程中以及促进核糖体和翻译起始因子的结合过程中都发挥重要作用，并可以保护mRNA免遭核酸酶的降解，维持mRNA的稳定性。

2. 3′－端多聚腺苷酸尾　大多数真核细胞mRNA 3′－端有一段长约20～200个腺苷酸组成的多聚腺苷酸结构（图3－8），称为多聚腺苷酸尾（poly A tail），多聚腺苷酸尾可引导mRNA由细胞核向细胞质转移，参与翻译起始的调控并增加mRNA的稳定性。

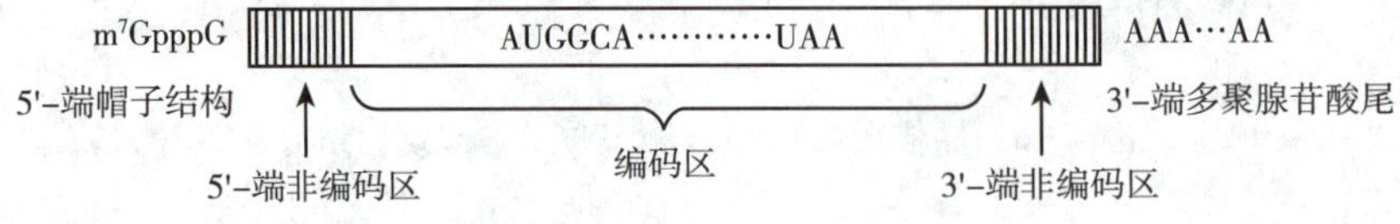

图3－8　真核细胞mRNA 5′－端帽子结构和3′－端多聚腺苷酸尾

答案解析

即学即练 3-2

真核细胞 mRNA 的结构有什么特点？

（二）转运 RNA

微课 1

在蛋白质合成的过程中，tRNA 的作用主要是按照 mRNA 上密码子的顺序活化并转运氨基酸至核糖体。tRNA 约占 RNA 总量的 15%，是相对分子质量最小的 RNA，一般由 74～95 个核苷酸构成。目前已知的 tRNA 有 100 多种，虽然碱基序列不同，但均具有以下结构特征：

1. tRNA 分子中含有多种稀有碱基　tRNA 所含有的稀有碱基占其碱基总数的 10%～20%，如假尿嘧啶（ψ）、二氢尿嘧啶（DHU）、次黄嘌呤（H）等。tRNA 中的稀有碱基都是转录后修饰加工而成。

2. tRNA 的二级结构为“三叶草”型　tRNA 分子内存在一些碱基互补配对的区域，形成局部双螺旋，呈茎状，不能配对的区域则膨出呈环状，这样的结构称为茎环结构或发卡结构。tRNA 主要由三个茎环状结构组成，分别是二氢尿嘧啶环（DHU 环）、反密码环和 TψC 环，“三叶草”结构由此得名（图 3-9）。另外还包括氨基酸臂和额外环（不同的 tRNA 含有的碱基数量不同）。3′-末端的氨基酸臂都有“CCA-OH”结构，是结合氨基酸的部位。

3. tRNA 的三级结构为“倒 L”型　tRNA 的三级结构是在三叶草结构的基础上进一步折叠形成呈“倒 L”型的结构（图 3-10）。氨基酸臂和反密码环分别在“倒 L”型结构的两端，TψC 环和 DHU 环在“倒 L”型结构的拐角处。

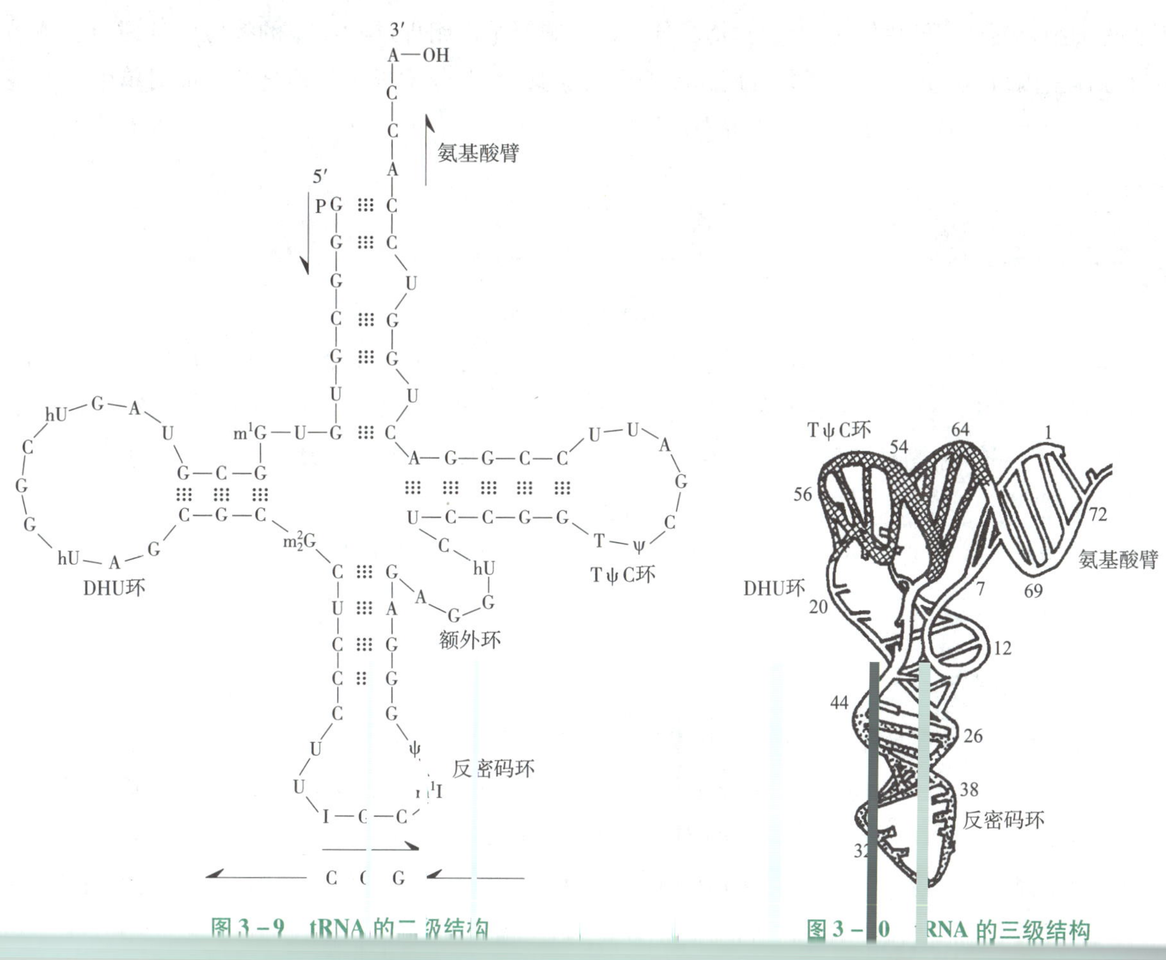

图 3-9　tRNA 的二级结构

图 3-10　tRNA 的三级结构

（三）rRNA

rRNA是细胞内含量最多的RNA，约占细胞RNA总量的80%以上。rRNA分子也是单链，单链内部存在碱基互补配对的区域，形成局部双螺旋，具有复杂的空间结构。rRNA与核糖体蛋白结合在一起构成核糖体，为蛋白质的生物合成提供场所。原核生物与真核生物的核糖体均由大、小两个亚基组成，在多肽链的合成中，两个亚基的作用各不相同。

三、核酸的结构与功能的关系

（一）基因

除了某些以RNA为基因组的RNA病毒外，基因通常是指编码RNA或多肽链的DNA片段，即DNA中某一段特定的核苷酸序列。如果基因产生突变，则RNA和蛋白质结构也会相应改变，致使其生物学功能改变。

如镰状细胞贫血主要发生在黑色人种身上，是一种血红蛋白的遗传缺陷病，发病的分子生物学基础就是血红蛋白β链的第6位密码子由原来的GAG变成GTG，导致第六位氨基酸由谷氨酸变成缬氨酸，使铁的吸收减少，氧气的量供应不足，甚至血管堵塞。这种病在非洲死亡率高达50%~90%。

（二）基因组

基因组（genome）指的是一个生物体所含有的全部遗传信息。原核生物的基因组就是构成染色体的一个DNA分子；某些病毒的基因组由RNA构成；真核生物的基因组包含核基因组和细胞器基因组，核基因组为细胞核内整套染色体所含有的DNA分子，细胞器基因组即动物细胞的线粒体基因组及植物细胞的叶绿体基因组。一般来讲，进化程度越高的生物体其DNA分子越大，越复杂。最简单生物的基因组仅含有几千个碱基对；人的核基因组DNA长约3.0×10^9bp，编码约2万个基因，存在着1.5万个基因家族。

知识链接

人类基因组计划

人类基因组计划（human genome project，HGP）是在1986年由美国生物学家杜尔贝科（R. Dulbecco）首次提出的研究设想。HGP于1991年启动，我国参与了HGP的部分工作，2003年人类基因组草图宣布完成。HGP完成了人类24条染色体的基因组作图和DNA全长序列分析，不但揭示了人类基因组携带的全部遗传信息，也为阐明人类6000多种单基因遗传性疾病和严重危害人类健康的多基因易感性疾病的致病机制奠定了基础。HGP是生命科学研究史上继DNA双螺旋结构阐明的又一个里程碑。

（三）肿瘤相关基因

与肿瘤发生密切相关的基因主要包括癌基因、抑癌基因两类。

1. 癌基因 癌基因（oncogene）是能导致细胞发生恶性转化和诱发癌症的基因。癌基因包括病毒癌基因（virus oncogene，v-onc）和细胞癌基因（cellular oncogene，c-onc）两类。

病毒癌基因是一段存在于病毒（以逆转录病毒为主）基因组中能使靶细胞发生恶性转化的基因。

经研究发现宿主细胞基因组中原本就存在着病毒癌基因的同源序列，正常细胞中这些与病毒癌基因同源的序列称为细胞癌基因。绝大多数的癌基因在细胞内是正常表达的，不具致癌性，这种正常细胞内未被激活的细胞癌基因又称原癌基因（proto - oncogene，pro - onc）。

原癌基因广泛存在于自然界，在进化上高度保守，正常细胞中都存在原癌基因，是维持细胞正常生长、增殖和分化的必需基因。在某些因素（如物理辐射、有害化学物质、病毒感染等）情况下，原癌基因结构发生改变或异常表达，使细胞获得异常增殖的能力，导致形成肿瘤。

根据癌基因结构和功能的特点，可将其区分为不同的基因家族，重要的有 *src*、*ras* 和 *myc* 等基因家族。*src* 的表达产物具有酪氨酸蛋白激酶活性，除 *src* 外，*ros*、*fms*、*reb*、*yes* 等也编码酪氨酸蛋白激酶，将其统称 *src* 家族。该家族基因表达的酪氨酸蛋白激酶与特异性的受体结合而活化，促进细胞增殖。*ras* 的表达产物与 G 蛋白功能类似，参与细胞内的信息传递，称为小 G 蛋白。*myc* 表达产物为核内转录因子，通过与特异的 DNA 序列结合，在转录水平调控基因表达。

2. 抑癌基因　抑癌基因（anticancer gene）是正常细胞中存在的一类对细胞增殖起负调控作用的基因，诱导细胞的终末分化和凋亡，这类基因的部分或全部失活可导致肿瘤的发生。抑癌基因与癌基因均存在于正常细胞中，共同调控细胞的生长与分化。迄今已发现的抑癌基因有 10 余种，常见的有 *Rb*、*p*53、*PTEN*、*p*16 等。在大多数不同的肿瘤细胞中可检测出同一抑癌基因的突变或表达异常，如在大约 50% 人类肿瘤中可发现 *p*53 基因的突变，这表明抑癌基因的变异参与了大多数肿瘤的共同致癌通路。

目前普遍认为肿瘤的发生是多个癌基因激活和抑癌基因缺失累积的结果，经过起始、启动、促进和癌变几个阶段演化生成。

第四节　核酸的理化性质

PPT

一、核酸的分子大小

核酸是生物大分子物质，相对分子质量比较大，一般在 $10^6 \sim 10^{10}$ 之间。不同生物、不同种类 DNA 相对分子质量差异很大；RNA 相对分子质量的差异也较大，在数百到数百万之间。

二、核酸的黏度

DNA 和 RNA 都是线性大分子，因此它们在溶液中有非常高的黏度。因 RNA 分子长度远小于 DNA，故黏度也比 DNA 小得多。当 DNA 变性时，黏度下降，可用黏度作为 DNA 变性的指标。

三、核酸的溶解性质

DNA 和 RNA 都属于极性化合物，微溶于水，而不溶于乙醇、乙醚和氯仿等有机溶剂。因此，在分离核酸时，加入乙醇即可使之从溶液中沉淀出来，常用 95% 的乙醇沉淀 DNA，75% 的乙醇沉淀 RNA。

四、核酸的酸碱性质

核酸分子中既含有酸性的磷酸基，又含有碱性的碱基，所以核酸属于两性电解质。因核酸分子中磷酸基团的酸性强，碱基的碱性较弱，核酸呈现较强的酸性。

核酸中碱基的解离状态与环境 pH 值有关，不同的酸碱环境会影响核酸双螺旋结构中碱基对之间氢键的稳定性。例如，在 pH 4.0 ~ 11.0 之间 DNA 最为稳定。在此范围之外，DNA 结构中的氢键容易断裂而使 DNA 变性。

五、核酸的紫外吸收

核酸分子结构中的嘌呤碱基及嘧啶碱基都含有共轭体系，如 π - π 共轭和 p - π 共轭，所以核酸具有紫外吸收的性质。在中性条件下，它们的最大吸收峰在 260nm 附近（图 3 - 11）。利用这一特性，可用紫外分光光度法测定 260nm 波长处的吸光度（absorbance at 260nm，A_{260}）判断溶液中 DNA 或 RNA 的含量。

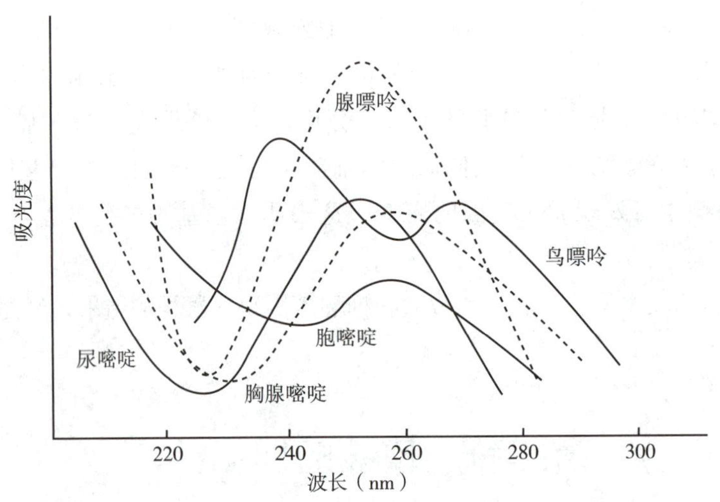

图 3 - 11　5 种碱基的紫外吸收光谱（pH 7.0）

六、DNA 的变性、复性和分子杂交 微课 2

（一）DNA 的变性

某些外界理化因素会破坏核酸分子结构中的氢键和碱基堆积力，导致 DNA 空间结构发生改变，使 DNA 双链解开成为两条单链，这种现象称为 DNA 的变性（DNA denaturation）。引起 DNA 变性的因素很多，主要有高温、极端的 pH 值、变性试剂如尿素、酰胺以及某些有机溶剂如乙醇、丙酮等。

加热引起 DNA 的变性称为热变性。将 DNA 的稀盐溶液加热到 80℃ ~ 100℃，DNA 双螺旋结构中的氢键就会遭到破坏，导致两条链彼此分开，形成无规则线团。在对 DNA 连续加热的过程中，以温度相对于 A_{260} 作图，所得的曲线称为解链曲线（图 3 - 12）。从曲线中可以看出，随着温度的升高，A_{260} 缓慢升高，这是因为随着 DNA 双链的解开，原本包埋在双螺旋内部的碱基得以暴露，提高了 DNA 的紫外吸收能力，这种现象即增色效应（hyperchromic effect）（图 3 - 13）。通常把 A_{260} 达到最大值一半时所对应的温度称为“熔点”或熔解温度（melting temperature），用符号 T_m 表示（图 3 - 12）。DNA 的 T_m 值介于 70℃ ~ 85℃之间，T_m 的高低与 DNA 的长度以及碱基的 GC 含量有关，DNA 长度越长、GC 含量越高，T_m 值越高。

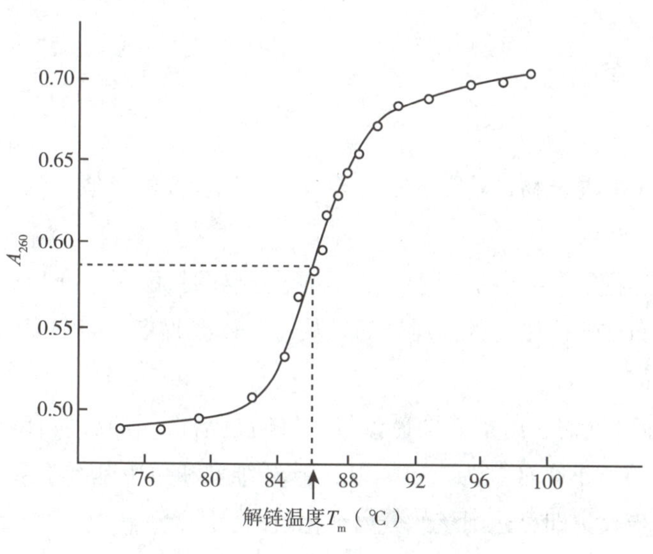

图 3-12　DNA 解链温度曲线

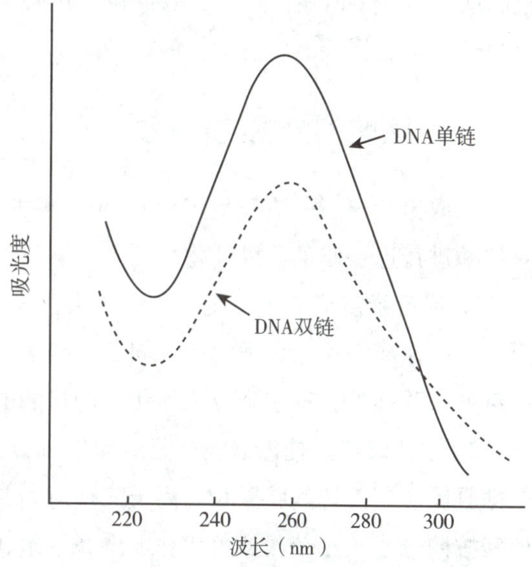

图 3-13　DNA 在解链过程中的增色效应

（二）DNA 的复性

变性的 DNA，在一定条件下可使两条彼此分开的链重新通过碱基配对而形成双螺旋结构，这一过程称为复性（renaturation）。DNA 复性时，其溶液 A_{260} 值降低，这种现象称为减色效应（hypochromic effect）。

将热变性的 DNA 缓慢冷却后可以复性，这一过程又称为退火。若将热变性的 DNA 快速冷却至 4℃ 以下，DNA 则不会复性，可以采用此方法使 DNA 保持单链状态。

（三）核酸的分子杂交

不同来源的单链核酸分子结合形成杂化双链核酸分子的过程称为分子杂交（hybridization）。分子杂交可发生在 DNA 与 DNA 之间、DNA 与 RNA 之间、RNA 与 RNA 之间。分子杂交的基础是核酸的变性与复性。热变性的 DNA 在复性时，异源 DNA 之间在某些区域有互补的序列，则会形成杂交 DNA 分子。

核酸杂交已成为核酸研究中一项常规的技术，被广泛应用于生物化学、分子生物学和医学等领域。在医学上，该技术目前已应用于多种遗传性疾病的基因诊断、传染病病原体的检测和恶性肿瘤的基因分析等。

第五节　核酸的提取、分离纯化及含量测定

核酸的提取、分离纯化及含量测定是研究核酸的基础，也是制备核酸类药物最基础的工作。

一、核酸的提取方法

天然核酸通常与蛋白质结合在一起以核蛋白的形式存在。分离提取核酸的方法是先破碎细胞，提取核蛋白使其与其他细胞成分分离，再用蛋白质变性剂（苯酚）或去垢剂（十二烷基硫酸钠），也可用蛋白酶处理除去蛋白质。最后所获得的核酸溶液再用乙醇或异丙醇使其沉淀。

在提取核酸的过程中，要尽量避免核酸的降解。如提取过程中可加入核酸酶的抑制剂，防止内源性核酸酶对核酸的降解；尽量避免高温、过酸、过碱环境以及剧烈的搅拌等机械作用力以保证核酸分子的完整性，以获得天然状态的核酸。

二、核酸的分离纯化技术

提取出的核酸一般都是多种 DNA 或多种 RNA 的混合物，若需要获得均一的、纯度高的核酸，就要对核酸进行进一步的分离纯化。

1. 密度梯度离心法 用一定的介质在离心管内形成不同的密度梯度，将待分离的核酸置于介质的顶部，高速离心后，分子大小不同的核酸组分分布在相应密度的介质层面。从管底依次收集不同密度的一系列核酸样品，即达到分离纯化不同核酸的目的。

2. 柱色谱法 柱色谱法按分离原理可分为排阻色谱、离子交换色谱等。排阻色谱常用的载体有葡聚糖凝胶和聚丙烯酰胺凝胶，离子交换色谱常用的离子交换剂为二乙氨基乙基纤维素和羧甲基纤维素。核酸按照分子大小依次从色谱柱上洗脱下来，分步收集即可达到核酸分离纯化目的。

3. 凝胶电泳法 凝胶电泳法常用载体为聚丙烯酰胺凝胶和琼脂糖凝胶。不同大小和构象的核酸分子在凝胶的分子筛效应下出现不同的迁移率，实现不同核酸分子的分离纯化。

三、核酸的含量测定

（一）定磷法

在核酸的元素组成中，磷的含量相对稳定。元素分析表明，RNA 含磷量平均为 9.4%，DNA 含磷量平均为 9.9%，由此可以推导出核酸的含量。因此，通过对样品中含磷量的测定，可以计算出样品中核酸的含量。

定磷法测定过程如下：先用强酸作用于核酸，使核酸分子中的有机磷转化为无机磷；其次无机磷与钼酸结合形成磷钼酸，磷钼酸再还原为钼蓝，钼蓝在 660nm 波长处有最大吸收。可用比色法测定核酸样品中的含磷量。

（二）定糖法

DNA 结构中含有脱氧核糖，RNA 结构中含有核糖，根据这两种糖的颜色反应可对 RNA 和 DNA 进行定量测定。

1. 脱氧核糖的测定 DNA 分子中的脱氧核糖在强酸（浓硫酸或浓盐酸）的作用下脱水生成 ω - 羟基 - γ - 酮戊醛，该化合物可与二苯胺反应生成蓝色化合物，在 595nm 波长处有最大吸收，可用比色法测定。

2. 核糖的测定 RNA 分子中的核糖在强酸（浓硫酸或浓盐酸）作用下脱水生成糖醛，糖醛可与地衣酚溶液（3,5 - 二羟基甲苯）反应产生深绿色化合物。当有 Fe^{3+} 存在时，反应更灵敏，反应产物在 660nm 波长处有最大吸收，可用比色法测定。

（三）紫外吸收法

DNA 和 RNA 都具有紫外吸收的性质，最大吸收峰在 260nm 波长处。利用核酸的紫外吸收特性对其浓度进行测定。用紫外吸收法测定核酸含量时，要求根据在 260nm 波长处测出样品 DNA 或 RNA 溶液的 A_{260}值，再计算出样品中 DNA 或 RNA 的含量。

蛋白质也具有紫外吸收的性质，最大吸收峰在 280nm 波长处，260nm 波长处的吸光度仅为核酸的

1/10 或更低，因此当核酸样品中蛋白质含量较低时，蛋白质的存在对核酸的含量测定影响不大。一般来说，纯 DNA 的 A_{260}/A_{280} 约为 1.8，大于 1.8 表明样品中 RNA 污染严重，小于 1.6 说明样品中有蛋白质或苯酚污染；纯 RNA 的 A_{260}/A_{280} 约为 2.0，若样品中混有蛋白质，会使该比值下降。

实训项目

任务　动物肝脏 DNA 的提取与鉴定

【实训目标】

通过实训，掌握 DNA 提取与鉴定的原理；学会从动物肝脏中提取 DNA 的操作技术；知道鉴定 DNA 的方法；熟练使用离心机和组织捣碎机。

【实训原理】

生物体组织细胞中的脱氧核糖核酸（DNA）大部分与蛋白质结合，以脱氧核糖核蛋白（deoxyribose nucleoprotein，DNP）的形式存在。由于 DNP 在 0.14mol/L 氯化钠溶液中的溶解度最小，可以利用 0.14mol/L 氯化钠溶液将 DNP 从组织细胞中抽提出来。再用十二烷基硫酸钠（SDS）处理 DNP，使 DNA 与蛋白质分开，之后用三氯甲烷将溶液中的杂质除去，最后加入适量预冷的乙醇，可得到 DNA 粗品。在酸性环境中，DNA 结构中的脱氧核糖可与二苯胺试剂共热产生蓝色反应，用于鉴别提取出的 DNA。

【试剂和器材】

1. 试剂

（1）0.14mol/L NaCl－0.01mol/L EDTA 溶液　称取 NaCl 8.18g，EDTA 3.72g，溶于蒸馏水中，用 NaOH 调 pH 至 8.0，定容至 1000ml。

（2）50g/L SDS 溶液　SDS 5g 溶于 50% 乙醇 100ml 中。

（3）三氯甲烷。

（4）95% 乙醇。

（5）0.5mol/L 过氯酸溶液　取过氯酸（70%）10ml，用蒸馏水稀释至 110ml，即得 1mol/L 过氯酸。取 1mol/L 过氯酸 50ml 用蒸馏水稀释至 100ml，即得 0.5mol/L 过氯酸溶液（无过氯酸可用浓硫酸或浓盐酸代替）。

（6）TE 缓冲液（pH 8.0）　10mmol/L Tris－HCl（pH 8.0），1mmol/L EDTA（pH 8.0）。

（7）二苯胺试剂　称取二苯胺 1.5g，溶于 100ml 冰乙酸中，再加入浓 H_2SO_4 1.5ml，贮存于棕色瓶（现用现配）。

（8）市售新鲜的猪肝脏（或乳猪肝脏）。

2. 器材　离心机、离心管、组织捣碎机、振荡器、手术剪、刻度吸管、烧杯、玻璃棒、电子天平、冰箱、量筒等。

【实训方法和步骤】

1. 肝脏的预处理　取新鲜猪肝脏，除去表面的脂肪或结缔组织等杂物，再用预先在冰浴中冷却的 0.14mol/L NaCl－0.01mol/L EDTA 溶液反复冲洗，用不锈钢剪刀将猪肝脏剪成小块。

2. 肝匀浆液的制备 用电子天平称取500g处理过的新鲜乳猪肝脏，放入组织捣碎机中，加入0.14mol/L NaCl－0.01mol/L EDTA溶液600ml，制备肝匀浆液。

3. 提取DNP粗品 取匀浆液30ml于10000r/min离心4分钟，弃去上清液，收集沉淀（内含DNP），沉淀中加30ml冷0.14mol/L NaCl－0.01mol/L EDTA溶液，搅匀，再次于10000r/min离心4分钟，弃去上清液，所得沉淀即为DNP粗制品，转移至烧杯中。

4. 除去RNP和杂蛋白 向沉淀中加入预冷的0.14mol/L NaCl－0.01mol/L EDTA溶液，使总体积达到20ml，在缓慢搅拌的同时滴加50g/L SDS溶液5ml，边加边搅拌。加入2.0g NaCl，缓慢搅拌10分钟，此时溶液变得黏稠并略带透明。继续加入等体积预冷三氯甲烷，震荡10分钟，10000r/min离心4分钟。上层为水相（含DNA钠盐），中层为变性的蛋白沉淀，下层为三氯甲烷混合液。用吸管小心吸取上层水相，弃去沉淀，再重复抽提1次。

5. 沉淀DNA 取10ml上清液放入干燥小烧杯中，加入2倍体积预冷95%乙醇。边滴加边用玻璃棒搅拌。随着乙醇的不断加入，可见溶液中出现黏稠状物质，并能逐步缠绕于玻璃棒上，黏稠丝状物即是DNA。将所得DNA溶解于TE缓冲液中。

6. DNA的鉴定 取2ml样品液，加入5ml 0.5mol/L过氯酸（可用浓硫酸或盐酸代替）溶液中，室温放置5分钟，再加入二苯胺试剂2ml，60℃恒温水浴保温1小时，观察颜色变化。

【注意事项】

1. 提取过程中加入乙二胺四乙酸（EDTA）除去溶液中的Mg^{2+}，避免核酸在提取过程中被降解。
2. 使用离心机前，相对应的离心管及其内容物必须进行平衡调节。
3. 注意保护环境，做好废弃物的处理。

【实训思考】

从肝脏中提取的DNA为什么要溶解于TE缓冲液中？

答案解析

一、名词解释

核酸　DNA的一级结构　癌基因　增色效应　基因　基因组　DNA的变性

二、填空题

1. 核酸的基本组成单位是＿＿＿＿＿，由＿＿＿＿＿、＿＿＿＿＿和＿＿＿＿＿三部分构成。
2. 生物体内的嘌呤碱基主要有两种，分别是＿＿＿＿＿和＿＿＿＿＿，嘧啶碱基主要有三种，分别是＿＿＿＿＿、＿＿＿＿＿和＿＿＿＿＿。某些RNA分子中还含有微量的其他碱基，称为＿＿＿＿＿。
3. tRNA三叶草结构中三个环分别是＿＿＿＿＿、＿＿＿＿＿和＿＿＿＿＿。

三、选择题

【A型题】

1. 某双链DNA纯样品含16%的A，该样品中G的含量为（　　）。

A. 16%　　B. 34%　　C. 30%　　D. 32%

2. 真核细胞染色质的基本结构单位是（　　）。

A. 组蛋白　　B. 核心颗粒　　C. 核小体　　D. 超螺旋管

3. tRNA 的三级结构是（　　）。

A. 三叶草式　B. “倒 L”型　C. 双螺旋结构　D. 发夹结构

4. 核酸变性后可发生的现象为（　　）。

A. 减色效应　B. 增色效应

C. 失去对紫外线的吸收能力　D. 黏度增加

5. T_m是指（　　）的温度。

A. 双螺旋 DNA 达到完全变性时　B. 双螺旋 DNA 开始变性时

C. 双螺旋 DNA 解螺旋 1/2 时　D. 双螺旋结构解螺旋 1/4 时

【B 型题】

[第 6 ~ 10 题选项]

A. DNA　B. RNA　C. mRNA　D. tRNA　E. rRNA

6. 遗传信息的载体通常是（　　）。

7. 密码子存在于（　　）。

8. 反密码子存在于（　　）。

9. DNA 的转录产物是（　　）。

10. 构成核糖体的 RNA 是（　　）。

【X 型题】

11. mRNA 的结构特点是（　　）。

A. 分子大小不均一　B. 3′ - 末端具有多聚腺苷酸尾

C. 5′ - 末端具有 - CCA 结构　D. 含有较多稀有碱基

12. 真核细胞核糖体含有哪几种 rRNA（　　）?

A. 28S　B. 18S　C. 23S　D. 5. 8S

四、简答题

1. 简述核酸分离纯化的基本原理。

2. 简述 DNA 和 RNA 的化学组成有哪些相同点和不同点。

书网融合……

知识回顾　微课 1　微课 2　习题

第四章 酶

学习引导

人体摄入葡萄糖后，葡萄糖很快在体内一系列酶的作用下氧化产生能量以维持机体生命运动，而一袋葡萄糖在体外放置多年也不会发生明显的变化。酶的化学本质是什么呢？有着怎样的结构？为什么有这么高的催化效率？高胆固醇血症患者服用他汀类药物后，血脂水平逐渐正常并趋于稳定，那么你知道他汀类药物的作用机理吗？另外，酶在制药工业中也有着非常广泛的应用，如何选择合适的酶促反应条件以达到最佳的催化效率？

本章主要介绍酶的分子组成与结构、催化作用机理、影响酶促反应的因素、酶的活性测定以及酶在医药学中的应用。

学习目标

1. **掌握** 酶的组成与结构；酶原与酶原激活；酶的催化作用机理；影响酶促反应速度的因素；酶活力与测定。
2. **熟悉** 酶催化作用学说；酶促反应动力学；酶类药物、诊断试剂的种类和临床应用。
3. **了解** 酶的分类和命名；酶的主要存在形式。

新陈代谢是生命活动的基本特征之一，这些代谢活动由酶催化的一系列生化反应组成。可以说没有酶，就无法进行新陈代谢，甚至导致生命活动停止。酶广泛应用于医药、保健、食品、美容等领域，随着酶学研究的不断深入，其在新药设计开发、疾病预防、诊断和治疗等方面的应用取得了很大的进展。

PPT

第一节 酶的概念与分类

一、酶的概念

酶（enzyme）是由活细胞产生的，对其底物具有高度特异性和高度催化效能的生物催化剂。生物体内一切生化反应，几乎都是在酶的催化作用下进行的，酶是生物体内新陈代谢必不可少的生物催化剂，酶量与酶活性的异常改变都会引起代谢的紊乱导致疾病的发生。

知识链接

核酶的发现

1982 年，美国学者 Thomas Cech 等从对四膜虫的研究中发现，其 rRNA 的前体分子在没有蛋白质的参与下，以鸟苷为辅因子，能自身催化完成剪接，并首次提出核酶（ribozyme）的概念，与传统酶相比，核酶的催化效率较低，是一种较为原始的催化酶。1994 年，Gerald. F. Joyce 等报道了人工合成的具有催化功能的单链 DNA 片段，称为脱氧核酶（deoxyribozyme），截至目前，还未发现自然界中存在天然的脱氧核酶，但脱氧核酶的发现是继核酶发现后又一次对生物催化剂知识的补充。

在酶学中，酶催化的化学反应称为酶促反应，被酶催化的物质称为底物（substrate，S），催化所产生的物质称为产物（product，P），酶的催化能力称酶活性，当因某种因素使酶失去催化能力称为酶的失活。

二、酶的分类与命名

（一）酶的分类

1961 年，国际生物化学与分子生物学联盟按照酶催化的有机化学反应类型不同，将酶分为六大类。2018 年 8 月，该联盟在原来六大类酶的基础上增加转位酶为第七大类酶。

1. 氧化还原酶（oxidoreductases）类　催化底物进行氧化还原反应的酶，包括催化传递电子、氢以及需氧参加反应的酶。如乳酸脱氢酶、琥珀酸脱氢酶、细胞色素氧化酶、过氧化氢酶、过氧化物酶等。

2. 转移酶（transferases）类　催化底物之间基团转移或交换的酶属于转移酶类。如甲基转移酶、氨基转移酶、乙酰转移酶、转硫酶等。

3. 水解酶（hydrolases）类　催化底物发生水解反应的酶。如蛋白酶、淀粉酶等。

4. 裂解酶（lyases）类　也称裂合酶，催化底物共价键断裂，使一分子底物生成两分子产物或者催化两分子底物结合成一分子产物的酶。如醛缩酶、柠檬酸裂解酶等。

5. 异构酶（isomerases）类　催化分子内部基团的位置互变，几何或光学异构体互变，以及醛酮互变的酶。如磷酸葡萄糖变位酶、磷酸葡萄糖异构酶等。

6. 连接酶（ligases）类　也称合成酶，催化两分子底物合成一分子产物，同时偶联有 ATP 消耗的酶。如葡萄糖激酶、氨基酰 - tRNA 合成酶等。

7. 转位酶（translocases）类　催化离子或分子跨膜转运或细胞膜内转位反应的酶。如线粒体蛋白质转运 ATP 酶、抗坏血酸铁还原酶等。

（二）酶的命名

酶的命名方法有习惯命名法和系统命名法两种。

1. 习惯命名法　根据酶催化反应的底物、性质及酶的来源来命名。如催化水解蛋白质的酶称为蛋白酶，同一类酶可以加上来源予以区别，如胃蛋白酶、胰蛋白酶等。该命名法存在不能说明酶促反应的本质或一酶多名的弊端。

2. 系统命名法　命名原则：以酶所催化的整体反应为依据，标明酶的所有底物与反应性质，各底物名称之间用“:”隔开。如 *L* - 天冬氨酸：α - 酮戊二酸氨基转移酶。

为了方便应用，国际酶学委员会为每一个酶从常用的习惯命名法中挑选一个推荐名称，并赋予分类编号，如 *L* - 天冬氨酸：α - 酮戊二酸氨基转移酶的推荐名称为天冬氨酸氨基转移酶，分类编号为 EC 2.6.1.1。其中 EC 表示国际酶学委员会规定的命名，第一个数字“2”代表酶所属的大类（转移酶类），第二个数字“6”代表该大类中的亚类（氨基转移酶类），第三个数字“1”代表次亚类（以羟基为受体的氨基转移酶），第四个数字“1”代表次亚类中的流水编号。

PPT

第二节 酶的分子组成与分子结构 微课1

一、酶的分子组成

根据酶化学组成不同，可以将酶分为单纯酶和结合酶两类。

（一）单纯酶

单纯酶（simple enzyme）是指仅由氨基酸残基组成的酶，其催化活性仅仅取决于蛋白质结构。如淀粉酶、酯酶、一些消化类蛋白酶等都属于此类。

（二）结合酶

结合酶（conjugated enzyme）是指除酶蛋白（apoenzyme）部分外，还有非蛋白部分的酶，其中非蛋白部分称为辅助因子（cofactors）。酶蛋白与辅助因子结合构成全酶，两者单独存在均无催化活性，只有全酶才具有生物活性。

酶蛋白在酶促反应中主要起识别底物的作用，酶促反应的高效性、特异性以及高度不稳定性均取决于酶蛋白；辅助因子在酶促反应中主要起稳定酶的构象以及传递电子、质子或一些基团的作用。

辅助因子多为小分子有机化合物或金属离子。小分子的有机化合物如 NAD^+、TPP 等多为 B 族维生素的衍生物或卟啉化合物，它们在酶促反应中主要参与传递电子、质子（或基团）或起运载体作用。金属离子主要包括 Mg^{2+}、Cu^{2+}、Zn^{2+}、Fe^{2+}、Mn^{2+}等，其作用是作为酶活性中心的组成部分参与催化反应，使底物与酶活性中心的必需基团形成正确的空间排列，有利于酶促反应的发生。

通常一种酶蛋白只能与一种辅助因子结合，成为一种特异的酶；而一种辅助因子往往能与不同的酶蛋白结合构成多种特异性酶。例如 *L*－乳酸脱氢酶的辅助因子是 NAD^+；而 NAD^+既是 *L*－乳酸脱氢酶的辅助因子，也是很多脱氢酶如 *L*－苹果酸脱氢酶的辅助因子。

按其与酶蛋白结合的紧密程度不同，可将辅助因子分为辅酶和辅基两类。与酶蛋白结合疏松（非共价键），可用透析和超滤等方法将其分离的称为辅酶，例如 NAD^+是多种不需氧脱氢酶的辅酶；而与酶蛋白结合牢固（共价键），不易用透析和超滤等方法将其分离的称为辅基，例如生物素是丙酮酸羧化酶的辅基，FAD 是琥珀酸脱氢酶的辅基。

二、酶的分子结构

（一）酶的活性中心

酶分子中能与底物特异地结合并催化底物转变为产物的具有特定三维结构的区域称为酶的活性中心（active center of enzymes）或酶的活性部位（active site of enzymes）。辅酶和辅基往往是酶活性中心的组成成分。

酶的活性中心是酶分子空间结构中的特定区域，或为凹陷，或为裂缝，也可以通过凹陷或者裂缝深入到分子内部，含有较多疏水氨基酸残基，这种疏水环境有利于底物与酶形成复合物。活性中心的氨基酸残基往往在一级结构上相距很远，甚至分散在不同的肽链上，但通过肽链的盘绕折叠在空间构象上相互靠近。活性中心相似的酶具有相似的催化作用，活性中心一旦被其他物质所占据或被某些理化因素破坏，则酶的催化活性丧失。

（二）酶的必需基团

酶分子中有许多化学基团，其中一些与酶的活性密切相关的基团称为酶的必需基团（essential group）。常见酶的必需基团有丝氨酸残基的羟基、组氨酸残基的咪唑基、半胱氨酸残基的巯基以及酸性氨基酸残基的羧基等。有些必需基团位于酶的活性中心内，有些必需基团位于酶的活性中心外，如图4－1所示。

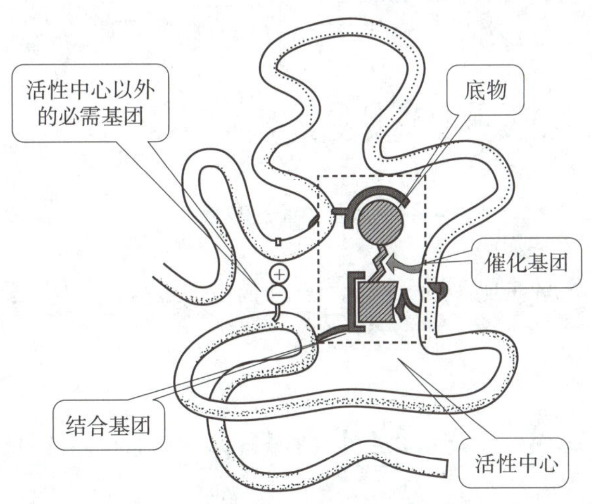

图4－1　酶的活性中心结构示意图

酶的活性中心内发挥催化作用并与底物直接作用的有效基团，称为活性中心内的必需基团。其中，直接与底物结合的基团称为结合基团，决定酶的特异性；催化底物反应并将其转变为产物的基团称为催化基团，决定酶的催化能力。

酶活性中心外的一些基团虽然不直接参与催化作用，却与维持整个酶分子的空间构象有关，这些基团可使活性中心的各个有关基团保持最适的空间位置，间接地对酶的催化产生必不可少的作用，这些基团称为活性中心外的必需基团。

三、酶原及其激活

体内大多数酶合成后即可折叠并形成酶的活性中心，获得催化活性。但有些酶在细胞内合成、分泌或在其发挥催化功能前处于无活性状态，这种无活性的酶的前体称为酶原（zymogen）。在一定条件下，无活性的酶原分子转变为有活性酶的过程称为酶原激活（zymogen activation）。酶原的激活一般是通过某些蛋白水解酶的作用，水解一个或几个特定的肽键，使酶分子构象发生变化，其实质是活性中心形成或者暴露，从而形成有活性的酶。

胰蛋白酶原的激活就是其结构中赖氨酸－异亮氨酸之间的肽键被切断，失去一个六肽，断裂后的N端肽链的其余部分解脱张力的束缚，像一个放松的弹簧一样卷起来，使酶蛋白的构象发生变化，形成了酶的活性中心，转变成为有催化活性的胰蛋白酶，如图4－2所示。

酶原的存在及其激活具有重要的生理意义：一方面可以保护细胞本身的蛋白质不受蛋白酶的水解而破坏，如消化道蛋白酶以酶原形式分泌可避免胰腺的自身消化和细胞外基质蛋白遭受蛋白酶的水解而破坏，若胰蛋白酶原在未进小肠前就被激活，激活的蛋白酶水解自身的胰腺细胞，导致胰腺出血、肿胀，发生出血性胰腺炎；另一方面酶原的存在能保证酶在特定环境和部位发挥其催化作用，

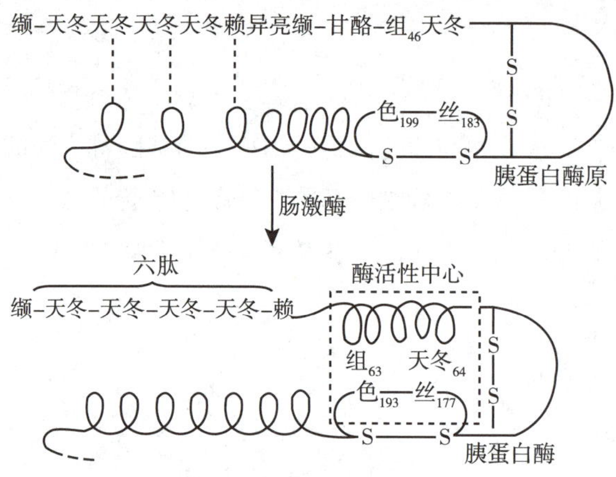

图 4-2 胰蛋白酶原激活示意图

如凝血酶原和纤维蛋白溶解酶原在血液中运输，一旦需要便会转变为有活性的酶，发挥其对机体的保护作用。

第三节 酶催化作用的特性与机制

一、酶催化作用的特性 微课2

酶与一般催化剂一样，在化学反应前后都没有质和量的改变，只能改变反应的进程，而不改变反应的平衡点，即不改变反应的平衡常数。同时，酶作为生物催化剂，其化学本质大多是蛋白质，因此酶促反应又具有不同于一般催化剂催化反应的特性和反应机制。

（一）催化反应的高效性

酶具有极高的催化效率，酶促反应速度通常比非催化反应的速度高 $10^6 \sim 10^{20}$ 倍，比一般催化剂催化的反应高 $10^7 \sim 10^{13}$ 倍。

（二）催化反应的专一性

酶对其催化反应的底物具有严格的选择性，根据酶对底物选择的严格程度不同，催化反应的专一性分为绝对专一性、相对专一性、立体异构专一性三类。

1. 绝对专一性 有些酶只能作用于特定结构的底物或进行专一的反应，产生特定结构的产物，这种专一性称为绝对专一性。例如，脲酶只能催化尿素水解生成 NH_3 和 CO_2，而不能催化与尿素结构相似的衍生物水解。

$$\underset{\text{尿素}}{O{=}C\begin{matrix}NH_2\\NH_2\end{matrix}} + H_2O \xrightarrow{\text{脲酶}} 2NH_2 + CO_2$$

$$\underset{\text{甲基尿素}}{O{=}C\begin{matrix}NH_2\\NH{-}CH_3\end{matrix}} + H_2O \xrightarrow[\times]{\text{脲酶}}$$

2. 相对专一性　有些酶作用于一类化合物或一种化学键，这种对底物不太严格的选择性称为相对专一性。例如，脂肪酶不仅水解脂肪，也可以水解简单的酯；磷酸酶对一般的磷酸酯键都有水解作用。

3. 立体异构专一性　有些酶仅作用于底物立体异构体中的一种，这种选择性称为立体异构专一性。例如，*L*-乳酸脱氢酶只能催化 *L*-乳酸脱氢，对 *D*-乳酸没有作用；延胡索酸酶只能作用于延胡索酸（反丁烯二酸），而对马来酸（顺丁烯二酸）则无作用。

（三）催化反应的可调节性

酶促反应可受多种因素的调节，以适应机体对不断变化的内外环境的需要。如通过酶合成或降解、诱导或阻遏来对酶的含量进行调节；通过对酶原的激活、酶构象改变或修饰来对酶的活性进行调节。

（四）催化反应的不稳定性

绝大多数酶的主要成分是蛋白质，酶活性依赖正确的空间结构，任何导致酶结构改变或破坏的因素都可以影响酶的活性，甚至使酶失活。因此，酶促反应往往都是在比较温和的常温、常压、接近中性的 pH 条件下进行的。

二、酶催化作用的机制

酶与一般催化剂一样，通过降低反应的活化能（activation energy）来提高反应速率，如图 4-3 所示。例如，H_2O_2的分解，在无催化剂时，活化能为 75kJ/mol；用胶状钯作催化剂时，只需活化能 50kJ/mol，当有 H_2O_2酶催化时，活化能下降到 8kJ/mol。由于 H_2O_2酶的催化，使反应的活化能大幅度降低，反应速度上升的幅度可达 10 亿倍以上。

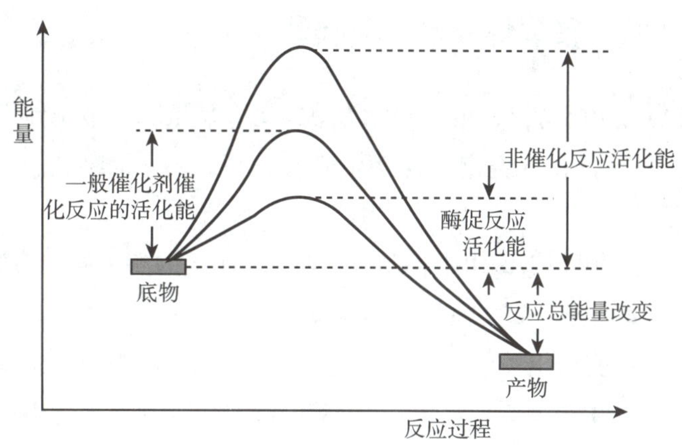

图 4-3　催化剂对活化能的影响

三、酶催化作用的学说

酶催化底物反应时，酶分子与底物分子先结合形成不稳定的中间产物。酶与底物结合的过程是释能反应，释放的结合能是降低反应活化能的主要能量来源，其反应过程可表示如下：

$$\underset{\text{酶}}{E} + \underset{\text{底物}}{S} \rightleftharpoons \underset{\text{酶-底物复合物}}{[ES]} \longrightarrow \underset{\text{酶}}{E} + \underset{\text{产物}}{P}$$

（一）钥匙－锁学说

该学说认为底物和酶之间的结合就像钥匙和锁的关系，两者是刚性结合，即一把钥匙开一把锁，如图4－4所示。该学说可以解释酶促反应的绝对专一性和立体异构专一性，但不能解释相对专一性。

（二）诱导契合学说

该学说认为酶在发挥催化作用前须先与底物结合，这种结合不是锁与钥匙的机械关系，而是在酶与底物相互接近时，两者在结构上相互诱导、相互变形和相互适应，进而结合并形成酶－底物复合物，如图4－5所示。

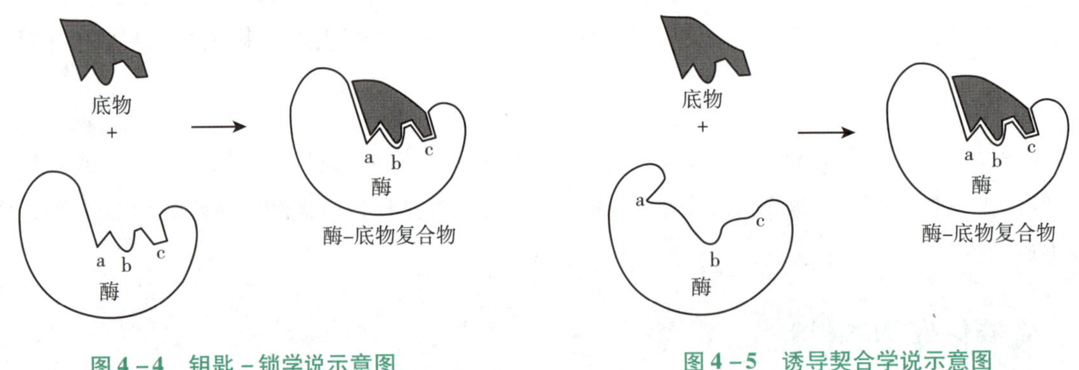

图4－4　钥匙－锁学说示意图　　图4－5　诱导契合学说示意图

第四节　酶的其他形式

一、单体酶、寡聚酶、多酶体系和多功能酶

根据酶蛋白分子的结构与功能特点，可将酶分为单体酶、寡聚酶、多酶体系和多功能酶。

1. 单体酶　一般是由一条多肽链组成，具有完整的一、二、三级结构，多为催化水解反应的酶。如牛胰核糖核酸酶、溶菌酶等。

2. 寡聚酶　由2个或多个相同或不相同亚基以非共价键连接的酶。绝大多数寡聚酶都含偶数亚基，但个别寡聚酶含奇数亚基，如荧光素酶、嘌呤核苷磷酸化酶均含3个亚基。

3. 多酶体系　由催化功能密切相关的几种酶通过非共价键相互嵌合形成催化连续反应的体系。多酶体系中，前一个酶催化生成的产物直接作为后一个酶的底物，直到终产物生成才离开复合体系，从而使得其在体内的催化效率更高。如丙酮酸脱氢酶复合体。

4. 多功能酶　含多个活性中心，可以催化多种生化反应，具有多种催化功能的酶。例如：哺乳动物的脂肪酸合成酶由两条多肽链组成，每一条多肽链均含脂肪酸合成所需的7种酶的催化活性。

二、同工酶

同工酶（isozyme）是指催化的化学反应相同，而酶蛋白的分子结构、理化性质、免疫学性质不同的一组酶。大多数的同工酶是由不同的亚基组成，由于亚基的种类、数量和比例不同，所以同工酶在功能上有差异。如*L*－乳酸脱氢酶（*L*－lactate dehydrogenase，LDH）是由骨骼肌型（M型）和心肌型（H

型）两种亚基组成的四聚体酶（H_4-LDH_1、H_3M-LDH_2、$H_2M_2-LDH_3$、HM_3-LDH_4、M_4-LDH_5），它们均能催化 *L*－乳酸与丙酮酸之间的氧化还原反应，如图 4－6 所示。

图 4－6　*L*－乳酸脱氢酶同工酶的亚基组成

L－乳酸脱氢酶在人体各组织器官中的组成和分布各不相同，如表 4－1 所示。在肌肉组织中 LDH_5 含量较多，有利于丙酮酸转化成乳酸；在心肌中富含 LDH_1，有利于乳酸转化成丙酮酸。

表 4－1　人体各组织器官中 LDH 同工酶的分布

组织器官	同工酶百分比				
	H_4-LDH_1	H_3M-LDH_2	$H_2M_2-LDH_3$	HM_3-LDH_4	M_4-LDH_5
心肌	67	29	4	<1	<1
肾	52	28	16	4	<1
肝	2	4	11	27	56
骨骼肌	4	7	21	27	41
血清	27	38	22	9	4

临床上，同工酶的测定可作为某些疾病的诊断指标。正常人血清 LDH 活力很低，当某一组织病变时，释放的 LDH 导致血清 LDH 同工酶电泳图谱就会发生变化。如果血液中 H_4-LDH_1 含量升高，说明心肌受损，可初步断定为心肌梗死；如果血液中 M_4-LDH_5 含量升高，表明肝细胞受损，有可能是肝炎或肝硬化。

三、固定化酶

固定化酶（immobilized enzyme）是指被束缚在一个特定空间内，能连续地催化化学反应，反应结束后可以回收并重复利用的酶。

酶因其反应条件温和、催化效率高、专一性强和环境友好等优点，被广泛应用于医疗、化工、食品和环保等领域。同时，游离酶在高温或强酸（碱）等极端条件下容易变性失活，且难以回收和重复使用，限制了其规模化应用。通过合适的固定化技术将游离酶固定后，不仅能保留酶的活性，还能增强酶的适应性，而且方便回收和重复利用，大大降低生产成本。例如，在制药领域，人们将青霉素酰化酶固定在亲水性环氧基聚合物磁性微球上，形成磁性固定化酶微球，催化青霉素 G 水解为 6－氨基青霉烷酸（6－APA），而且该固定化酶微球在磁场作用下可以快速沉降与产物分离。

四、核酶

核酶（ribozyme）是一类具有酶活性，依赖特定的金属离子或者生物小分子进行催化反应的 DNA 或者 RNA，它们主要作用于核酸。目前核酶已广泛用于抗肝炎、抗人类免疫缺陷病毒Ⅰ型（HIV－Ⅰ）、抗肿瘤的研究。人工设计的锤头状结构、发夹状结构核酶广泛用于甲型肝炎病毒（HAV）、乙型肝炎病毒（HBV）、丙型肝炎病毒（HCV）以及人类免疫缺陷病毒Ⅰ型（HIV－Ⅰ）的治疗，并用于切割肿瘤细胞的 mRNA，抑制肿瘤基因的表达，达到抗肿瘤的目的。

五、调节酶

调节酶是指对代谢途径的反应速度起调节作用的酶。通常位于一个或多个代谢途径内的关键部位，酶分子一般具有明显的活性部位和调节部位，可因调节剂结合而改变活性，一般将调节酶分为别构酶和共价调节酶。

（一）别构酶

别构酶多为寡聚酶，含有两个或多个亚基。其分子中包括两个中心：一个是与底物结合、催化底物反应的活性中心；另一个是与调节物结合、调节反应速度的别构中心。当某些化合物与酶分子中的别构中心可逆地结合后，酶分子的构象发生改变，使酶活性中心对底物的结合与催化作用受到影响，从而调节酶促反应速度及代谢过程，这种效应称为别构效应。因别构效应导致酶活性升高的物质，称为别构激活剂，反之为别构抑制剂。

（二）共价修饰酶

共价修饰酶是一类由其他酶对其结构进行可逆共价修饰，使其处于活性和非活性的互变状态的酶。共价修饰酶一般都存在相对无活性和有活性两种形式，两种形式之间互变的正、逆向反应由不同的酶催化。

常见的共价修饰有磷酸化与脱磷酸化、乙酰化与脱乙酰化、甲基化与脱甲基化、尿苷酰化与脱尿苷酰化以及—SH 与—S—S—的互变等，其中以磷酸化与脱磷酸化最为常见。

PPT

第五节　酶促反应动力学

酶促反应动力学主要研究酶催化的反应速度以及影响反应速度的各种因素。这些因素包括底物浓度、酶浓度、pH、温度、激活剂和抑制剂等。研究酶促反应动力学可以帮助理解酶结构与功能的关系、酶在代谢中的作用以及酶类药物的作用机理。

一、影响酶促反应速度的因素

（一）底物浓度对酶促反应速度的影响

1. 矩形双曲线　根据中间产物学说，酶促反应中，酶先与底物形成中间复合物，再转变成产物。因此，在酶浓度、温度、pH 恒定的条件下，以底物浓度为横坐标，酶促反应速率为纵坐标作图，底物浓度对反应速度的影响呈矩形双曲线，如图 4－7 所示。

（1）当底物浓度很低时，酶未被底物饱和，反应速度与底物浓度成正比关系，称为一级反应。

（2）随着底物浓度的增加，酶逐渐被底物饱和，反应速度的增加和底物的浓度就不成正比，反应速度增加的幅度不断下降，称为混合级反应。

（3）继续增加底物浓度至极大值，所有酶分子均被底物饱和，此时的反应速度不会进一步加快，该反应速度即为最大反应速度，用 V_{max} 表示，称为零级反应。

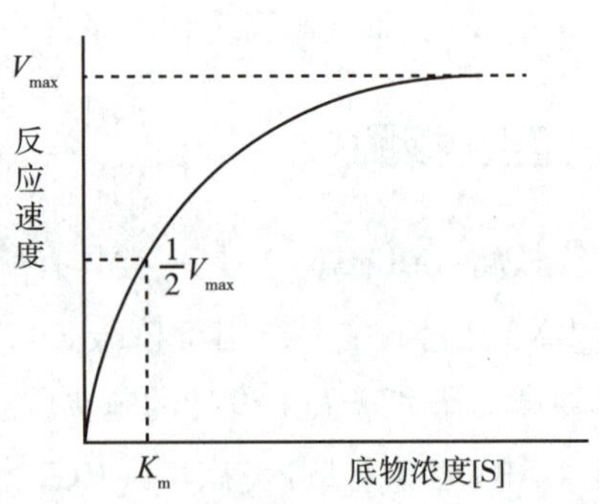

图 4－7　底物浓度对反应速度的影响

2. 米-曼方程 1913年，Michaelis和Menten两位科学家根据中间产物学说提出了酶促反应速度与底物关系的数学方程式——米-曼方程（Michaelis-Menten equation），定量地描述了酶促反应速度和底物浓度的关系。

$$V = V_{max}[S]/(K_m + [S])$$

式中，V为酶促反应速度；[S]为底物浓度；V_{max}为最大反应速度；K_m为米氏常数。

（1）米氏常数的概念 当酶促反应处于$V = 1/2V_{max}$时，米-曼方程可变为：

$$1/2V_{max} = V_{max}[S]/(K_m + [S])$$

进一步整理得$K_m = [S]$。由此可见，K_m值等于酶促反应速率为最大速率一半时的底物浓度，单位为mol/L或mmol/L。

答案解析

即学即练4-1

已知某酶的K_m值为0.05mol/L，要使此酶所催化的反应速度达到最大反应速度的95%，底物的浓度应为多少？

（2）米氏常数的意义

①K_m是酶的特征常数之一，只与酶的结构、催化的底物、pH及温度有关，与酶的浓度无关。

②K_m可反映酶与底物亲和力的大小。K_m值越小，表示酶与底物的亲和力越大，否则，反之。

③K_m可反映酶的最适底物。如果一种酶可以作用于几种底物，那么酶催化的每一种底物都有一个特定的K_m，其中K_m最小的底物即为该酶的最适底物，如表4-2所示。

表4-2 酶对于不同的底物有特定的K_m

酶	底物	K_m（mmol/L）	最适底物
凝乳蛋白酶	N-苯甲酰酪氨酰胺	2.5	N-苯甲酰酪氨酰胺
	N-甲酰酪氨酰胺	12	
	N-乙酰酪氨酰胺	32	
蔗糖酶	蔗糖	28	蔗糖
	棉籽糖	350	
己糖激酶	葡萄糖	0.15	葡萄糖
	果糖	1.5	

（二）酶浓度对酶促反应速度的影响

当底物浓度足够大时，反应速度与酶浓度成正比关系，即酶浓度越大，酶促反应速度越快，如图4-8所示。

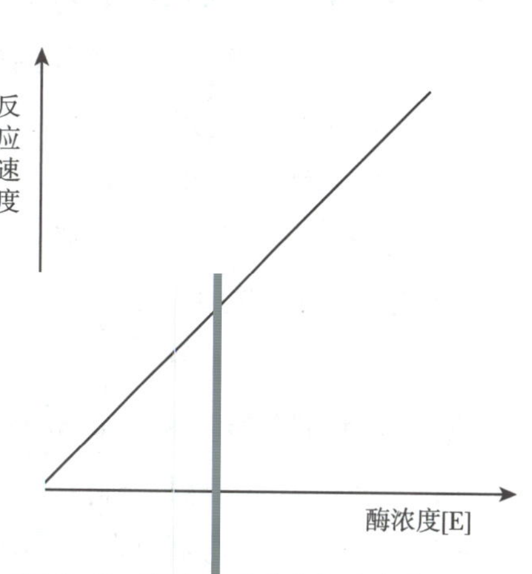

图4-8 酶浓度对反应初速度的影响

（三）pH对酶促反应速度的影响

酶促反应中体系的pH对酶的催化作用影响很大。一方面pH影响酶和底物的解离状态，从而影响酶与底物的亲和力；另一方面pH影响酶活性中心的空间构象，从而影响酶的活性，pH对酶活性的影响如图4-9所示。

在某一pH时，酶、底物和辅酶的解离状态最适宜于它们

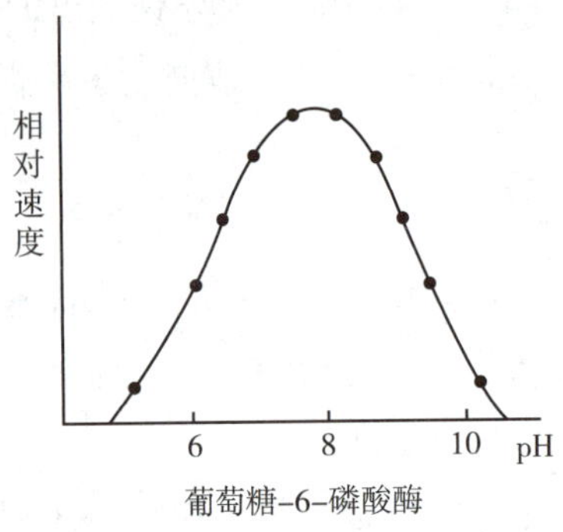

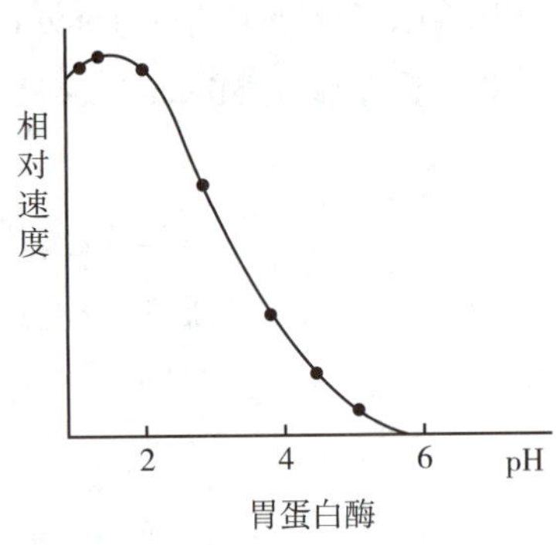

图 4－9　pH 对酶促反应速度的影响

相互结合，并发生催化作用，使酶促反应速度达最大值，这种 pH 称为酶的最适 pH。体系的 pH 偏离酶的最适 pH 越远，酶的活性越小，过酸或过碱可使酶变性失活。

酶的最适 pH 不是酶的特征常数，它受底物浓度、缓冲液的种类和浓度以及酶的纯度等因素的影响。不同酶的最适 pH 不同，人体内多数酶的最适 pH 接近中性，但胃蛋白酶最适 pH 约为 1.8。因此，酶促反应应选用适宜 pH 的缓冲液，以保持酶的最佳活性。

（四）温度对酶促反应速度的影响

温度对酶促反应速度有双重影响。在温度较低时，随着温度的升高，反应速度加快，一般温度每升高 10℃，反应速度大约增加一倍。但温度超过一定数值后，酶受热变性的因素占优势，反应速度反而随温度上升而减缓，如图 4－10 所示。在此曲线顶点所代表的温度，反应速度最大，称为酶的最适温度。

酶的最适温度不是酶的特征性常数。人体内多数酶的最适温度一般在 35℃～40℃左右，当温度升高到 60℃以上时，大多数酶开始变性，80℃以上，多数酶的变性不可逆。低温一般不破坏酶的空间结构，温度回升后，酶又恢复活性。为此，菌种和酶制剂都采用低温保存。

图 4－10　温度对酶促反应速度的影响

（五）激活剂对酶促反应速度的影响

使酶由无活性变为有活性或使酶活性提高的物质称为酶的激活剂。激活剂大多为金属离子，如 Mg^{2+}、K^{+}、Mn^{2+} 等；少数为阴离子，如 Cl^{-}、Br^{-} 等。也有许多有机化合物激活剂，如胆汁酸盐等。

激活剂分为必需激活剂和非必需激活剂两类。大多数金属离子激活剂对酶促反应是不可缺少的，这类激活剂称为必需激活剂，例如，Mg^{2+} 是已糖激酶的必需激活剂；有些激活剂不存在时，酶仍有一定的催化活性，但催化效率较低，这类激活剂称为非必需激活剂，如 Cl^{-} 是唾液淀粉酶的非必需激活剂。

（六）抑制剂对酶促反应速度的影响

凡是能使酶的催化活性下降而不引起酶蛋白变性的物质统称为酶的抑制剂（inhibitor，I）。

酶的抑制剂和变性剂不同，抑制剂作用于酶活性中心内、外必需基团，从而抑制酶的活性，通常对酶有一定的选择性，一种抑制剂只能引起一种酶或一类酶的活性降低或丧失；变性剂则改变酶空间构象导致酶活性的丧失，对酶没有选择性。

根据抑制剂与酶结合的紧密程度不同，酶的抑制作用分为不可逆抑制和可逆抑制两类。

1. 不可逆抑制 不可逆抑制是抑制剂与酶活性中心的必需基团以共价键结合，不能用透析和超滤等物理方法去除而恢复酶活性的抑制作用。不可逆抑制分为非专一性不可逆抑制和专一性不可逆抑制。

（1）非专一性不可逆抑制 该类抑制过程中，抑制剂可作用于一类酶。某些重金属离子（Pb^{2+}、Cu^{2+}、Hg^{2+}、As^{3+}）可和某些酶的巯基进行不可逆的结合而使酶失活，无法使用透析和超滤等物理方法去除而恢复酶活性，只能使用二巯基丙醇（British anti - lewisite，BAL）解毒而使酶复活。其作用机制如图 4 - 11 和图 4 - 12 所示。

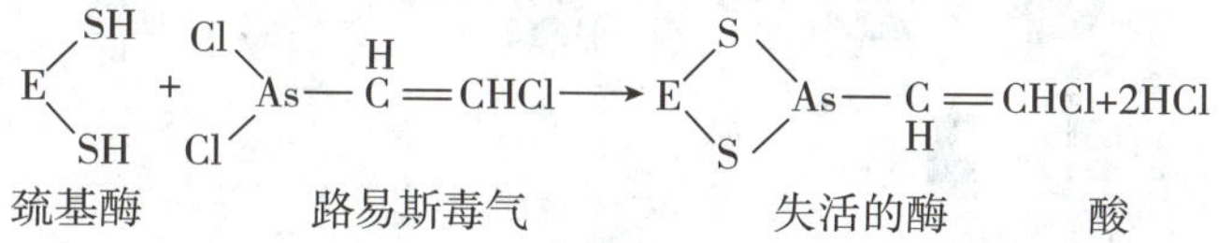

巯基酶 + 路易斯毒气 → 失活的酶 + 酸

$$E(SH)_2 + Cl_2As-CH=CHCl \longrightarrow E(S)_2As-CH=CHCl + 2HCl$$

图 4 - 11 路易斯毒气使巯基酶失活

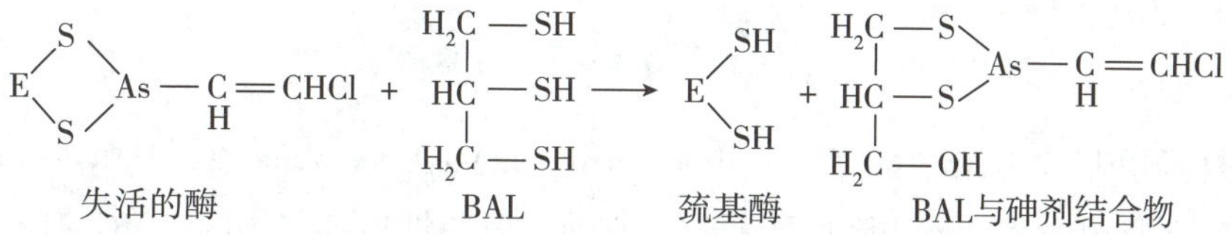

失活的酶 + BAL → 巯基酶 + BAL与砷剂结合物

$$E(S)_2As-CH=CHCl + H_2C(SH)-HC(SH)-H_2C(SH) \longrightarrow E(SH)_2 + H_2C(S)-HC(S)(As-CH=CHCl)-H_2C-OH$$

图 4 - 12 BAL 恢复巯基酶的活性

（2）专一性不可逆抑制

实例分析

实例 患者，男，49 岁，特殊职业，在生产有机磷农药工作中违反操作规定，出现恶心、呕吐，多汗、流涎、瞳孔缩小，呼吸困难、大汗、肺水肿、惊厥等症状。血样检查发现其胆碱酯酶活力降至30%以下。

讨论 1. 有机磷中毒的主要机理是什么？

2. 中毒后，应如何处理？

答案解析

该类抑制过程中，抑制剂只作用于一种酶。有机磷类化合物（甲胺磷、敌敌畏、对硫磷等）是乙酰胆碱酯酶的抑制剂，可迅速与胆碱酯酶结合而使酶失活，需要使用碘解磷定、阿托品等解毒剂恢复活性，其作用机理如图 4 - 13 和图 4 - 14 所示。

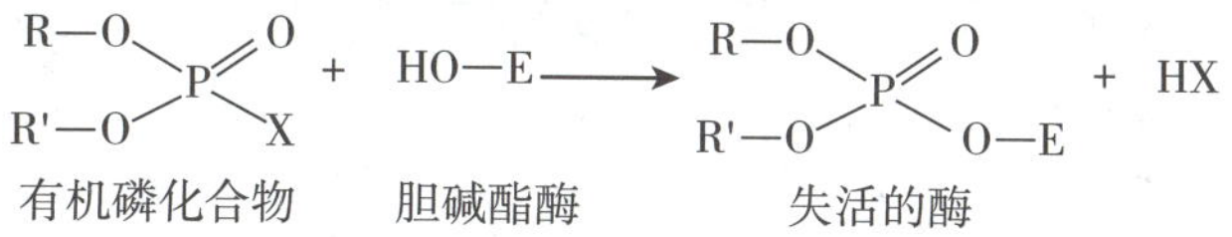

有机磷化合物 + 胆碱酯酶 → 失活的酶 + HX

$$(R-O)(R'-O)P(=O)X + HO-E \longrightarrow (R-O)(R'-O)P(=O)O-E + HX$$

图 4 - 13 有机磷化合物使胆碱酯酶失活

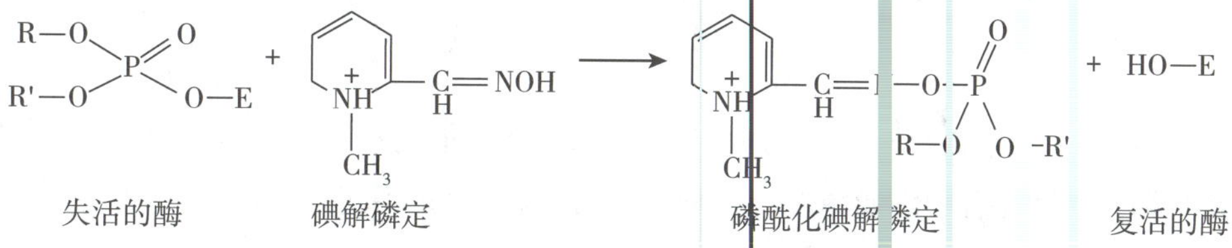

失活的酶 + 碘解磷定 → 磷酰化碘解磷定 + 复活的酶

$$(R-O)(R'-O)P(=O)O-E + \text{碘解磷定}(C_5H_4N^+CH_3-CH=NOH) \longrightarrow \text{磷酰化碘解磷定}(C_5H_4N^+CH_3-CH=N-O-P(=O)(O-R)(O-R')) + HO-E$$

图 4 - 14 碘解磷定复活胆碱酯酶

2. 可逆抑制 可逆抑制是抑制剂与酶或者酶－底物复合物以非共价键可逆结合，引起酶活性降低或失活。因为结合比较疏松，可用透析和超滤等物理方法去除抑制剂来恢复酶的活性。抑制程度取决于酶和抑制剂之间亲和力的大小、抑制剂的浓度以及底物浓度，与作用时间无关。

根据抑制剂在酶分子上结合位置的不同及抑制剂、底物与酶结合的先后顺序，可逆抑制又分为竞争性抑制、非竞争性抑制、反竞争性抑制。

（1）竞争性抑制 抑制剂与底物的化学结构相似，抑制剂与底物竞争与酶活性中心结合，当抑制剂与酶结合形成酶－抑制剂复合物后，就会影响底物与酶的结合，从而抑制了酶的活性，如图4－15所示。

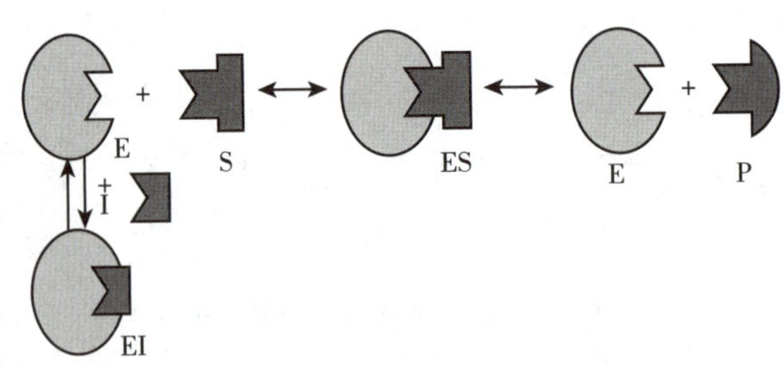

图4－15 竞争性抑制示意图

他汀类药物是羟甲基戊二酰辅酶A（hydroxy methylglutaryl coenzyme A，HMG－CoA）还原酶抑制剂，也是当前临床上应用最为普遍的降血脂药物。它通过竞争性地抑制体内HMG－CoA还原酶的活性，使肝脏中胆固醇的合成途径受到阻碍，从而降低机体中游离的胆固醇含量。

他汀类药物的作用机理如下：

乙酰CoA ----> HMG–CoA（S）——HMG–CoA还原酶 ‖ 他汀类药物（I）——> MVA ----> 胆固醇

竞争性抑制的特点：①抑制剂与酶结合是可逆的；②抑制剂与底物结构相似；③其抑制程度取决于底物及抑制剂的相对浓度。

（2）非竞争性抑制 抑制剂与酶活性中心外的必需基团结合，能与底物同时结合在酶的不同部位，形成酶－底物－抑制剂复合物，抑制剂和底物与酶结合没有竞争关系。但酶－底物－抑制剂复合物不能释放出产物，从而抑制了酶的活性，如图4－16所示。

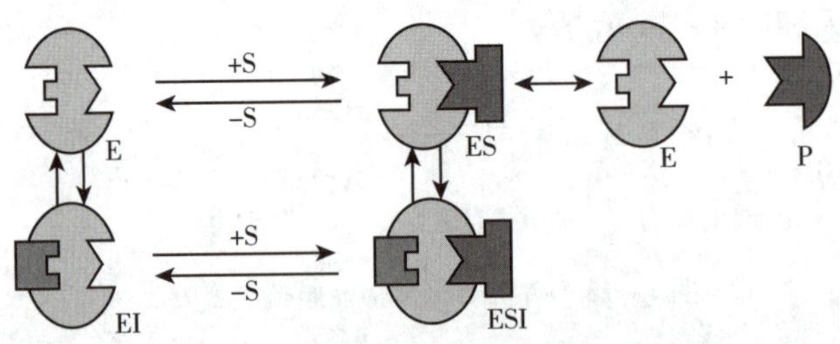

图4－16 非竞争抑制示意图

（3）反竞争性抑制 抑制剂不直接与游离的酶结合，只能与酶和底物的复合物结合形成酶－底物－抑制剂复合物，这种复合物不能释放出产物，从而抑制了酶的活性。因此反竞争性抑制只影响酶的催化作用，但不影响酶与底物的结合，如图4－17所示。

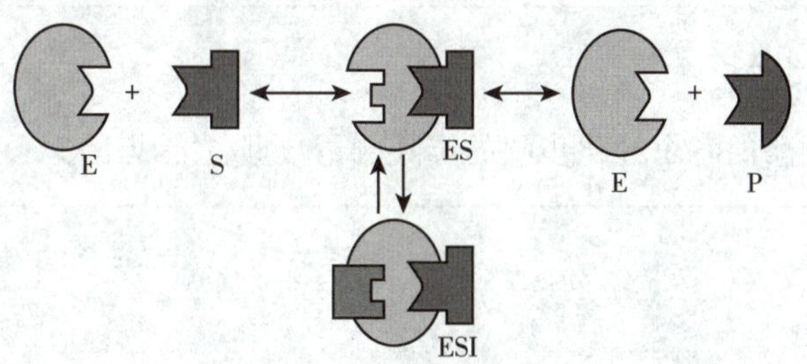

图 4－17　反竞争抑制示意图

抑制作用的特点比较见表 4－3。

表 4－3　不可逆抑制和可逆抑制特点比较

分　类	结合特点	类型	抑制特点
不可逆抑制	抑制剂与酶活性中心以共价键结合，不能用透析和超滤的方法去除而恢复酶活性	非专一性不可逆抑制	抑制剂作用于一类酶，如重金属离子抑制巯基酶的活性
		专一性不可逆抑制	抑制剂只作用于一种酶，如有机磷农药可以专一性抑制胆碱酯酶的活性
可逆抑制	抑制剂与酶或者酶－底物复合物以非共价键结合，可用透析和超滤的方法去除而恢复酶活性	竞争性抑制	抑制剂与底物分子结构相似，能与底物竞争结合占据酶活性中心从而抑制酶活性
		非竞争性抑制	抑制剂与底物分子结构不相似，能与底物同时与酶结合但不能释放出产物从而抑制酶活性
		反竞争性抑制	抑制剂与酶－底物复合物结合，不能释放产物从而抑制酶的活性

二、酶活力的测定

（一）酶活力

酶活力（enzyme activity）即酶活性，是指酶催化某一化学反应的能力，酶活力的大小可以用一定条件下所催化的某一化学反应速率来表示，两者呈线性相关。所以测定酶活力就是测定酶促反应速率，酶促反应速率可用单位时间内底物的减少量或产物的增加量来表示。

（二）酶活力单位

酶活力单位（U，activity unit）是表示酶量多少的单位。酶活力单位是在一定条件下，酶促反应在单位时间内将一定量的底物转化为产物所需的酶量。

1961 年国际酶学委员会对酶的活性单位做了统一的规定。在最适反应条件下（温度 25℃），每分钟内催化 1.0μmol 的底物转化为产物所需的量为一个酶活力单位，即 1IU＝1.0μmol/min。

（三）酶的比活力

酶的比活力又称比活性（specific activity，S. A），是指每毫克酶蛋白所含的酶活力单位。

比活力＝活力单位/酶蛋白量

比活力是表示酶制剂纯度的一个指标，比活力愈高，表明酶愈纯。

即学即练 4-2

以下是一种酶的各个纯化步骤的实际测量数据，完成下表。

答案解析

项目 \ 步骤	粗提取物	硫酸铵沉淀	DEAE 纤维素色谱	分子排阻色谱	亲和色谱
总活性（U）	5000000	3000000	1500000	900000	850000
总蛋白（mg）	25000	5000	1500	500	50
比活力	?	?	?	?	?

第六节　酶类药物及诊断试剂

PPT

酶对底物的高亲和力和特异性，以及高效的催化效率使得酶制剂作为药物成为生物制药领域研究的热点，世界各国药典中酶制剂的数量越来越多。随着对酶研究的不断深入，蛋白质工程、基因组工程等的发展，为寻找新的酶以及更好地使用酶提供了新的技术和手段，进一步扩大了酶在医药方面的应用。

一、酶类药物

（一）酶类药物分类

1. 助消化类　它们的作用是消化和分解食物中各种成分，主要有胃蛋白酶、胰蛋白酶、淀粉酶、纤维素酶等。

2. 消炎类　这种酶大多数都是蛋白水解酶，能够分解发炎部位纤维蛋白的凝结物，消除伤口周围的坏疽、腐肉和碎屑。主要有胰蛋白酶、糜蛋白酶、双链酶、α-淀粉酶、胰 DNA 酶、溶菌酶等。它们可以单独使用，也可以与抗生素等合用。

3. 心血管疾病治疗类　这一类酶都是从血液中提取的，有的能促使血液凝固，有的却能溶解血块。主要有凝血酶、纤溶酶、尿激酶、链激酶、蛇毒凝血酶、蚓激酶等。

4. 解毒类　这一类酶的主要作用是解除体内或因注射某种药物产生的有害物质。主要有青霉素酶、过氧化氢酶和组织胺酶等。

5. 抗肿瘤类　主要有 *L*-天冬酰胺酶、甲硫氨酸酶、组氨酸酶、精氨酸酶、谷氨酸酶等。

6. 其他酶　主要有超氧化物歧化酶、RNA 酶、DNA 酶、玻璃酸酶、抑肽酶等。

7. 辅助因子类　主要有辅酶Ⅰ（NAD^+）、辅酶Ⅱ（$NADP^+$）、黄素单核苷酸（FMN）、黄素腺嘌呤二核苷酸（FAD）、辅酶 Q_{10}、辅酶 A 等。

（二）常用酶类药物

1. 链激酶　能促进体内纤维蛋白溶解系统的活力，使纤维蛋白溶酶原转变为活性的纤维蛋白溶酶，引起血栓内部崩解和血栓表面溶解。用于预防或治疗深静脉血栓形成、周围动脉血栓形成或血栓栓塞、血管外科手术后的血栓形成等。

2. 玻璃酸酶 也称为透明质酸酶，为一种能水解透明质酸的酶（透明质酸为组织基质中具有限制水分及其他细胞外物质扩散的作用的成分），可促使皮下输液或局部积贮的渗出液或血液加快扩散而利于吸收。

3. 青霉素酶 能够分解青霉素分子中的β－内酰胺环，使其变成青霉噻唑酸，消除因注射青霉素引起的过敏反应。

4. 溶菌酶 有抗菌、抗病毒、止血、消肿及加快组织恢复功能等作用。临床用于慢性鼻炎、急慢性咽喉炎、口腔溃疡、水痘、带状疱疹和扁平疣等。

5. 抑肽酶 能抑制胰蛋白酶及糜蛋白酶，阻止胰脏中其他活性蛋白酶原的激活及胰蛋白酶原的自身激活，故可用于各型胰腺炎的治疗与预防。

6. *L*－天冬酰胺酶 是第一种用于治疗癌症的酶，特别对治疗白血病有显著疗效。*L*－天冬酰胺酶催化天冬酰胺水解，使癌细胞蛋白质合成受阻，从而导致癌细胞死亡。

二、酶类诊断试剂

随着酶学诊断的研究不断深入，通过酶类试剂测定体内某些物质含量的变化来诊断某些疾病发展成为医学诊断的一个重要手段。

（一）酶类诊断试剂种类

目前，在医学诊断领域已开发出了一系列酶类诊断方法与相应的试剂盒。根据其诊断的部位或疾病可以分为以下几类：

1. 肝功能诊断试剂 主要用于检测反映肝功能健康状况的物质的含量，如丙氨酸氨基转移酶、天冬氨酸氨基转移酶、总胆汁酸等物质的含量检测。

2. 肾功能诊断试剂 主要用于检测反映肾功能健康状况的物质的含量，如尿酸、肌酐、二氧化碳等物质含量的检测。

3. 糖代谢诊断试剂 主要用于检测反映糖代谢状况的物质的含量，如葡萄糖、糖化糖蛋白、β－羟丁酸等物质含量的检测。

4. 心血管诊断试剂 主要用于检测反映血脂、心血管健康状况物质的含量，如三酰甘油、总胆固醇、低密度脂蛋白胆固醇等物质含量的检测。

（二）常见的酶类诊断试剂

1. 丙氨酸氨基转移酶（ALT）检测试剂 该试剂含有乳酸脱氢酶（LDH），ALT 催化试剂中的 *L*－丙氨酸生成丙酮酸。乳酸脱氢酶催化丙酮酸还原的同时，将 NADH 氧化成 NAD^+。通过测 NADH 在 340nm 波长处吸光度的下降速率即可计算出 ALT 的活性。

2. 天冬氨酸氨基转移酶（AST）检测试剂 该试剂中含有苹果酸脱氢酶（MDH），AST 催化试剂中的 *L*－天冬氨酸生成草酰乙酸，MDH 催化草酰乙酸还原的同时将 NADH 氧化成 NAD^+，通过测 NADH 在 340nm 波长处吸光度的下降速率即可计算出计算 AST 的活力。

3. 总胆红素检测试剂 该试剂中含有胆红素氧化酶（BOD），在 pH 8.2 条件下，胆红素氧化酶能将胆红素氧化为胆绿素，使胆红素在 450nm 波长处吸光度下降，通过计算吸光度下降速度来计算胆红素的含量。

4. 血糖检测试剂 该试剂中含有葡萄糖氧化酶（GOD）和过氧化物酶，GOD 催化葡萄糖反应生成葡萄糖酸和 H_2O_2，H_2O_2在过氧化物酶作用下生成红色醌类物质，通过测其在 50[illegible]nm 波长处吸光度即可计算血糖含量。

5. 尿素检测试剂 该试剂中含有脲酶和谷氨酸脱氢酶，脲酶将尿素水解生成NH_3与CO_2，谷氨酸脱氢酶催化NH_3与α－酮戊二酸及NADH反应生成谷氨酸和NAD^+，NADH在340nm波长处的吸光度下降速率与待测样品中尿素的含量成正比。

6. 总胆固醇检测试剂 该试剂中含有胆固醇酯酶、胆固醇氧化酶和过氧化物酶，血清中胆固醇酯可被胆固醇酯酶水解为游离胆固醇和游离脂肪酸（FFA），胆固醇在胆固醇氧化酶的氧化作用下生成Δ^4－胆甾烯酮和H_2O_2，H_2O_2在4－氨基安替比林和酚存在时，经过氧化物酶催化，反应生成苯醌亚胺非那腙的红色醌类化合物，其颜色深浅与标本中总胆固醇含量成正比。

7. 尿酸检测试剂 该试剂中含有尿酸酶和过氧化氢酶，尿酸在尿酸酶的氧化作用下生成尿囊素和过氧化氢。过氧化氢在过氧化氢酶的催化作用下，使3,5－二氯二羟苯磺酸和4－氨基安替比林缩合成红色醌类化合物。该物质在520nm波长处的吸光度与尿酸浓度成正比。

实训项目

任务一　酶特性的检验

【实训目的】

通过实训，检验酶作用的高效性、特异性和高度不稳定性。学会唾液淀粉酶的制备技术；熟悉恒温水浴锅的正确使用和操作。

【实训原理】

酶作为生物催化剂，能大大降低反应的活化能，从而加快反应速度。H_2O_2酶广泛分布于生物体内，能将代谢中产生的有害的H_2O_2分解成H_2O和O_2，使H_2O_2不致在体内大量积累。其催化效率比无机催化剂铁粉高10^{10}，本实训从氧气由水中逸出小气泡的大小和多少判断H_2O_2分解速度。

酶与一般催化剂最主要的区别之一是酶具有高度的专一性，即一种酶只能对一种或一类化合物起催化作用。例如，淀粉酶能催化淀粉水解，生成还原性的麦芽糖和葡萄糖，使班氏试剂中Cu^{2+}还原成砖红色（Cu_2O_2沉淀）。但淀粉酶不能催化蔗糖水解，且蔗糖是非还原性的糖，不与班氏试剂反应。

【试剂和器材】

1. 试剂

（1）Fe粉。

（2）2% H_2O_2（用时现配）。

（3）唾液淀粉酶溶液　每位同学进实验室自己制备，先用蒸馏水漱口，以清除食物残渣，再咀嚼数分钟后吐出唾液收集在烧杯中，备用。

（4）1%蔗糖溶液　取分析纯蔗糖1g，溶解后加蒸馏水至100ml。

（5）1%淀粉溶液　取可溶性1g淀粉和0.3g NaCl，用5ml蒸馏水悬浮，慢慢倒入60ml煮沸的蒸馏水中，煮沸1min，冷却至室温，加水到100ml，冰箱贮存。

（6）班氏试剂（Benedict试剂）　17.3g $CuSO_4 \cdot 5H_2O$，加100ml蒸馏水加热溶解，冷却；173g柠檬酸钠和100g $NaCO_3 \cdot 2H_2O$，以600ml蒸馏水加热溶解，冷却后将$CuSO_4$溶液慢慢加到柠檬酸钠－

碳酸钠溶液中，边加边搅匀，最后定容至1000ml。如有沉淀可过滤除去，此试剂可长期保存。

（7）磷酸缓冲液

A液（0.2 mol/L Na_2HPO_4）：称取28.40g Na_2HPO_4（或71.64g $Na_2HPO_4 \cdot 12H_2O$）溶解后加蒸馏水至1000ml。

B液（0.1mol/L柠檬酸）：称取21.01g柠檬酸（$C_6H_8O_7 \cdot H_2O$）溶解后加蒸馏水至1000ml。

pH 6.8缓冲液：772ml A液+228ml B液。

2. 器材　恒温水浴箱；试管；试管架；小烧杯；移液器1ml、5ml；胶头滴管。

【实训方法和步骤】

（一）酶催化的高效性和不稳定性

取4支试管，按表4-4操作。

表4-4　各管的加入量

试管	2% H_2O_2（ml）	生马铃薯	熟马铃薯	Fe粉	H_2O（ml）
1	2	若干块	—	—	—
2	2	—	若干块	—	—
3	2	—	—	小半匙	—
4	2	—	—	—	1

观察各试管中产生气泡的多少和气泡的大小，并解释原因。

（二）酶催化的特异性和不稳定性

1. 煮沸唾液的准备：取上述唾液约5ml，水浴加热10分钟，冷却备用。

2. 取3支试管，按表4-5操作。

表4-5　各管的加入量

试管	pH 6.8缓冲溶液（滴）	1%淀粉溶液（滴）	1%蔗糖溶液（滴）	唾液（滴）	煮沸唾液（滴）
1	20	10	—	5	—
2	20	10	—	—	5
3	20	—	10	5	—

3. 各管摇匀，置37℃水浴保温10分钟左右，取出各管，分别加班氏试剂20滴，摇匀，置沸水浴中煮沸，观察结果，并解释原因。

【温馨提示】

1. 制作马铃薯块时，应将马铃薯洗净并去皮，切成约0.5cm×0.5cm×0.5cm大小的薄块。

2. 淀粉容易沉淀在试剂瓶底部，故淀粉溶液在使用前需要摇匀，否则，淀粉量太少，班氏反应不明显。

【实训思考】

1. 在酶催化的特异性实验中若用蔗糖酶取代唾液，则实验结果将有何变化？

2. 根据添加煮沸唾液试管的实验结果，说明酶促反应的什么特点？

任务二　溶菌酶的结晶和活力测定

【实训目的】

通过实训，进一步明确溶菌酶结晶和酶活力测定的基本原理和方法，学会酶分离纯化技术，进一步熟悉分光光度计、离心机的使用；学会透析袋、布氏漏斗的正确使用操作。

【实训原理】

溶菌酶属水解酶类，它水解细菌细胞壁多糖，破坏细胞壁，使细菌崩解。溶菌酶广泛存在于生物界，动物的眼泪、鼻涕、唾液、血液和其他分泌物中也含有溶菌酶，其中鸟类卵中溶菌酶含量也特别丰富。

鸡蛋清内含有丰富的溶菌酶，向蛋清中加入一定量的中性盐，并调节 pH 至溶菌酶的等电点（pH 10～11），溶菌酶即可结晶析出。如结晶不纯，可重结晶。

【试剂和器材】

1. 试剂

（1）普通试剂　1mol/L NaOH、固体 NaCl、丙酮、鸡蛋清、无菌水、溶菌酶晶体。

（2）缓冲液

pH 6.5 0.15mol/L 磷酸缓冲液：先分别配制 0.15mol/L NaH_2PO_4 及 0.15mol/L NaH_2PO_4 溶液，取前者 20.5ml 加后者 97.5ml，混匀，即得（pH 计校正）。

pH 6.2 0.1mol/L 磷酸缓冲液：称取 $NaH_2PO_4 \cdot 2H_2O$ 11.70g，$NaH_2PO_4 \cdot 12H_2O$ 7.86g，EDTA 0.392g，置 1000ml 容量瓶中加水至刻度，摇匀，即得（pH 计校正）。

2. 器材　pH 试纸；纱布；分光光度计；抽滤瓶及布氏漏斗；研钵；恒温水浴箱；离心机；真空干燥器；移液器；显微镜。

【实训方法和步骤】

（一）底物悬液的制备

1. 将 *Micsoccus lysodeik licus* 接种于培养基上，28℃培养 48 小时，用蒸馏水将菌体冲洗下来，经纱布过滤，滤液离心（4000rpm，10 分钟），倾去上清液。用蒸馏水洗菌体数次，然后将菌体用少量水悬浮，冰冻干燥。如无冻干设备，可将菌体刮在玻璃板上成一薄层冷风吹干，置干燥器中。

2. 取干菌粉 5mg 加入 pH 6.2 的磷酸缓冲液少许，在研钵中（或匀浆器中）研磨 2 分钟，倾出，稀释到 15～25ml，控制其在分光光度计上的吸光度在 0.5～0.7 范围内。

（二）溶菌酶的提纯与结晶

1. 蛋清准备　由 4～5 只新鲜鸡蛋中小心取出蛋清约 80～100ml，充分打匀，用纱布滤去杂质，计量体积，备用。

2. 结晶　按 5%（W/V）的比例加入研细的固体 NaCl，边加入边搅拌防止局部浓度过高。加完后用 1mol/L NaOH 溶液慢慢调至 pH 10.5～11.0，并加入少量溶菌酶晶体作为晶种，4℃下静置数天。当肉眼观察有结晶形成后，用滴管吸取结晶液 1 滴置于载玻片上，在低倍显微镜下观察并画出结晶图形。离心或过滤收集酶晶体，用少量丙酮洗涤晶体 2 次，以 P_2O_5 真空干燥后称重。

（三）溶菌酶活力测定

1. 酶液制备　准确称取溶菌酶样品 5mg，用 0.1mol/L pH 6.2 磷酸缓冲液配成 1mg/ml 的酶液，再

将酶液稀释成50μg/ml。

2. 底物配制　将酶液和底物分别放入25℃恒温水浴预热10min，吸取底物悬浮液4ml放入比色杯中，在450nm波长读出吸光度，此时零时读数。然后吸取酶液0.2ml（相当于10μg酶）加入比色皿，迅速混匀。每隔30s读1次吸光度，到90s时共计下4个读数。

3. 结果计算　本实验活力单位定义是：在25℃，pH 6.2，波长为450nm时，每分钟引起吸光度下降0.001为1个活力单位。

溶菌酶活力单位（U/mg）= 吸光度差值 ×1000/样品质量

【温馨提示】

1. 搅拌鸡蛋清时切忌不能起泡，搅拌方向不得改变，搅棒应光滑，否则，可能会引起蛋白质变性。
2. 氯化钠细粉应边加入边搅拌，防止因局部盐浓度过高而产生大量白色沉淀。
3. 调节pH时，氢氧化钠应边加入边搅匀，避免局部过碱。

【实训思考】

1. 溶菌酶结晶时为何要将酶液调整至pH 10.5～11，并加入NaCl？
2. 溶菌酶结晶是加入晶种的作用是什么？

任务三　血清丙氨酸氨基转移酶活力测定

【实训目的】

通过实训，熟悉酶法测定丙氨酸氨基转移酶活力的基本原理和方法，掌握试剂盒法测定丙氨酸氨基转移酶活力技术，学会微型移液器的正确操作，进一步熟练掌握分光光度法定量测定技术。

【实训原理】

丙氨酸氨基转氨酶（ALT）存在于各种组织细胞中，在肝中含量最丰富，在正常人的血清含量很少，活性很低。但当肝细胞受损时（如肝炎等病变），ALT从肝细胞释放到血液中，使血清中的ALT浓度显著增高。测定ALT是临床上检查肝功能是否正常的重要指标之一。

人血清中的ALT催化*L*－丙氨酸的氨基转移至α－酮戊二酸，生成丙酮酸和*L*－谷氨酸。乳酸脱氢酶（LDH）催化丙酮酸还原的同时，将NADH氧化成NAD^+。NADH在340nm波长处有特征吸收峰，通过测其吸光度的下降速率即可计算出ALT的活性。

$$L\text{－丙氨酸}+\alpha\text{－酮戊二酸}\xrightleftharpoons{ALT}\text{丙酮酸}+L\text{－谷氨酸}$$

$$\text{丙酮酸}+NADH+H^+\xrightleftharpoons{LDH}L\text{－乳酸}+NAD^+$$

【试剂和器材】

1. 试剂

（1）试剂1　15mmol/L α－酮戊二酸；0.18mmol/L NADH；乳酸脱氢酶

（2）试剂2　500mmol/L *L*－丙氨酸；100mmol/L Tris缓冲液（pH 7.3）

（3）市售无溶血血清。

2. 器材　试管及试管架；微量移液器；恒温水浴锅；紫外－可见分光光度计；比色皿。

【实训方法和步骤】

1. 参照试剂盒使用说明，将定量的试剂2加入到试剂1中，充分溶解作为工作液。

2. 按表4－6配制待测液。

表4－6 待测液的配制

试剂	空白管（ml）	样本管（ml）
血清	—	0.4
纯化水	0.4	—
工作液	4	4

3. 分别混匀后，在37℃保温1分钟后，以空白管校零，精确读取1、2、3分钟的吸光度，计算样本每分钟吸光度变化率$\Delta A/\min$。

4. ALT的活力计算

$$\text{ALT的活力（U/L）} = K \times \Delta A/\min$$

式中，$K = 1768$。

【温馨提示】

1. 使用试剂盒时，新打开的试剂不宜与已使用过的试剂混合在一起，不同批号的试剂不能混用。
2. 要使用无溶血血清，红细胞内含有丙氨酸氨基转移酶，溶血后进入血清，导致测定结果偏高。

【实训思考】

1. 健康成年人ALT的活力大小范围是多少？
2. K大小值是如何确定的？

答案解析

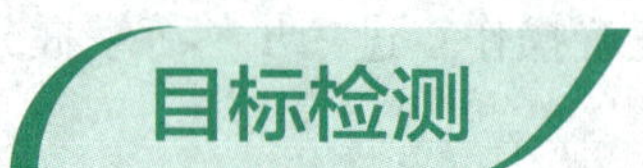

一、名词解释

酶　活性中心　必需基团　酶原　同工酶　酶的比活力

二、填空题

1. 酶促反应中，被酶催化的物质称为________，酶催化所产生的物质称为__________。
2. 根据酶化学组成不同，酶可分为__________和________两类。
3. 全酶由__________和________组成。
4. 米－曼方程描述了酶促反应__________和__________之间的定量关系。
5. 酶活力的单位是__________，指在最适反应条件下，每__________内催化________的底物转化为产物所需的量。

三、选择题

【A型题】

1. 辅酶与辅基的主要区别在于（　　）。
   A. 分子大小不同　　B. 理化性质不同
   C. 与酶蛋白结合紧密程度不同　　D. 分子结构不同
2. 酶原没有活性，是因为（　　）。
   A. 酶蛋白肽链合成不完全　　B. 活性中心未形成或未暴露

C. 酶原是普通的蛋白质　　D. 缺乏辅酶或辅基

3. 脲酶只作用于尿素，而不作用于尿素的衍生物，这表明脲酶的催化具有（　　）。

A. 不稳定性　　B. 不可调节性

C. 绝对专一性　　D. 相对专一性

4. 酶高度的催化效率是因为它能（　　）。

A. 升高反应温度　　B. 增加反应的活化能

C. 降低反应的活化能　　D. 改变化学反应的平衡点

5. 某些重金属可与酶结合使酶失去活力，且不能用物理方法恢复活性，这属于（　　）。

A. 竞争性抑制　　B. 非竞争性抑制

C. 反竞争性抑制　　D. 不可逆抑制

【B 型题】

【第 6 ~ 10 题选项】

A. 寡聚酶　　B. 多功能酶　　C. 固定化酶　　D. 核酶　　E. 单体酶

6. 限制在一个特定区间，便于回收与重复使用的酶是（　　）。

7. 由 2 个以上相同或不相同亚基以非共价键连接的酶是（　　）。

8. 由一条多肽链组成，具有完整的一、二、三级结构的酶是（　　）。

9. 有多个活性中心，可以催化多种生化反应的酶是（　　）。

10. 化学本质为核酸，具备催化反应能力的酶是（　　）。

【第 11 ~ 15 题选项】

A. *L* – 天冬酰胺酶　　B. 葡萄糖氧化酶

C. 溶菌酶　　D. 纤溶酶

E. 蛋白酶

11. 用于血糖含量检测的酶是（　　）。

12. 用于治疗白血病的酶是（　　）。

13. 用于助消化的酶是（　　）。

14. 用于消炎清创的酶是（　　）。

15. 用于治疗血栓静脉炎、冠状动脉栓塞等的酶是（　　）。

【X 型题】

16. 关于结合酶，以下说法正确的是（　　）。

A. 结合酶是由酶蛋白和辅助因子组成

B. 结合酶中的酶蛋白决定了反应的特异性

C. 结合酶中的辅助因子决定了反应的种类和性质

D. 辅助因子中的小分子有机物多是 B 族维生素的衍生物

17. 关于酶活性中心，以下说法正确的是（　　）。

A. 酶的必需基团都位于活性中心内

B. 辅酶和辅基一般都是酶活性中心的组成成分

C. 酶活性中心内的结合基团与底物结合

D. 酶活性中心内的催化基团可将底物转变为产物

18. 酶原及酶原激活的主要生理意义有（　　）。

A. 避免对自身蛋白质进行消化　　B. 可以提高酶的催化效率

C. 保证在特定部位发生作用　　D. 有利于酶的安全运输

19. 以下属于酶的催化特性的是（　　）。

A. 高效性　　B. 专一性

C. 稳定性　　D. 可调节性

20. 关于竞争性抑制，以下说法正确的是（　　）。

A. 抑制剂与酶的结合是可逆的　　B. 抑制剂与酶的结合是不可逆的

C. 抑制剂与底物结构相似　　D. 抑制剂与底物结构不相似

四、简答题

1. 简要说明酶催化作用的特性。

2. 酶在医学上有哪些应用？

书网融合……

知识回顾

微课 1

微课 2

习题

第五章 维生素

学习引导

目前由于生活节奏加快，饮食不合理，压力增大，很多人出现了“亚健康”的表现，如眼睛干涩、消化不良、骨质疏松、各种神经炎等，这些症状的出现与维生素的缺乏密切相关，因此维生素越来越受到人们的重视。维生素不仅可以维持机体正常的生理生化功能，还可以作为酶的“助手”——辅助因子，参与体内的新陈代谢。那么“维生素——酶的辅助因子——酶”三者之间存在怎样的关联？维生素在体内有哪些生理功能？缺乏维生素时机体会有哪些典型的症状？

本章重点介绍维生素的生理功能及维生素与酶和辅助因子的关系。

学习目标

1. **掌握** 维生素的概念、生理功能及维生素与酶的辅助因子的关系。
2. **熟悉** 维生素的分类、缺乏症。
3. **了解** 维生素的来源、化学本质及维生素类药物。

第一节 维生素的概念及分类 微课1

PPT

一、维生素的概念

维生素（vitamin）是维持机体正常生理功能所必需的一类小分子有机化合物，体内不能合成或合成不足，必须由外界供给。维生素既不是构成机体组织的成分，也不是体内的供能物质，但它是新陈代谢所必需的。已知绝大多数维生素作为酶的辅助因子的组成成分或本身就是酶的辅助因子，发挥着特有的生理功能。当人体缺乏某种维生素时，会引发新陈代谢障碍、生理功能紊乱，产生维生素缺乏症。

二、维生素的分类

根据溶解性质不同，维生素可分为两大类。

脂溶性维生素（lipid-soluble vitamin）：维生素A、维生素D、维生素E、维生素K。

水溶性维生素（water-soluble vitamin）：B族维生素（包括维生素B_1、维生素B_2、维生素B_6、维

生素 B_{12}、维生素 PP、泛酸、叶酸和生物素）、维生素 C。

三、维生素缺乏的原因

引起维生素缺乏的原因很多，非常典型的维生素缺乏病如夜盲症、坏血病等已不多见。而一旦维生素缺乏往往是多种维生素缺乏，常见原因有：

1. 摄入量不足 常见于食物供给的维生素不足，如膳食结构不合理、严重偏食或长期食欲不振、吞咽困难，加工储藏烹调方法不当等。如粮食加工过细、烹调加碱等造成 B 族维生素大量破坏和丢失。

2. 吸收障碍 老年人消化功能降低，或者消化吸收功能障碍的患者，如长期慢性腹泻、消化道梗阻等，常伴有维生素吸收障碍。

3. 需要量增加 某些生理或病理情况下，孕妇、乳母、儿童、重体力劳动者及慢性消耗性疾病患者对维生素需要量相对增高而补充相对不足，易引起维生素缺乏症。

4. 合成量不足 日光照射不足，可引起维生素 D_3 缺乏；长期服用广谱抗生素会抑制肠道细菌的生长，从而造成某些维生素缺乏，如维生素 K、维生素 B_6、叶酸等。

另外，维生素的需要量是有一定范围的，如果一次大量或长期过量摄入，就会产生维生素过多症，或称维生素毒性，属于一种营养疾病。因此，维生素缺乏和过量对健康都有危害，需根据实际情况合理补充。

知识链接

餐后服用维生素

餐后胃肠道有较充足的油脂，有利于脂溶性维生素的溶解，促使其更容易吸收；如果空腹服用水溶性维生素 B_1、维生素 B_2、维生素 C 等，会较快地通过胃肠道，可能在人体组织未充分吸收利用之前就排出。故维生素宜餐后服用。

第二节　脂溶性维生素

PPT

脂溶性维生素有维生素 A、维生素 D、维生素 E、维生素 K，不溶于水，易溶于脂类及有机溶剂。在食物中与脂类共存，并随脂类一同吸收，吸收后与血液中脂蛋白及某些特殊结合蛋白特异结合而运输。当脂类吸收障碍时，脂溶性维生素吸收也相应减少，严重时可引起缺乏症。另外，脂溶性维生素不能随尿排出，排泄效率低，可在体内蓄积，长期大量摄入过多会引起中毒症。

一、维生素 A 微课 2

（一）化学本质与来源

维生素 A 又称抗干眼病维生素，其化学本质是含 β－白芷酮环的不饱和一元醇，天然维生素 A 包括 A_1（视黄醇）和 A_2（3－脱氢视黄醇）两种，具有还原性（图 5－1）。A_1 和 A_2 的生理功能相同，但 A_2 的生理活性只有 A_1 的一半。维生素 A 在体内的活性形式有视黄醇、视黄醛和视黄酸。

维生素 A 只存在于动物性食物（如肝脏、蛋黄、鱼肝）中，植物中不含维生素 A，但有色蔬菜

（如胡萝卜、红辣椒、番茄等）含多种胡萝卜素，其中β－胡萝卜素（图5－2）最为重要，它在小肠黏膜细胞内可被双加氧酶催化生成2分子视黄醇，故称为维生素A原。

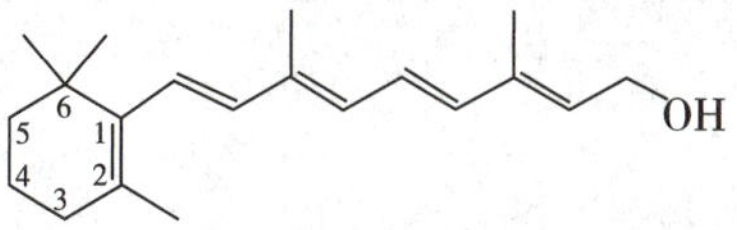

维生素A_1 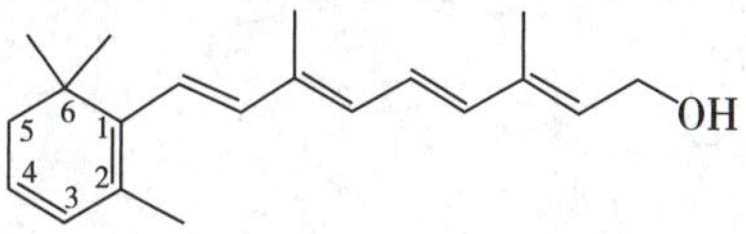　　维生素A_2

图5－1　维生素A的结构

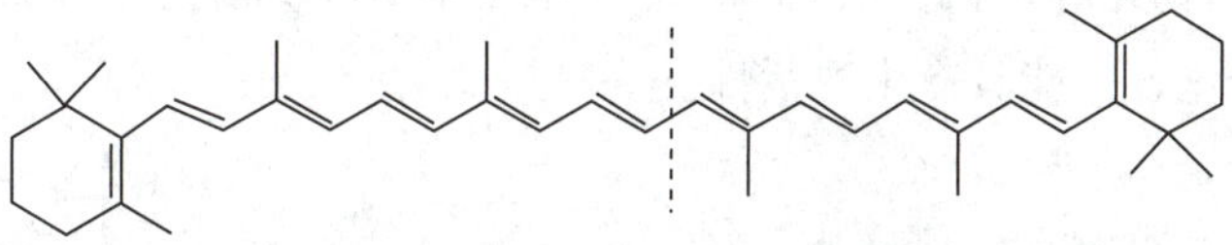

图5－2　β－胡萝卜素的结构

（二）生理功能

1. 构成视觉细胞的感光物质　人眼对弱光的感受依赖于视觉细胞中的视紫红质，维生素A是构成视紫红质的成分。故维生素A缺乏时，视紫红质合成量减少，对弱光敏感度降低，暗适应时间延长，严重缺乏时会导致暗视觉障碍——夜盲症，中医称为“雀目”。

2. 维持上皮组织的分化与完整　维生素A参与上皮细胞糖蛋白的合成，是维持上皮组织健全和完整所必需的物质。维生素A缺乏时会引起上皮组织干燥、增生和角质化，其中影响最为显著的是眼、呼吸道、消化道等的黏膜上皮。如在眼部引起角膜、结膜干燥产生干眼病；在皮脂腺及汗腺，发生毛囊丘疹与毛发脱落。

3. 其他作用　维生素A和β－胡萝卜素是有效的抗氧化剂，有抗癌作用，并可促进生长发育及繁殖，儿童缺乏可导致生长发育及骨骼生长不良。

（三）临床应用

维生素A的药物形式为维生素A醋酸酯，主要用于防治维生素A缺乏病（包括干眼病、夜盲症、角膜软化症、皮肤干燥、皮肤粗糙）、肠道吸收不良及儿童缺乏维生素导致的发育不良等，也可用于烫伤、冻伤和溃疡的局部用药。在治疗消化性溃疡、应激性溃疡、良性乳腺肿瘤、麻疹、月经过多、早产儿支气管肺发育不良等疾病时也表现出了一定作用。

另外，维生素A可在肝中积存，故长期大量（超过需要量的10～20倍）服用可引起头痛、恶心腹泻、肝脾大等不良反应，孕妇摄取过量易发生胎儿畸形。

知识链接

维生素A衍生物——全反式维甲酸的抗肿瘤作用

全反式维甲酸（ATRA）是维生素A的一种天然衍生物，是目前国内治疗急性早幼粒细胞白血病、骨髓异常增生（白血病前期）的临床首选化疗药物之一。ATRA具有抑制部分癌基因活性，诱导肿瘤细胞分化和凋亡，增加癌细胞对化疗药物敏感性等作用，在常规化疗方案治疗肿瘤中联合使用ATRA除具有协同抗肿瘤效应外，还可有效地防止化疗引起的严重白细胞减少。ATRA治疗急性早幼粒细胞白血病由中国工程院院士王振义于1986年开创，急性早幼粒细胞白血病也成为第一个可基本治愈的成人白血病。

二、维生素D

（一）化学本质与来源

维生素D又称抗佝偻病维生素，其化学本质是类固醇衍生物。天然维生素D包括维生素D_2（麦角钙化醇）和维生素D_3（胆钙化醇）两类（图5－3）。维生素D_2和维生素D_3均无直接的生理活性，必须在体内经过一系列生物转化，才能具有生物活性。

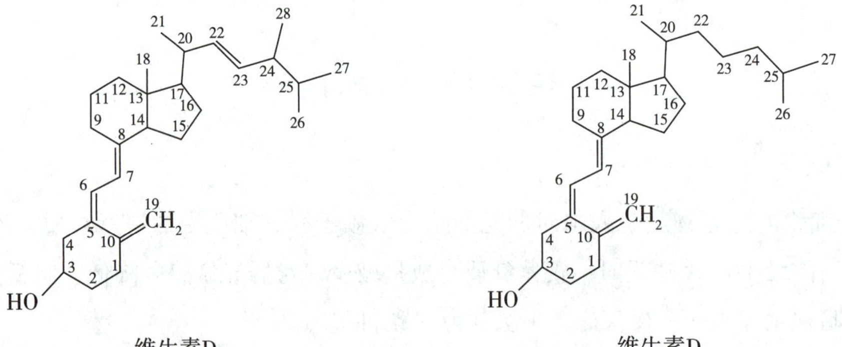

维生素D_2　　维生素D_3

图5－3　维生素D_2和维生素D_3的结构

动物性食物（肝、奶、蛋等）是维生素D的主要来源，以鱼肝含量最丰富。植物性食物（如植物油）、微生物（如酵母）中含有的麦角固醇经紫外线照射后转变为可被人体吸收的维生素D_2。这些动物、植物、微生物所含有可以转化为维生素D的固醇类物质，称为维生素D原。人体内胆固醇经脱氢转变成7－脱氢胆固醇，并贮于皮下，再经紫外线照射异构化为维生素D_3，因此，经常晒太阳和户外活动是预防维生素D缺乏的重要措施。

机体内的维生素D_3必须经肝羟化成25－(OH)－VD_3，再经肾羟化为1,25－$(OH)_2$－VD_3后才能发挥生理功能（图5－4）。

$$VD_3 \xrightarrow[\text{肝脏}]{\text{25-羟化酶}} 25\text{-(OH)-}VD_3 \xrightarrow[\text{肾脏}]{1\alpha\text{-羟化酶}} 1,25\text{-}(OH)_2\text{-}VD_3$$

图5－4　维生素D_3的生物转化

（二）生理功能

维生素D的生理功能主要是促进钙和磷的吸收，维持血钙和血磷的浓度，促使骨骼正常生长、发育和更新。若缺乏维生素D，婴幼儿易导致佝偻病，成年人则发生骨软化症（软骨病）。

（三）临床应用

维生素D临床上用于治疗骨质疏松、肾性营养不良、尿毒症、继发甲状腺功能亢进等病症。但维生素D的治疗剂量与中毒量间的安全范围较小，如果长期大量服用，可发生维生素D中毒，表现为高钙血症、尿钙过多，易引起肾结石以及软组织钙化。

实例分析

实例 O型腿、X型腿、串珠型肋骨等是佝偻病的典型症状，光线昏暗（或夜晚）视物不清甚至完全看不见物体，这是夜盲症的典型症状，如果不及时治疗或加以干预，对个人形象以及生活都会造成严重影响。出现这些典型症状的主要原因是缺乏维生素A和维生素D，维生素A和维生素D合剂称为鱼肝油。

讨论 1. 鱼肝油中维生素A和维生素D的比例为多少合适？

2. 治疗维生素A及D的缺乏症和预防维生素A及D的缺乏症，在选择鱼肝油时有何不同？

答案解析

三、维生素E

（一）化学本质与来源

维生素E又称生育酚，其化学本质是6-羟基苯骈二氢吡喃的衍生物，天然存在的维生素E可分为生育酚和生育三烯酚两大类，每类又各包括α、β、γ和δ四种异构体。其中以α-生育酚（图5-5）的生理活性最高。自然界中，维生素E主要存在于植物油、油性种子、蔬菜和豆类中；在体内，维生素E主要存在于细胞膜、血浆脂蛋白和脂库中。

	R_1	R_2
α-生育酚	$—CH_3$	$—CH_3$

生育酚

图5-5 α-生育酚的结构

维生素E具有特异的紫外吸收光谱（295nm波长处），在无氧条件下能耐高温，但对氧极敏感，极易氧化而保护其他物质不被氧化，是动物和人体中最有效的抗氧化剂。

（二）生理功能

1. 抗氧化作用 维生素E作为脂溶性的抗氧化剂和自由基清除剂，对生物膜有保护与稳定作用，可防止生物膜的不饱和脂肪酸发生过氧化反应；维生素E还可以保护巯基不被氧化，从而保持某些酶的活性；抑制眼睛晶状体内的脂质过氧化反应，促使末梢血管扩张，改善血液循环。

2. 调节基因表达 维生素E通过调节相关基因表达，在抗炎、维持正常免疫功能等方面发挥作用；通过保护T淋巴细胞、保护红细胞、抗自由基氧化、抑制血小板聚集而降低心肌梗死和脑卒中的危险性；同时对烧伤、冻伤、毛细血管出血、更年期综合征等方面有很好的疗效。

3. 与动物的生殖功能关系密切 动物实验发现维生素E缺乏易导致动物生殖器官发育不良甚至不育，临床上常用维生素E防治男女不育症及先兆流产等疾病。

由于食物中维生素E分布广泛，尚未发现人类因缺乏维生素E引起的典型缺乏症。

（三）临床应用

维生素E主要用于预防习惯性流产、先兆流产、绝经期综合征等，也可用于肌萎缩、肌营养不良、肝炎、肝硬化、冠心病的辅助治疗。但大剂量久服维生素E，即超过400～800mg/d，可能会出现肌无力，疲劳，恶心和腹泻等症状。

四、维生素K

（一）化学本质与来源

维生素K又称凝血维生素，其化学本质是2－甲基－1,4萘醌的衍生物（图5－6）。维生素K包括K_1、K_2、K_3、K_4、K_5、K_7等多种形式，其中维生素K_1、K_2是天然存在的，属于脂溶性维生素，维生素K_1主要存在于绿叶植物中，在苜蓿、菠菜、青菜等蔬菜和肝、鱼、肉等动物性食品中含量丰富，维生素K_2由肠道细菌合成。维生素K_3、K_4、K_5、K_7等是人工合成的水溶性维生素。

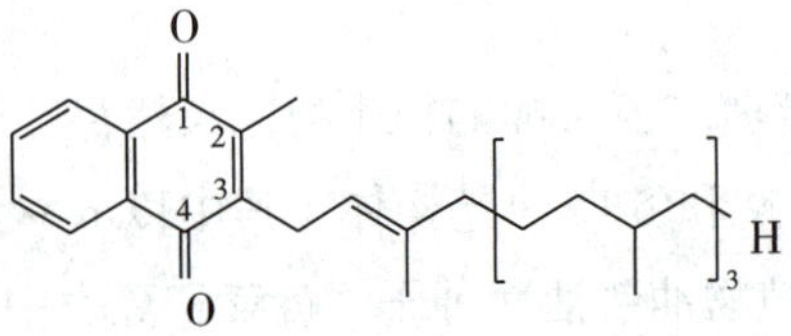

维生素K_1 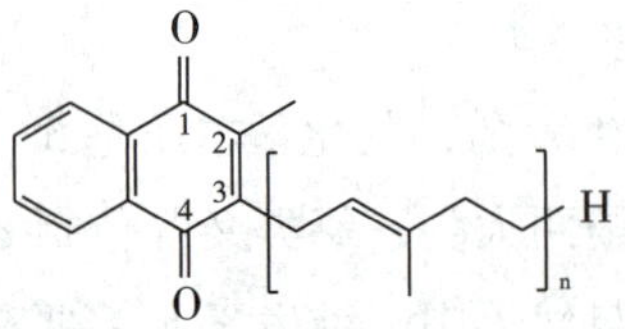　　维生素K_2（n=6、7或9）

图5－6　维生素K的结构

（二）生理功能

1. 凝血作用　维生素K与凝血有关，能够促进凝血因子Ⅱ、Ⅶ、Ⅸ、Ⅹ的生物合成，并促使凝血酶原转变为凝血酶。维生素K缺乏时，凝血因子合成减少，致使凝血时间延长，可出现因凝血障碍而发生出血的倾向。

2. 参与骨盐代谢　骨钙蛋白是一种维生素K依赖性钙结合蛋白，参与调节骨骼中磷酸钙的合成。对老年人而言，他们的骨密度和维生素K呈正相关。

因肠道细菌能合成维生素K，且维生素K性质比较稳定，一般情况下不会缺乏。若肝功能障碍，胆道、胰腺疾病，脂肪便或长期大量服用广谱抗菌药可导致维生素K的缺乏。

（三）临床应用

天然维生素K的制剂为维生素K_1注射液，是临床常用的止血类药物，它还有舒张平滑肌、解除支气管痉挛的作用，在治疗呼吸系统疾病时应用较为广泛。维生素K不能通过胎盘屏障，新生儿肠道中缺乏细菌及吸收不良，可能引发维生素K缺乏症，故需肌内注射或静脉滴注补充。

第三节　水溶性维生素

PPT

水溶性维生素主要包括B族维生素（维生素B_1、维生素B_2、维生素B_6、维生素B_{12}、维生素PP、泛酸、叶酸和生物素）和维生素C两大类，它们在体内均不能储存，过剩将随尿排出，很少有中毒现象发生；机体基本不能合成水溶性维生素，需要经常从食物中摄取。B 族维生素可作为酶的辅助因子或其组成分，参与体内的多种代谢。维生素 C 是体内重要的抗氧化剂，参与体内的氧化还原反应。

一、维生素 B_1

（一）化学本质与来源

维生素 B_1 又称硫胺素（thiamine）或抗脚气病维生素，其分子结构由含氨基的嘧啶环和含硫的噻唑环两部分组成。维生素 B_1 主要存在于种子的外皮和胚芽中，米糠、麸皮、酵母菌中含量也极丰富。

维生素 B_1 在体内经硫胺素激酶催化，可与 ATP 作用，转变成焦磷酸硫胺素（TPP），TPP（图 5－7）为体内的活性形式。

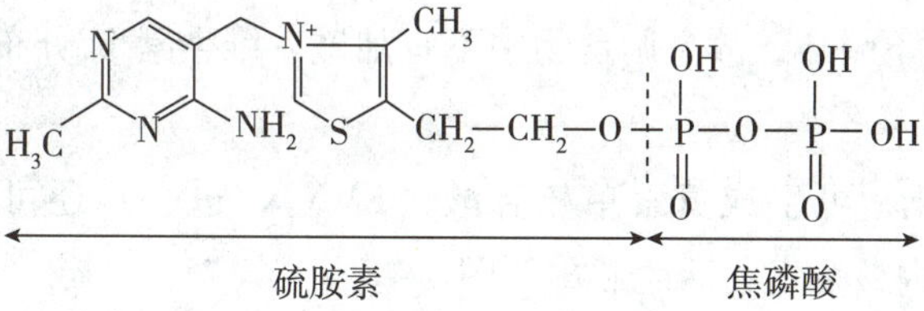

硫胺素　焦磷酸

图 5－7　焦磷酸硫胺素（TPP）的结构

（二）生理功能

1. TPP 影响代谢

（1）TPP 是 α－酮酸脱氢酶系如丙酮酸脱羧酶、α－酮戊二酸脱羧酶等的辅酶，催化丙酮酸、α－酮戊二酸的氧化脱羧反应，在体内供能代谢中起作用。维生素 B_1 缺乏时，TPP 合成不足，丙酮酸氧化脱羧产生障碍，血液中乳酸、丙酮酸积累，影响细胞的功能，出现多发性神经炎、心力衰竭、四肢无力、肌肉萎缩甚至浮肿等症状，临床称脚气病。

（2）TPP 是磷酸戊糖途径中转酮醇酶的辅酶，磷酸戊糖途径是合成核糖的来源，因此维生素 B_1 缺乏使体内核苷酸合成及神经髓鞘中鞘磷脂的合成受影响，可导致末梢神经炎和其他神经病变。

2. 抑制胆碱酯酶活性　乙酰胆碱是兴奋性神经递质，胆碱酯酶可催化乙酰胆碱水解生成乙酸和胆碱。维生素 B_1 可抑制胆碱酯酶的活性，若维生素 B_1 缺乏，胆碱酯酶活性增强，乙酰胆碱分解加速，神经传导受到影响，导致消化液分泌减少，主要表现为食欲缺乏、消化不良等消化功能障碍。

（三）临床应用

维生素 B_1 多用于保护神经系统、治疗脚气病和多种神经炎。虽然维生素 B_1 是水溶性的，一般不会出现中毒的症状，但过量服用也会导致一些副作用。如过多服用维生素 B_1 可引起痉挛、头痛、乏力、震颤、神经肌肉麻痹、脉搏加快、周围血管扩张、心律失常、水肿等。

知识链接

此脚气病非“脚气”

脚气病是由于维生素 B_1 缺乏引起的全身性疾病，是常见的维生素缺乏症之一。若以神经系统表现为主，称干性脚气病；以心力衰竭表现为主则称湿性脚气病。前者表现为周围神经炎、感觉和运动障碍、肌力下降，部分病例发生足垂症及趾垂症，行走时呈跨阈步态等；后者表现为水肿、心悸、气短、心跳过速等。混合型脚气病的特征是既有神经炎又有心力衰竭和水肿。

"脚气"是足癣的俗称，是由真菌感染引起的足部皮肤病，具有传染性。表现为脚趾间起水疱、脱皮或皮肤发白湿软，也可出现糜烂或皮肤增厚、粗糙、开裂，并可蔓延至足跖及边缘，剧痒。用手抓痒处，常传染至手而发生手癣（鹅掌风），若真菌在指（趾）甲上生长，则成甲癣（灰指甲）。

二、维生素 B_2

（一）化学本质与来源

维生素 B_2 又称核黄素（riboflavin），是核糖醇和7,8－二甲基异咯嗪的缩合物。维生素 B_2 本身呈黄色，其水溶液在透射光下显淡黄绿色并有强烈的黄绿色荧光。维生素 B_2 耐热，在酸性环境中较为稳定，遇光易破坏。在碱性溶液中不耐热，故烹调食物中不宜加碱。维生素 B_2 分布广，在鸡蛋、牛奶、肉类、酵母中含量丰富。

核黄素在体内经磷酸化，可生成黄素单核苷酸（FMN），进一步还可生成黄素腺嘌呤二核苷酸（FAD），FMN 及 FAD 是体内核黄素的活性形式（图5－8）。

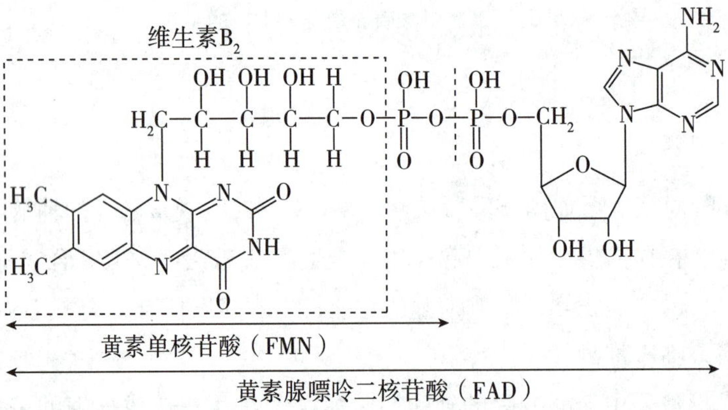

维生素B_2

黄素单核苷酸（FMN）

黄素腺嘌呤二核苷酸（FAD）

图5－8　黄素单核苷酸（FMN）和黄素腺嘌呤二核苷酸（FAD）的结构

（二）生理功能

1. FMN 和 FAD 是构成黄素酶的辅基　FMN 及 FAD 是体内多种氧化还原酶如琥珀酸脱氢酶、黄嘌呤氧化酶及 NADH 脱氢酶等的辅基，主要起递氢体的作用，参与体内多种氧化还原反应，能促进糖、脂肪和蛋白质的代谢。反应过程如图5－9所示。

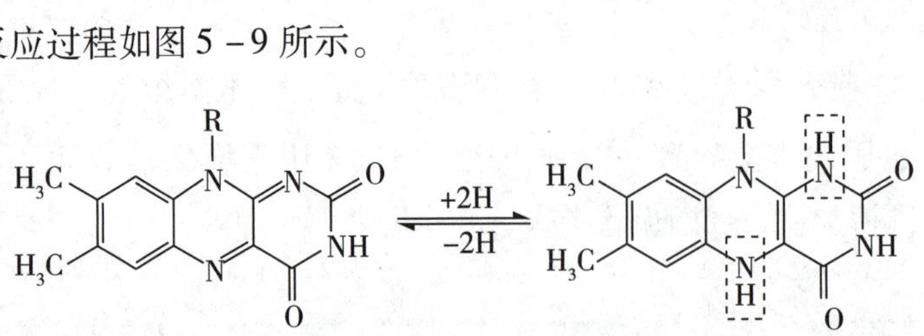

+2H
−2H

图5－9　FMN（或 FAD）的作用机理

2. 促进生长发育，维持皮肤和黏膜的完整性　维生素 B_2 可提高机体对蛋白质的利用率，促进细胞的正常分裂和生长，还具有保护皮肤毛囊黏膜及皮脂腺的功能。维生素 B_2 缺乏时，物质代谢和能量代谢出现紊乱，易发生口角炎、舌炎、唇炎、阴囊炎、脂溢性皮炎、眼角膜炎、眼干燥等疾病。

（三）临床应用

维生素 B_2 临床适应证为口角炎、唇炎、舌炎、眼结膜炎和阴囊炎等，另外维生素 B_2 在冠心病、心绞痛、防治早期烧伤、防治偏头痛、治疗慢性炎咽等多方面已有较好的临床结果。

三、维生素 PP

（一）化学本质与来源

维生素 PP 又称抗癞皮病维生素，化学本质为吡啶衍生物，包括尼克酸（nicotinic acid，也称烟酸）和尼克酰胺（nicotinamide，也称烟酰胺），在体内可以相互转化（图 5－10），主要以酰胺形式存在。维生素 PP 性质稳定，在鱼、肉、酵母、米糠等中含量丰富，不易被酸、碱和热破坏。

维生素 PP 在体内的活性形式为尼克酰胺腺嘌呤二核苷酸（NAD^+）即辅酶Ⅰ（CoⅠ）和尼克酰胺腺嘌呤二核苷酸磷酸（$NADP^+$）即辅酶Ⅱ（CoⅡ）（图 5－11）。

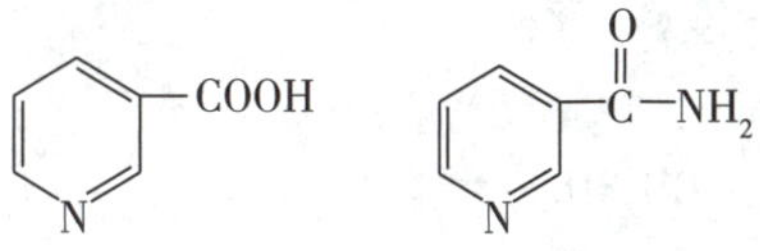

尼克酸　　尼克酰胺

图 5－10　尼克酸和尼克酰胺的结构

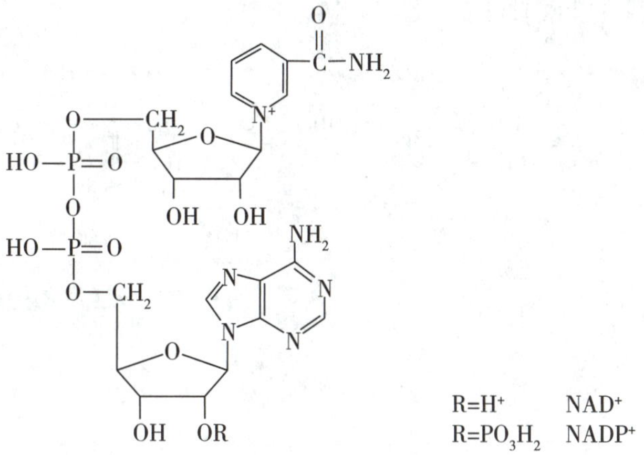

$R=H^+$　NAD^+
$R=PO_3H_2$　$NADP^+$

图 5－11　尼克酰胺腺嘌呤二核苷酸（NAD^+）和尼克酰胺腺嘌呤二核苷酸磷酸（$NADP^+$）的结构

（二）生理功能

1. NAD^+ 和 $NADP^+$ 是多种不需氧脱氢酶的辅酶　NAD^+ 和 $NADP^+$ 分子中的尼克酰胺部分具有可逆加氢、加电子和脱氢、脱电子的特性，在氧化过程中作为递氢体参与细胞生物氧化（图 5－12）。

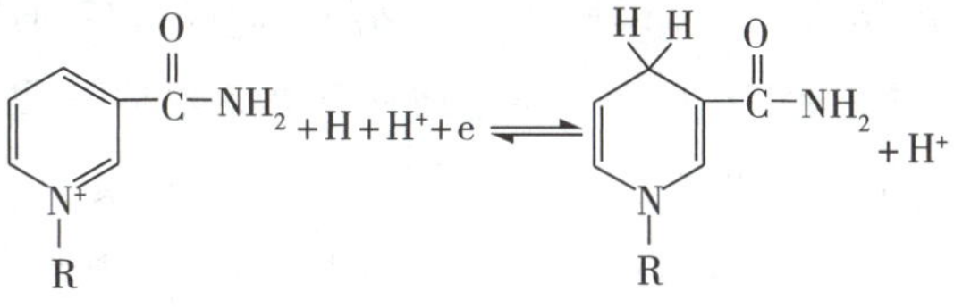

NAD^+　　NADH

图 5－12　NAD^+ 的作用原理

2. 抗癞皮病　维生素 PP 缺乏时，表现为皮炎、腹泻、痴呆，称为癞皮病、糙皮病（又称对称性皮炎），并伴有胃炎、腹泻、消化道出血等症状，严重者中枢神经系统发生混乱甚至痴呆。抗结核药物异烟肼的结构与维生素 PP 十分相似，可对维生素 PP 有拮抗作用，长期服用异烟肼可能引起维生素 PP 缺乏。

3. 抑制脂肪动员 维生素 PP 可抑制脂肪酸的动员，使肝中极低密度脂蛋白（VLDL）的合成下降，从而降低血浆胆固醇。

（三）临床应用

维生素 PP 类药物主要用于治疗及预防癞皮病，也用于治疗高胆固醇血症、口腔和嘴唇炎症，防止口臭。

四、维生素 B_6

（一）化学本质与来源

维生素 B_6是吡啶衍生物，包括吡哆醇（pyridoxine）、吡哆醛（pyridoxal）、吡哆胺（pyridoxamine），吡哆醛和吡哆胺可以相互转变（图 5－13）。维生素 B_6广泛分布于动、植物中，如种子、谷类、肝、酵母、肉类、蔬菜等。维生素 B_6对光敏感，高温下迅速被破坏，遇碱不稳定，在体内的活性形式为磷酸吡哆醛和磷酸吡哆胺（图 5－14）。

图 5－13 维生素 B_6的结构与转化

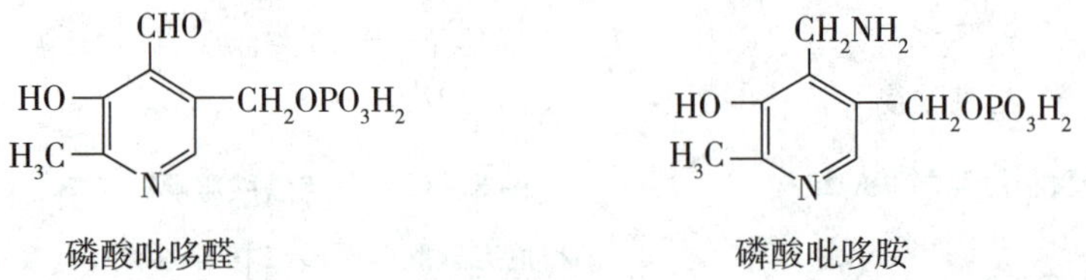

图 5－14 磷酸吡哆醛和磷酸吡哆胺的结构

（二）生理功能

1. 磷酸吡哆醛和磷酸吡哆胺参与氨基酸代谢 磷酸吡哆醛和磷酸吡哆胺是氨基酸氨基转移酶的辅酶，起传递氨基的作用；磷酸吡哆醛是氨基酸脱羧酶的辅酶，起脱羧基的作用。

2. 磷酸吡哆醛是血红素合成关键酶的辅酶 磷酸吡哆醛是血红素合成关键酶 δ－氨基－γ－戊酮酸（ALA）合酶的辅酶，维生素 B_6缺乏时血红素的合成受阻，造成低色素小细胞性贫血。

3. 服用异烟肼需补充维生素 B_6 食物中富含维生素 B_6，尚未发现典型的缺乏症。抗结核药异烟肼能与磷酸吡哆醛结合，使其失去辅酶作用，故服用异烟肼时需补充维生素 B_6。

（三）临床应用

维生素 B_6主要临床应用有治疗脂溢性皮炎，唇干裂，婴儿惊厥，血红蛋白缺陷所致的贫血，放射病及某些抗癌药物引起恶心、呕吐或妊娠呕吐；防治异烟肼、肼哒嗪等引起的周围神经炎、失眠、不安等；在动脉硬化、妊娠糖尿病、胆固醇过高、膀胱炎等疾病上也表现出了一定疗效。长期过量服用可致严重的周围神经炎，出现神经感觉异常，步态不稳，手足麻木等现象。

五、泛酸

（一）化学本质与来源

泛酸（pantothenic acid）又称遍多酸，因其在自然界广泛分布而得名。泛酸由α,γ－二羟基－β,β－二甲基丁酸和β－丙氨酸通过肽键缩合而成，其在中性溶液中稳定，但易被酸、碱破坏。食物中含量充足，肠道细菌也能合成供人体利用。

泛酸在体内的活性形式为辅酶A（CoA，图5－15）和酰基载体蛋白（ACP），由于分子中β－巯乙胺的—SH为反应活性基团，因此也常表示为CoASH和ACPSH。

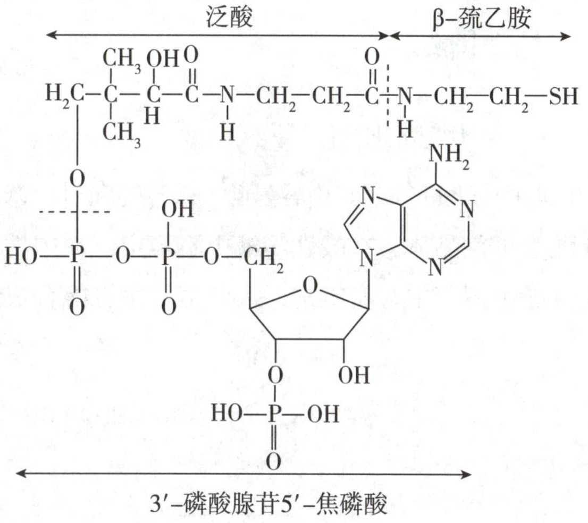

图5－15 辅酶A的结构

（二）生理功能

辅酶A在体内构成酰基转移酶的辅酶，起运载酰基的作用，例如乙酰基与CoA结合形成的乙酰辅酶A。CoA和ACP广泛参与糖类、脂类、蛋白质代谢及肝的生物转化作用，少见缺乏症。

（三）临床应用

泛酸的主要药物形式为泛酸钙，其剂型为片剂。泛酸钙在临床上主要用于泛酸钙缺乏的预防和治疗，如吸收不良综合征、热带口炎性腹泻、乳糜泻、局限性肠炎等。泛酸的毒性很低，动物摄入100倍需要量的剂量时未见有明显的毒副作用。

六、生物素

（一）化学本质与来源

生物素（biotin）又称辅酶B_7、维生素H，为带有戊酸侧链的噻吩与尿素结合成的骈环，为无色针状结晶，耐酸不耐碱，常温稳定，高温及氧化剂可使之失活（图5－16）。生物素广泛存在于酵母、肝、蛋类、花生、牛奶和鱼类等食品中，人肠道细菌也能合成。

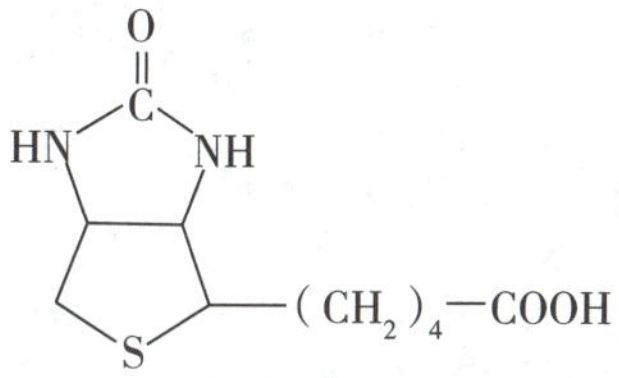

图5－16 生物素的结构

（二）生理功能

生物素是多种羧化酶如丙酮酸羧化酶、乙酰CoA羧化酶等的辅基，在代谢过程中作为CO_2的载体参与体内的羧化反应。生物素来源广泛，少见缺乏症。生鸡蛋清中含有一种抗生物素蛋白，故大量生食蛋清易导致生物素缺乏。长期使用抗生素可抑制肠道细菌生长，也可能造成生物素的缺乏，主要症状是疲乏、恶心、呕吐、食欲不振、皮炎及脱屑性红皮病。

（三）临床应用

生物素药物主要用于治疗生物素缺乏症（包括皮炎、萎缩性舌炎、肌肉疼痛、倦怠、厌食和轻度贫血）、脂溢性皮炎和婴儿头皮屑红皮病等。生物素由于会产生一些毒素，长期使用该药物可能会出现一些副作用，比较常见的症状有皮疹、胰岛素分泌降低、血糖升高、感染等，所以生物素不建议长期使用，孕妇禁用。

答案解析

即学即练 5－1

辅酶 A 和生物素分别是哪种基团的载体？

七、叶酸

（一）化学本质与来源

叶酸（folic acid）由谷氨酸、蝶呤啶和对氨基苯甲酸缩合而成，因绿叶中含量丰富而得名（图 5－17）。叶酸为黄色晶体，在酸性溶液中不稳定，在中性和碱性溶液中耐热，对光照敏感。叶酸在酵母、肝、水果、绿色蔬菜中含量丰富，人肠道细菌也能合成。

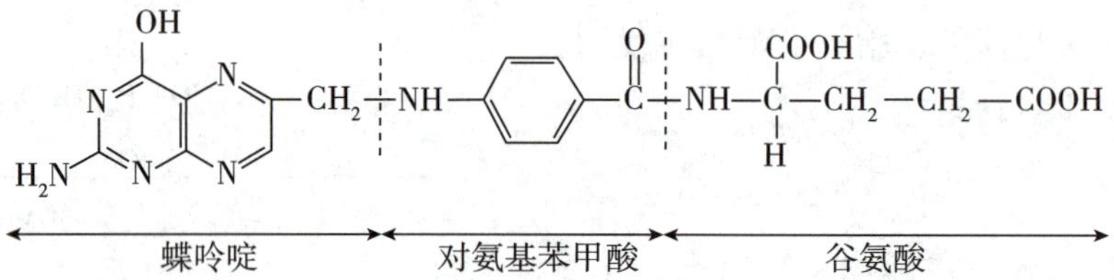

图 5－17　叶酸的结构及组成部分

叶酸在体内的活性形式为 5,6,7,8－四氢叶酸（THFA 或 FH_4，图 5－18），由叶酸还原酶在 NADPH 和维生素 C 的参与下催化还原而成。

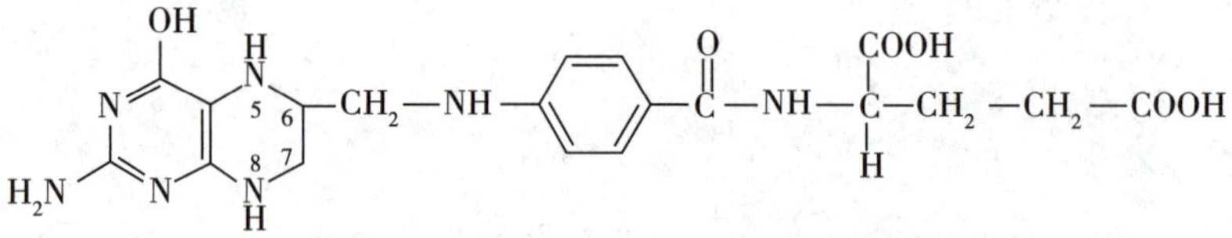

图 5－18　四氢叶酸（THFA 或 FH_4）的结构

（二）生理功能

1. 四氢叶酸是一碳单位转移酶的辅酶　四氢叶酸是一碳单位的载体，参与嘌呤、脱氧胸苷酸等多种物质的合成。叶酸缺乏时，嘌呤、嘧啶合成受阻，DNA 合成受到抑制，骨髓幼红细胞分裂速度降低，但细胞内含物增多，体积不断增大，称巨幼红细胞，这种红细胞大部分在成熟前就被破坏造成贫血，称巨幼细胞贫血（又称恶性贫血）。故临床上应用叶酸治疗巨幼细胞贫血。

2. 降低胎儿神经管缺陷发病率　孕妇及哺乳期妇女因代谢较旺盛，应适量补充叶酸。可降低胎儿神经管缺陷的发病率，若孕妇缺乏叶酸，易导致流产或胎儿出现先天缺陷。如长期口服避孕药或抗惊厥药会干扰叶酸的吸收及代谢，故应适当补充叶酸。

3. 其他作用　叶酸缺乏与数种癌症，尤其是结肠癌和宫颈癌有关。缺乏叶酸还可增加动脉粥样硬化、血栓生成和高血压的危险性。叶酸结构类似物如甲氨蝶呤常用作抗肿瘤药，因其结构与叶酸相似，是二氢叶酸还原酶的竞争性抑制剂，减小 FH_4 的合成而抑制体内脱氧胸苷酸的合成，起到抗癌作用。然而高剂量补充叶酸（>0.8mg/d）与癌症风险增加有关，因此不推荐中老年人补充叶酸。

（三）临床应用

叶酸制剂为片剂，主要用于治疗各种原因引起的叶酸缺乏及叶酸缺乏所致的巨幼细胞贫血、慢性溶血性贫血所致的叶酸缺乏等。妇女从孕前1个月至孕早期3个月内，口服叶酸0.4mg/d，可使胎儿神经管畸形发生率降低70%。叶酸不良反应较少，罕见过敏反应。长期用药可能出现畏食、恶心、腹胀等胃肠症状。

知识链接

胎儿神经管畸形

胎儿神经管畸形产生的一个重要原因是妇女在计划怀孕和怀孕期间缺乏叶酸。神经管畸形，又称神经管缺陷，是指先天性的大脑和脊柱结构异常，是一种严重的出生缺陷。神经管是神经系统中枢部分胚胎时期的原始结构，随着胚胎的发育，会逐渐分化成脑和脊髓，若发育过程中出现畸形，后果非常严重，也无法治愈。胎儿神经管畸形主要表现为无脑儿、颅脑畸形、脑膨出、脑膜膨出、脊柱裂、脑脊髓膜膨出、脑脊膜脊髓膨出、腰骶部脊膜脊髓膨出等。神经管畸形的发生率约为1.4‰~2‰，是世界上第二常见的先天畸形。

八、维生素 B_{12}

（一）化学本质与来源

维生素 B_{12} 又称钴胺素（cobalamin），是唯一含金属元素钴的维生素，也是相对分子质量最大、结构最复杂的维生素（图5-19）。维生素 B_{12} 在体内的主要存在形式有氰钴胺素、羟钴胺素、甲钴胺素和5′-脱氧腺苷钴胺素，后两者是维生素 B_{12} 的活性形式，也是血液中主要存在形式。

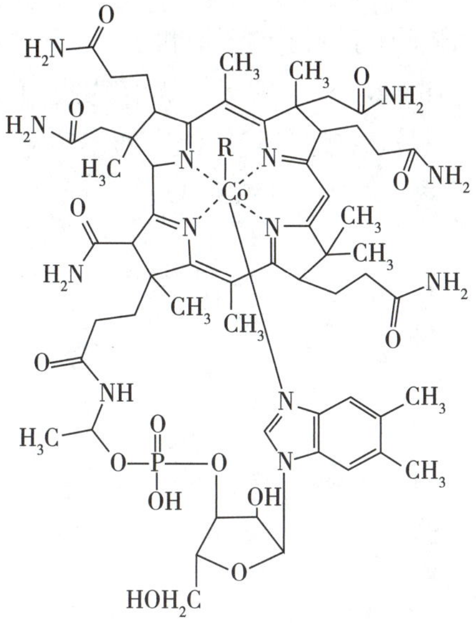

R=CN	氰钴胺素
R=OH	羟钴胺素
R=CH_3	甲钴胺素
R=5′-脱氧腺苷	5′-脱氧腺苷钴胺素

图5-19　维生素 B_{12} 的结构

维生素 B_{12} 主要存在于动物性食物如肝、肾、瘦肉、鱼、蛋等食物中，酵母中也含量丰富，人肠道细菌也能合成，但不存在于植物中。维生素 B_{12} 必须与胃黏膜细胞分泌的内因子（一种糖蛋白）结合后才能被吸收，且不易被肠道细菌破坏。维生素 B_{12} 是通过微生物发酵法制得的，常用的菌种有丙酸菌、链霉菌、巨大芽孢杆菌等。

（二）生理功能

1. 甲钴胺素是甲基转移酶的辅酶 甲钴胺素参与一碳单位的代谢，与 FH_4 的作用常相互联系，与多种化合物的甲基化有关。维生素 B_{12} 缺乏时，FH_4 的利用率降低，一碳单位代谢受阻，产生巨幼细胞贫血，增加动脉粥样硬化、血栓生成和高血压的危险性。

2. 5′－脱氧腺苷钴胺素具有营养神经的作用 5′－脱氧腺苷钴胺素影响脂肪酸的正常合成，维生素 B_{12} 缺乏时，脂肪酸合成受阻，导致神经髓鞘变性、退化等神经疾病。

（三）临床应用

维生素 B_{12} 主要用于治疗巨幼细胞贫血，与叶酸合用治疗各种巨幼细胞贫血，也可以作为神经系统疾病，比如神经炎、神经萎缩，肝脏疾病中的肝炎、肝硬化辅助治疗。甲钴胺片用于口服，而盐酸羟钴胺素性质稳定，是注射用维生素 B_{12} 的常用形式。维生素 B_{12} 中毒比较少见，服用过量的维生素 B_{12} 可能会出现哮喘、湿疹、荨麻疹、面部水肿等症状。

答案解析

即学即练 5－2

巨幼细胞贫血与缺乏什么维生素有关？

九、维生素 C

（一）化学本质与来源

维生素 C 又称 *L*－抗坏血酸（ascorbic acid），是含有 6 个碳原子的不饱和多羟基化合物，以内酯形式存在，具有酸性及还原性。维生素 C 可发生自身氧化还原反应，与脱氢抗坏血酸之间相互转变，还原型抗坏血酸是体内存在的主要形式（图 5－20）。维生素 C 具有很强的还原性，极不稳定，耐酸不耐碱，容易被氧化剂、热、光照等破坏。

图 5－20 维生素 C 的结构

人体不能合成维生素 C，它广泛存在于新鲜蔬菜及水果中，长期储存后其含量减少。维生素 C 的生产可采用的方法有莱氏法、两步发酵法、全化学合成法等，近年来利用基因工程菌一步发酵生产维生素 C 成为一条新的途径。通过基因重组技术，将棒状杆菌 2,5－二酮－*D*－葡糖酸还原酶基因重组到欧文

菌，从而使维生素C生产工艺简化为一步，大大提高了生产效率。

（二）生理功能

1. 参与体内羟化反应　维生素C是体内某些羟化酶的重要辅助因子。

（1）促进胶原蛋白的合成　维生素C是胶原脯氨酸羟化酶和胶原赖氨酸羟化酶的辅酶，促进胶原蛋白的合成。缺乏时胶原和细胞间质合成减少，毛细血管壁脆性增大，通透性增强，轻微碰撞或摩擦即会引起毛细血管破裂出血，牙齿易松动、易骨折，伤口难愈合，临床称坏血病。

（2）参与胆固醇的转化　正常情况下，体内胆固醇约有80%在7α-羟化酶（胆汁酸合成限速酶）的催化下转变为胆汁酸后排出。维生素C是7α-羟化酶的辅酶，若缺乏维生素C，则胆固醇难以转变为胆汁酸，易在肝中堆积，故临床上使用大剂量维生素C以降低血中胆固醇浓度。

（3）参与芳香族氨基酸的代谢　苯丙氨酸羟化生成酪氨酸、酪氨酸羟化脱羧生成对羟基苯丙酮酸及尿黑酸等的反应中，都需要维生素C参与。

（4）有机药物或毒物的羟化　药物或毒物在内质网上的羟化过程，是肝中重要的生物转化反应，维生素C能强化此类羟化反应酶系的活性，促进药物或毒物的代谢转变。

2. 参与体内氧化还原反应　维生素C既能作为受氢体，又可作为供氢体，在体内氧化还原反应中发挥重要的作用。

（1）保护巯基　巯基（—SH）是体内许多巯基酶的必需基团，维生素C能使巯基酶的—SH维持还原状态不被氧化，保护其催化活性。维生素C可使氧化型谷胱甘肽（GSSG）还原成还原型谷胱甘肽（G-SH），后者可与重金属离子结合排出体外，具有解毒的作用，如二巯基丙醇可用于重金属中毒后的解救。

（2）促进铁的吸收与利用　维生素C将Fe^{3+}还原成Fe^{2+}，利于食物中铁的吸收，促进造血功能。维生素C还能将高铁血红蛋白（MHb）还原为血红蛋白（Hb），使其恢复携氧功能。

（3）抗氧化作用　在新陈代谢过程中，人体会产生少量游离自由基及脂质过氧化物等，维生素C能清除自由基，还原脂质过氧化物，避免细胞膜受到自由基和过氧化物的破坏，对细胞膜的结构和功能起重要的保护作用。

3. 其他作用　维生素C能提高机体的免疫能力，增加淋巴细胞的生成，提高吞噬细胞的吞噬能力，临床上用于心血管疾病、病毒性疾病等的支持性治疗，减轻抗癌药的副作用等。维生素C对人体很重要，但长期大量使用可引起中毒。

（三）临床应用

维生素C制剂有各种固体制剂和注射液，还可以制成维生素C钙和维生素C钠使用。维生素C主要应用于治疗坏血病、牙龈出血、特发性高铁血红蛋白血症等，也可用于肾病、急性酒精中毒等的辅助治疗。对于心血管系统疾病，以及肿瘤等临床应用，多以大剂量、联合应用方式为主。维生素C不可过量使用，大剂量服用维生素C时会出现腹胀、胃酸过多、皮疹、泌尿系结石，严重的会出现溶血情况。

 知识链接

维生素C使用注意事项

（1）大量服用维生素C后不可突然停药，如果突然停药可引起药物的戒断反应，使症状加重或复发，应逐渐减量直至完全停药；（2）半胱氨酸尿症、痛风、高草酸盐尿症、尿酸盐性肾结石、糖尿病、葡萄糖-6-磷酸脱氢酶缺乏症慎用；（3）维生素C以空腹服用为宜，但对患消化道溃疡者慎用，以免

对溃疡面产生刺激，导致溃疡恶化，出血或穿孔；（4）肾功能不全者不宜多服；（5）维生素C对维生素A有破坏作用，尤其是大量服用维生素C后，可促进体内维生素A和叶酸的排泄，因此大量服用维生素C时，宜注意补充足量的维生素A和叶酸。

实训项目

任务一　直接碘量法测定维生素C的含量

【实训目的】

通过实训，进一步明确直接碘量法测定维生素C含量的原理，学会维生素C样品的处理和滴定测定技术；学会滴定管、碘量瓶的正确使用操作。

【实训原理】

维生素C具有还原性，可被I_2定量氧化，因而可用I_2滴定液直接滴定。其滴定反应式为：

$$C_6H_8O_6 + I_2 = C_6H_6O_6 + 2HI$$

由于维生素C较易被溶液和空气中的氧氧化，在碱性介质中氧化作用更强，因此滴定需在酸性介质中进行。

【试剂和器材】

1. 试剂

（1）0.05mol/L碘滴定液。

（2）2mol/L稀醋酸溶液。

（3）淀粉指示液　取可溶性淀粉0.5g，加水5ml搅匀后，缓缓倾入100ml沸水中，边加边搅拌，继续煮沸2分钟，放冷，倾取上层清液即得。本液临用新制。

2. 器材　碘量瓶；酸碱滴定管。

【实训步骤和结果计算】

（一）实训步骤

取维生素C样品约0.2g，精密称定，加新沸过的冷却蒸馏水100ml与稀醋酸10ml使溶解，加淀粉指示液1ml，立即用碘滴定液（0.05mol/L）滴定至溶液显蓝色并在30秒内不褪。每1ml碘滴定液（0.05mol/L）相当于8.806mg的$C_6H_8O_6$。

（二）结果计算

$$百分比（w_X）= \frac{V \times 8.806}{m \times 1000} \times 100\%$$

式中，w_X为供试品的质量浓度百分比；V为消耗碘滴定液的体积（ml）；m为供试样品的质量（g）。

【温馨提示】

1. 碘滴定液呈深棕色，在滴定管中较难分辨凹液面，读取数值时以液面最高点为准。
2. 使用碘量法时应使用碘量瓶，防止I_2、维生素C被氧化，影响实验结果的准确性。

【实训思考】

1. 样品中加入稀醋酸的目的是什么？
2. 溶解样品时为什么要使用新沸过冷却的蒸馏水？

任务二 紫外-可见分光光度法测定维生素 B_{12} 含量

【实训目的】

通过实训，进一步明确紫外吸收法测定维生素 B_{12} 含量的原理，学会用药物百分吸收系数进行分析的方法；学会移液枪和紫外分光光度计的正确使用操作。

【实训原理】

药物百分吸收系数 $E_{1cm}^{1\%}$ 是指物质溶液浓度为 1%（1g/100ml），厚度为 1cm 时的吸收度，通过测定维生素 B_{12}（$C_{63}H_{88}CoN_{14}O_{14}P$）在 361nm 处的特征吸光值，再以其在规定条件下的吸收系数计算含量。

【试剂和器材】

1. 试剂 ①500μg/ml 维生素 B_{12} 注射液；②蒸馏水。

2. 器材 紫外-可见分光光度计；移液枪；比色管；石英比色皿。

【实训步骤和结果计算】

（一）实训步骤

1. 配制维生素 B_{12} 供试样品液 取一支 500μg/ml 维生素 B_{12} 注射液，用移液枪吸取 500μl 于 10ml 比色管中，用蒸馏水稀释至刻度（稀释倍数为 20），浓度约为 25μg/ml。

2. 测定维生素 B_{12} 供试样品液吸光度 将维生素 B_{12} 供试样品液装入 1cm 石英比色皿中，以蒸馏水为参比，在 361nm 波长处测得吸收光度 A。按 $C_{63}H_{88}CoN_{14}O_{14}P$ 的吸收系数（$E_{1cm}^{1\%}$）为 207 计算。

（二）结果计算

$$\text{百分比}（w_X）= \frac{A \times N}{207 \times 10^{-4} \times \rho} \times 100\%$$

式中，w_X 为供试品的质量体积浓度百分比；A 为供试样品液吸光度；N 为稀释倍数（20）；ρ 为样品质量体积浓度标示量（500μg/ml）。

【温馨提示】

1. 维生素 B_{12} 样品有不同规格，稀释倍数可根据实际情况进行调整。
2. 供试样品液和参比溶液必须澄清，如有浑浊，应预先过滤。
3. 石英比色皿需配对使用，在规定波长下两个比色皿的透光率相差必须小于 0.5%。
4. 取比色皿时，应拿毛玻璃两面，切忌拿捏透光面，以免粘上油污影响测定结果。

【实训思考】

1. 什么是药物百分吸收系数？
2. 分光光度计的主要部件及其作用是怎样的？

答案解析

目标检测

一、名词解释

维生素　维生素缺乏症　维生素过多症　维生素 A 原

二、填空题

1. 脂溶性维生素包括__________、__________、__________、__________；水溶性维生素包括__________、__________。
2. 写出下面缩写的中文名称：NAD^+ __________，FAD __________。
3. 维生素 C 参与体内的氧化还原反应，可以保护__________，促进__________的吸收和利用。
4. 晒太阳和户外活动是预防__________缺乏的重要措施。
5. 如果一次大量或长期过量摄入维生素，就会产生__________症。

三、选择题

【A 型题】

1. 含有金属元素的维生素是（　　）。
   A. 维生素 C　　B. 维生素 D　　C. 维生素 A　　D. 维生素 B_{12}
2. 榨苹果汁时加入维生素 C，可以防止果汁变色。这说明维生素 C 具有（　　）。
   A. 氧化性　　B. 还原性　　C. 碱性　　D. 酸性
3. 长期食用高级精细加工大米，容易缺乏的维生素是（　　）。
   A. 维生素 E　　B. 维生素 D　　C. 维生素 A　　D. 维生素 B_1
4. 坏血病患者应该多吃（　　）。
   A. 水果和蔬菜　　B. 鱼肉和猪肉　　C. 鸡蛋和鸭蛋　　D. 糙米和肝脏
5. 维生素 B_{12} 主要用于防治（　　）。
   A. 双香豆素类过量引起的出血　　B. 纤溶亢进所致的出血
   C. 血栓性疾病　　D. 巨幼细胞贫血
6. 泛酸是哪种酶的辅助因子的组成成分（　　）？
   A. CoASH　　B. NAD^+　　C. FAD　　D. $NADP^+$
7. 某妇女，60 岁，近年经常出现腰背痛，走路自觉腿无力，特别是上楼梯时吃力，骨盆有明显压痛，建议改善或者补充（　　）。
   A. 钙片和维生素 D　　B. 蔬菜　　C. 碘片　　D. 维生素 A 和维生素 D

【B 型题】

［第 8～12 题选项］

A. 角膜软化症　　B. 骨软化症　　C. 脚气病　　D. 坏血病
E. 糙皮病

8. 烟酸缺乏时可导致（　　）。
9. 维生素 A 缺乏时可导致（　　）。
10. 维生素 B_1 缺乏时可导致（　　）。

11. 维生素 D 缺乏时可导致（　　）。
12. 维生素 C 缺乏时可导致（　　）。
[第 13 ~ 15 题选项]
A. 葡萄糖　B. 果糖　C. 维生素　D. 脂肪
E. 氨基酸
13. 以酶或辅酶形式参与机体生化反应的是（　　）。
14. 机体合成蛋白质的底物是（　　）。
15. 作为血糖主要成分的是（　　）。
[第 16 ~ 20 题选项]
A. FAD　B. NAD^+　C. TPP　D. FH_4
E. 辅酶 A
16. 维生素 B_1 在体内的活性形式为（　　）。
17. 维生素 B_2 在体内的活性形式为（　　）。
18. 维生素 PP 在体内的活性形式为（　　）。
19. 泛酸在体内的活性形式为（　　）。
20. 叶酸在体内的活性形式为（　　）。
【X 型题】
21. 下列关于维生素的描述中正确的是（　　）。
A. 维生素是一类小分子有机化合物　B. 维生素对人体无害，可长期大量使用
C. 不宜将维生素作为补药，以防中毒　D. 均衡的膳食是维生素的优质来源
22. 下列属于水溶性维生素的是（　　）。
A. 维生素 E　B. 维生素 A　C. 维生素 C　D. 维生素 B_6
23. 氨基酸氨基转移酶的辅酶是（　　）。
A. TPP　B. 磷酸吡哆胺　C. 磷酸吡哆醛　D. FH_4
24. 具有抗氧化活性的维生素有（　　）。
A. 维生素 A　B. 维生素 B_1　C. 维生素 C　D. 维生素 E

四、简答题

1. 简述维生素缺乏症的主要原因。
2. 简述 B 族维生素与酶的辅助因子之间的关系。

书网融合……

知识回顾　微课 1　微课 2　习题

第六章 糖的化学与糖代谢

学习引导

在人体的生命活动中，摄入糖的主要作用是提供能量和碳源，糖分解代谢所释放的能量（占人体所需能量的50%～70%）驱动着生命的生长、维持和繁衍。人体每日摄入的糖类占膳食总量的一半以上，为什么吃了食物机体能够进行正常的学习、工作和运动？但为什么剧烈运动以后肌肉会酸痛，并且之后几天疼痛感会逐渐消失？空腹时，机体靠什么来维持血糖水平和能量的供给？长时间禁食，机体仍能保持基本的生命体征，主要是糖代谢的什么途径发挥作用？诸多问题将在本章中一一揭示。

本章主要从糖的化学、糖的分解代谢、糖原合成与分解、糖异生作用、血糖等方面介绍糖在体内的重要代谢情况。

学习目标

1. **掌握** 糖的无氧分解；有氧氧化；磷酸戊糖途径；糖原合成与分解；糖异生作用的概念；反应部位；关键酶及各种代谢途径的生理意义。

2. **熟悉** 糖的生理功能及糖类药物；血糖的来源与去路。

3. **了解** 糖代谢主要途径及糖代谢紊乱的调节。

糖类（carbohydrate）是自然界含量最为丰富的有机化合物，是三大营养物质之一，也是生物体内的重要能源物质。糖代谢包括糖的合成代谢和分解代谢，合成代谢指的是小分子物质转变成糖的过程；分解代谢指的是大分子糖经过体内的消化转变成小分子物质，并被机体吸收，进一步氧化分解，释放能量的过程。

第一节 糖的化学

PPT

一、糖的概念、分类

糖是多羟基醛或多羟基酮及其衍生物或多聚物的总称。根据糖水解产物的不同，主要可以分为单糖、寡糖、多糖、结合糖四类。

1. 单糖 单糖是最简单的糖类物质，指的是不能被水解的糖类，按碳原子数目分为丙糖、丁糖、戊糖、己糖等，如葡萄糖为己糖、核糖为戊糖；根据结构特点分为醛糖和酮糖，如葡萄糖为醛糖、果糖为酮糖，其中甘油醛和二羟丙酮是最简单的单糖。体内最重要的单糖主要包括葡萄糖、果糖和核糖等。

D-(+)-葡萄糖 → α-*D*-(+)-吡喃葡萄糖

D-果糖 → α-*D*-呋喃果糖

D-(-)-核糖 → β-*D*-(-)-呋喃核糖

2. 寡糖　寡糖是由少数单糖缩合形成的产物，主要是由2～10个单糖分子形成的。生物体内最常见的寡糖是二糖。如麦芽糖是由2分子葡萄糖脱水缩合形成的二糖；蔗糖是由1分子葡萄糖与1分子果糖脱水缩合形成的；乳糖是由1分子葡萄糖和1分子半乳糖脱水缩合形成的。寡糖可以参与构成糖蛋白，是细胞的组成成分，并发挥相应的生理活性。

知识链接

乳糖不耐症

先天缺乏乳糖酶的人，在食用牛奶后发生乳糖消化障碍，乳糖在大肠内经细菌代谢转变为有机酸，因渗透作用，大量水分被吸入肠腔内，引起腹泻和腹胀等症状。此时可改食酸牛奶以防止其症状发生。

3. 多糖　多糖是由多个单糖分子通过糖苷键相连形成的多聚物。可分为同聚多糖和杂聚多糖，同聚多糖指的是由同一种单糖形成的，如淀粉、糖原、壳多糖、纤维素等；杂聚多糖指的是由两种或两种以上的单糖形成的，如透明质酸、硫酸软骨素、肝素、琼脂等。常见的同聚多糖见表6－1。

表6－1　常见的同聚多糖

	糖原	淀粉	右旋糖酐	纤维素
结构单元	α－*D*－葡萄糖	α－*D*－葡萄糖	α－*D*－葡萄糖	β－*D*－葡萄糖
糖苷键类型	α－1,4－和α－1,6－	α－1,4－和α－1,6－	α－1,6－和α－1,3－	β－1,4－
空间结构	直链、支链（多）	直链、支链	直链、支链	直链
用途	主要是维持血糖的相对恒定	人体能量的主要来源	血浆代用品	促进胃肠蠕动、防止便秘

4. 结合糖 结合糖指的是糖与其他物质结合形成的化合物，如糖与脂类物质结合形成糖脂、与蛋白结合形成糖蛋白等，可以参与组织细胞的构成，发挥抗炎、抗氧化等调节代谢的作用。

二、糖的生物学功能

1. 生物体内最主要的能源物质 人体生命活动所需能量的50% ~70%来自糖的氧化分解，糖在生物体内进行分解代谢时，可以迅速释放能量，供生命活动所需。生物体内的多糖如糖原、淀粉等是体内能量贮存的物质形式。

2. 组织细胞的重要组成成分 糖是构成人体组织细胞的重要成分，如糖脂和糖蛋白是构成神经组织和生物膜的成分；蛋白聚糖和糖蛋白参与构成结缔组织、软骨和骨基质；核糖及脱氧核糖参与形成遗传物质，是RNA及DNA的组成成分。

3. 转化为其他重要物质 人体的代谢过程错综复杂，三大营养物质代谢相互交叉，有些糖是重要的中间代谢产物，可以通过形成这些重要的中间代谢产物转化成其他重要物质，如转化成氨基酸、核苷酸、脂肪酸等，亦可以通过与其他物质相结合转化成免疫球蛋白、抗体等重要的生理活性物质。

4. 参与细胞间信息传递 糖脂与糖蛋白均属于结合糖，近年来不断发现其通过受体及激素的形式参与到细胞间信息传递。如细胞膜表面的糖蛋白寡糖链参与细胞间识别作用，一些细胞表面的糖分子或寡糖链可以作为细胞的“天线”，参与细胞通信。

5. 其他功能 体内多种重要的生物活性物质如 NAD^+、FAD、ATP等是糖的磷酸衍生物；某些血浆蛋白质、抗体、酶和激素等物质中也含有糖。

三、重要的天然多糖

（一）淀粉

天然淀粉一般含有两种组分：直链淀粉（amylose）和支链淀粉（amylopectin）。直链淀粉为无分支的螺旋结构；支链淀粉以24~30个葡萄糖残基通过α-1,4-糖苷键首尾相连而成，在支链处是α-1,6-糖苷键（图6-1）。直链淀粉遇到碘显蓝色，而支链淀粉遇到碘显紫色。淀粉具有很好的吸附性，淀粉颗粒不溶于冷水，加热后，溶解度加大。在制药工业中可用作药用辅料。

（二）糖原

糖原（glycogen）又称动物淀粉，是动物体内多糖的储存形式，主要存在于肝脏及肌肉组织中，形成肝糖原和肌糖原。糖原也是由α-*D*-葡萄糖构成的同聚多糖，其分子结构与支链淀粉相似，但分支程度更大，每一短链约含8~12个葡萄糖单位。高度的分支可增加分子的水溶性，同时提供更多的非还原末端，有利于水解酶的同时作用。

（三）纤维素

纤维素（cellulose）是由葡萄糖通过β-1,4-糖苷键构成的大分子多糖，是植物细胞壁的主要成分，通常与半纤维素、果胶、木质素在一起，是自然界中分布最广、含量最多的一类多糖。人体消化道内不存在能够催化纤维素分解的酶，因此人体不能直接利用纤维素，但纤维素却具有吸附大量水分，促进胃肠蠕动，加快代谢物排泄等作用。

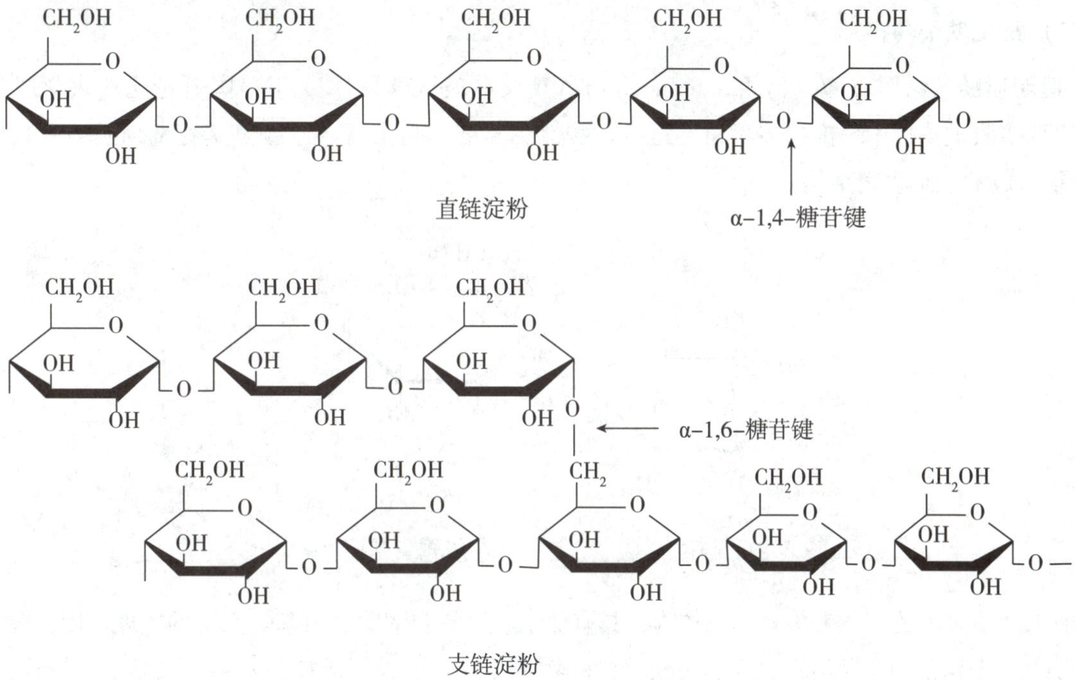

直链淀粉

α-1,4-糖苷键

α-1,6-糖苷键

支链淀粉

图 6－1　直链淀粉和支链淀粉的结构

知识链接

药用辅料中的纤维素

纤维素作为药用辅料，种类很多，有黏合作用的羧甲基纤维素钠、羟丙基纤维素、羟丙甲纤维素、甲基纤维素和乙基纤维素；有填充作用的微晶纤维素；有崩解作用的低取代羟丙基纤维素和交联羧甲基纤维素钠等，这些药用辅料在固体制剂（如片剂）生产中发挥重要作用。

四、糖类药物

（一）糖类药物的生理活性

1. 促进细胞繁殖与生长　通过促进细胞 DNA 和蛋白质的合成，加快细胞的增殖生长。

2. 调节机体免疫功能　主要表现为影响补体活性，促进淋巴细胞增殖，激活或提高吞噬细胞的功能。增强机体的抗炎、抗氧化和抗衰老作用。

3. 抗凝血作用　肝素是天然抗凝剂。甲壳素、芦荟多糖、黑木耳多糖等也具有肝素样的抗凝血作用。用于防治血栓、周围血管病、心绞痛、充血性心力衰竭与肿瘤的辅助治疗。

4. 抗感染作用　多糖可以提高机体组织细胞对细菌、病毒和真菌感染的抵抗力。如甲壳素对皮下肿胀有治疗作用，有促进皮肤伤口愈合作用。

5. 抗氧化作用　茯苓多糖、紫菜多糖、透明质酸、甲壳素等均能抗^{60}Co、γ－射线的损伤，有抗氧化、防辐射作用。

6. 调节血脂代谢，抗动脉粥样硬化作用　类肝素（heparinoid）、硫酸软骨素、小相对分子质量肝素等具有降血脂、降血胆固醇，抗动脉粥样硬化作用，用于防治冠心病和动脉粥样硬化。

7. 维持血液正常的渗透压　临床上右旋糖酐常作为血浆的替代品用于治疗体液丢失而引起的休克。

（二）常见糖类药物

1. 透明质酸 透明质酸（hyaluronic acid，HA）又名玻尿酸，1934 年美国哥伦比亚大学眼科教授 Meyer 等从牛眼玻璃体中分离出该物质，是一种酸性黏多糖，是由 *N* – 乙酰氨基葡萄糖及 *D* – 葡萄糖醛酸的重复组成的线形多糖结构。

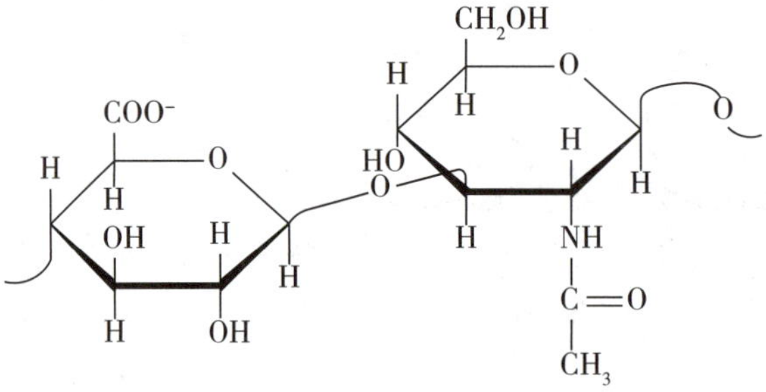

D–葡萄糖醛酸　　*N*–乙酰氨基葡萄糖

透明质酸广泛存在于人和脊椎动物体内，具有保水、润滑和清除自由基等重要的生理作用，在人的皮肤真皮层和关节滑液中含量最多。透明质酸作为药物主要应用于眼科治疗手术中，如晶状体摘除、植入，抗青光眼手术，角膜移植等；还用于治疗骨关节炎、外伤性关节炎和滑囊炎，具有加速伤口愈合的作用。

透明质酸在化妆品中亦有广泛应用，能保持皮肤湿润光滑、细腻柔嫩，富有弹性，具有防皱、抗皱等功效。

2. 硫酸软骨素 硫酸软骨素（chondroitin sulfate，CS）由 *D* – 葡萄糖醛酸和 *N* – 乙酰氨基半乳糖以 β – 1,4 – 糖苷键连接而成的糖胺聚糖，并在 *N* – 乙酰氨基半乳糖的 C – 4 位或 C – 6 位羟基上发生硫酸酯化。

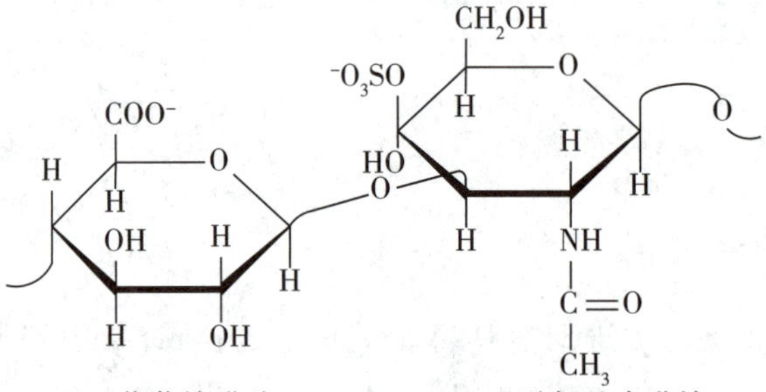

D–葡萄糖醛酸　　*N*–乙酰氨基半乳糖

软骨素是一种酸性黏多糖，大量存在于猪、牛、鸡、鲨鱼的软骨中，并因此得名。硫酸软骨素可用于治疗骨性关节炎，通常和氨基葡萄糖联合使用，能够有效地促进关节软骨的再生，具有消炎镇痛的作用，有效地改善关节炎的症状；另外，硫酸软骨素对于角膜胶原纤维具有很好的保护作用，能够增强通透性，改善局部的血液循环，促进渗透液的吸收以及炎症的消除。硫酸软骨素滴眼液可用于治疗角膜炎、角膜溃疡、角膜损伤等；硫酸软骨素还可以治疗神经性的疼痛、心绞痛以及缺氧性心脏病等。

3. 氨基葡萄糖 是天然的氨基单糖，是人体关节软骨基质中合成蛋白聚糖所必需的物质，分子式为 $C_6H_{13}NO_5$，由葡萄糖的一个羟基被氨基取代形成，易溶于水及亲水性溶剂，通常以 *N* – 乙酰基衍生物或 *N* – 硫酸酯形式存在于多糖及结合多糖中。氨基葡萄糖可以帮助刺激软骨细胞的生长，起到修复软骨的作

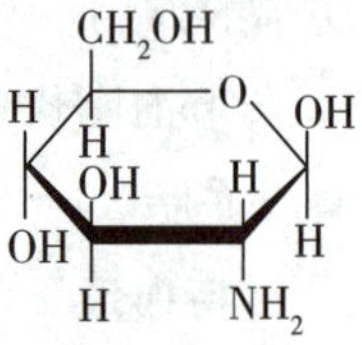

用；保护脂质大分子不被羟基自由基氧化损害，具有抗氧化能力。

4. 右旋糖酐　主链是α-1,6-糖苷键连接的葡萄糖，支链为α-1,3-糖苷键连接的单个葡萄糖基或异麦芽糖基。中相对分子质量右旋糖酐用于增加血容量，维持血压，以抗休克为主；低相对分子质量右旋糖酐的主要用于改善微循环，降低血液黏度；小相对分子质量右旋糖酐是一种安全有效的血容量扩充剂。

第二节　糖的消化、吸收及代谢概况

PPT

一、糖的消化与吸收

食物中的糖，主要指淀粉，淀粉的消化从口腔开始，唾液中的α-淀粉酶可水解淀粉的α-1,4-糖苷键，水解产物为线性或分支的寡糖。但食物在口腔中停留的时间短，故淀粉的消化主要在小肠进行。小肠中含有胰腺分泌的α-淀粉酶，催化淀粉水解成寡糖、麦芽糖、麦芽三糖、α-临界糊精（4~9个葡萄糖残基组成的寡糖）及含分支的异麦芽糖。寡糖的进一步分解在小肠黏膜刷状缘进行，刷状缘上含有α-葡萄糖苷酶、α-临界糊精酶等，最后把淀粉水解为葡萄糖（图6-2）。

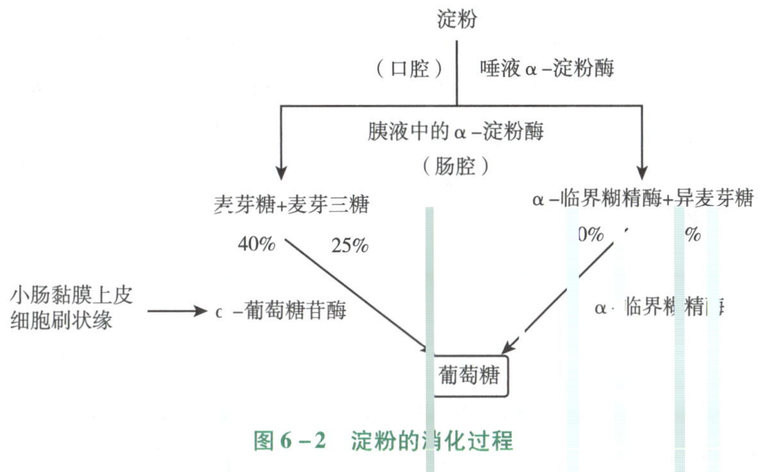

图6-2　淀粉的消化过程

淀粉消化形成的葡萄糖，可以通过主动运输的方式被吸收，小肠黏膜细胞对葡萄糖的吸收需要依赖特定载体，同时伴随 Na^+ 转运，并且需要消耗 ATP。葡萄糖吸收进入血液后，通过血液运输到全身的组织细胞进行代谢。

答案解析

即学即练 6－1

食物淀粉经消化道中各种酶作用生成葡萄糖等单糖，葡萄糖被小肠黏膜细胞吸收的主要机制是什么？

二、糖代谢

糖代谢是指葡萄糖在体内经历的一系列复杂生化反应，葡萄糖的来源主要是食物的消化和吸收，当葡萄糖浓度降低时可以通过肝糖原的分解来维持其浓度稳定，体内的一些非糖物质如乳酸、氨基酸、甘油等也可通过糖异生途径转化成葡萄糖。葡萄糖分解代谢方式在很大程度上受机体氧供应情况的影响：当氧气供应充足时，葡萄糖进行有氧氧化，彻底氧化生成 CO_2 和 H_2O；在缺氧时，主要进行无氧分解生成乳酸。葡萄糖可以通过合成糖原储存起来，也可以通过磷酸戊糖途径进行代谢，产生 5－磷酸核糖及 NADPH（图 6－3）。

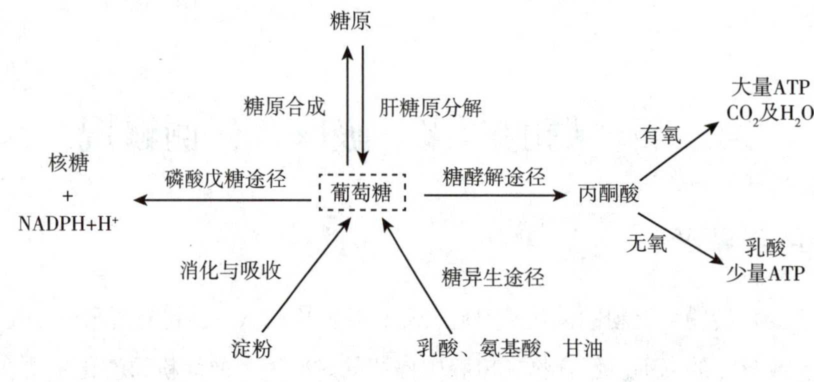

图 6－3 糖代谢概况示意图

PPT

第三节 糖的分解代谢

葡萄糖进入组织细胞后，根据机体生理需要在不同组织间进行分解代谢，按其反应条件和途径不同，分解代谢分为三条途径：糖的无氧分解（又称无氧氧化或糖酵解）、有氧氧化和磷酸戊糖途径。

一、糖的无氧分解

（一）概念与反应部位

1. 概念 机体在缺氧或者无氧条件下，葡萄糖或糖原分解产生乳酸，并释放少量能量的过程称为糖的无氧分解，该代谢过程与酵母菌的乙醇发酵过程大致相同，因此又称为糖酵解途径（glycolytic pathway）。

2. 反应部位 糖的无氧分解过程主要发生在胞液中。

（二）反应过程

1. 葡萄糖转化成葡萄糖 -6 - 磷酸（glucose -6 - phosphate，G -6 - P） 葡萄糖进入细胞，在己糖激酶或葡萄糖激酶催化下，通过 ATP 提供能量和磷酸基团，磷酸化生成葡萄糖 -6 - 磷酸，该反应为不可逆反应，消耗 1 分子 ATP。

己糖激酶（葡萄糖激酶）；ATP，Mg^{2+}，ADP

葡萄糖　　葡萄糖-6-磷酸

己糖激酶是糖酵解途径的第一个关键酶，它有 4 种同工酶，Ⅰ、Ⅱ、Ⅲ型主要存在于肝外组织，该酶可作用于多种己糖，如葡萄糖、果糖、甘露糖等，对葡萄糖有较强亲和力，Ⅳ型己糖激酶又称其为葡萄糖激酶，主要存在于肝，专一性强，只能催化葡萄糖磷酸化。

糖原进行糖酵解时，首先由糖原磷酸化酶催化糖原生成葡萄糖 -1 - 磷酸（glucose -1 - phosphate，G -1 - P），该反应不消耗 ATP。G -1 - P 在磷酸葡萄糖变位酶催化下生成 G -6 - P。

2. 葡萄糖 -6 - 磷酸转化成果糖 -6 - 磷酸（fructose -6 - phosphate，F -6 - P） 葡萄糖 -6 - 磷酸在磷酸己糖异构酶催化下生成果糖 -6 - 磷酸，该过程为可逆反应，需要 Mg^{2+} 参与。

磷酸己糖异构酶

葡萄糖-6-磷酸　　果糖-6-磷酸

3. 果糖 -6 - 磷酸转化成果糖 -1,6 - 二磷酸（fructose -1,6 - bisphosphate，F -1,6 - BP 或 FDP） 该反应为不可逆反应，需要消耗 ATP 和 Mg^{2+} 参与，由磷酸果糖激酶 -1 催化，是糖酵解途径中最重要的限速酶。此酶为变构酶，受多种代谢物的变构调节。

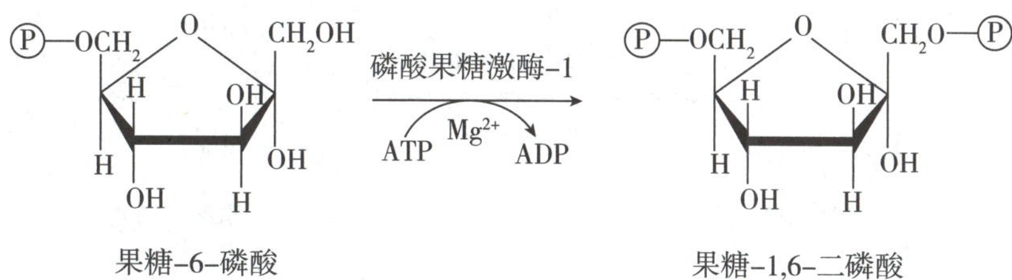

果糖-6-磷酸　　果糖-1,6-二磷酸

4. 果糖 -1,6 - 二磷酸转化成磷酸丙糖 果糖 -1,6 - 二磷酸在醛缩酶作用下裂解为 3 - 磷酸甘油醛和磷酸二羟丙酮。

醛缩酶

5. 磷酸丙糖异构化 3－磷酸甘油醛和磷酸二羟丙酮互为同分异构体，在磷酸丙糖异构酶的作用下可相互转变，随着3－磷酸甘油醛在反应中不断被消耗，磷酸二羟丙酮可迅速转变为3－磷酸甘油醛，以3－磷酸甘油醛的形式进行糖酵解后续反应。

CH_2O—Ⓟ
C＝O
CH_2OH
磷酸二羟丙酮

磷酸丙糖异构酶 ⇌

CHO
HC—OH
CH_2O—Ⓟ
3-磷酸甘油醛

6. 3－磷酸甘油醛生成1,3－二磷酸甘油酸 3－磷酸甘油醛在3－磷酸甘油醛脱氢酶催化下，脱氢生成高能磷酸化合物1,3－二磷酸甘油酸，脱下的氢由NAD^+接受，产生NADH＋H^+。这是糖酵解中唯一的氧化反应。

CHO
HC—OH ＋ NAD^+ ＋ Pi
CH_2O—Ⓟ
3-磷酸甘油醛

3-磷酸甘油醛脱氢酶 ⇌

COO～Ⓟ
HC—OH ＋ NADH ＋ H^+
CH_2O—Ⓟ
1,3-二磷酸甘油酸

7. 1,3－二磷酸甘油酸生成3－磷酸甘油酸 1,3－二磷酸甘油酸在磷酸甘油酸激酶催化下，将高能磷酸基团转移给ADP，使之生成ATP，其本身转变为3－磷酸甘油酸。这种生成ATP的方式称为底物磷酸化，该反应产生了糖酵解途径的第一分子ATP。

COO～Ⓟ
CHOH ＋ ADP
CH_2O—Ⓟ
1,3-二磷酸甘油酸

磷酸甘油酸激酶 ⇌ Mg^{2+}

COOH
CHOH ＋ ATP
CH_2O—Ⓟ
3-磷酸甘油酸

8. 3－磷酸甘油酸生成2－磷酸甘油酸 3－磷酸甘油酸在磷酸甘油酸变位酶的作用下，C_3位上的磷酸基转移到C_2位上，生成2－磷酸甘油酸。

COOH
CHOH
CH_2O—Ⓟ
3-磷酸甘油酸

磷酸甘油酸变位酶 ⇌

COOH
CHO—Ⓟ
CH_2OH
2-磷酸甘油酸

9. 2－磷酸甘油酸生成磷酸烯醇式丙酮酸（phosphoenolpyruvate，PEP） 2－磷酸甘油酸经烯醇化酶作用脱水，分子内部能量重新分布，生成高能磷酸化合物磷酸烯醇式丙酮酸。

COOH
CHO—Ⓟ
CH_2OH
3-磷酸甘油酸

烯醇化酶 ⇌

COOH
CO～Ⓟ ＋H_2O
‖
CH_2
磷酸烯醇式丙酮酸

10. 磷酸烯醇式丙酮酸生成丙酮酸 磷酸烯醇式丙酮酸由丙酮酸激酶催化，在 K^+ 和 Mg^{2+} 参与下，将高能磷酸基团转移至 ADP 生成 ATP，生成不稳定的烯醇式丙酮酸，并立即自发产生稳定的丙酮酸。该过程为糖酵解途径的第二次底物磷酸化产生 ATP 的反应，也是第三个不可逆反应，因此丙酮酸激酶是糖酵解途径的第三个关键酶。

$$\underset{\text{磷酸烯醇式丙酮酸}}{\begin{array}{l}COOH\\|\\CO\sim (P)\\\|\\CH_2\end{array}} \xrightarrow[\text{ADP}\ \curvearrowright\ \text{ATP}]{\text{丙酮酸激酶},\ Mg^{2+}} \underset{\text{烯醇式丙酮酸}}{\begin{array}{l}COOH\\|\\COH\\\|\\CH_2\end{array}} \xrightarrow{\text{自动}} \underset{\text{丙酮酸}}{\begin{array}{l}COOH\\|\\C=O\\|\\CH_3\end{array}}$$

11. 丙酮酸生成乳酸 机体在缺氧条件下，丙酮酸通过 *L*－乳酸脱氢酶的催化，由 $NADH + H^+$ 作为供氢体还原生成 *L*－乳酸。

$$\underset{\text{丙酮酸}}{\begin{array}{l}COOH\\|\\C=O\\|\\CH_3\end{array}} + NADH + H^+ \xrightleftharpoons{L\text{－乳酸脱氢酶}} \underset{L\text{－乳酸}}{\begin{array}{c}COOH\\|\\HO-C-H\\|\\CH_3\end{array}} + NAD^+$$

（三）反应特点

1. 全过程在无氧或者缺氧条件下的细胞液中进行，生成的终产物是乳酸。

2. 反应过程中只有一次氧化反应，生成 $NADH + H^+$，$NADH + H^+$ 缺氧时被氧化成 NAD^+，有氧时进入呼吸链产生能量。

3. 己糖激酶（葡萄糖激酶）、磷酸果糖激酶－1 和丙酮酸激酶催化的反应是不可逆的，是糖酵解途径的关键酶。

4. 糖酵解是不需氧的产能过程，产生能量方式为底物水平磷酸化。1 分子葡萄糖可以氧化为 2 分子丙酮酸，经过两次底物磷酸化，产生 4 分子 ATP，减去过程中消耗的 2 分子 ATP，可净产生 2 分子 ATP。从糖原开始分解，产生 G－6－P 直接进入糖酵解途径，节省 1 分子 ATP 的消耗，则净产生 3 分子 ATP。

（四）生理意义

1. 糖酵解可快速提供能量 在生理性缺氧情况下，如剧烈运动时，能量需求增加，肌肉处于相对缺氧状态，此时必须通过糖酵解获得急需的能量。在病理性缺氧情况下，如心肺疾病、呼吸受阻、严重贫血、大量失血等造成机体缺氧时，也通过加强糖酵解来满足机体的能量需求。若机体相对缺氧时间较长而导致糖酵解产物乳酸堆积，可能引起代谢性酸中毒。

2. 糖酵解是成熟红细胞的唯一供能途径 成熟的红细胞没有线粒体，不能进行有氧氧化，完全依赖糖酵解供给能量。

3. 糖酵解是某些组织生理情况下的供能途径 视网膜、睾丸、神经髓质和皮肤等少数组织即使在机体供氧充足的情况下，仍以糖酵解为主要的供能途径。神经、白细胞、骨髓等代谢极为活跃，即使不缺氧也常由糖酵解提供部分能量，肿瘤细胞也以糖酵解作为主要的供能途径，并表现出无氧酵解抑制有氧氧化的现象。

二、能量的生成、储存和利用

（一）高能化合物

生物氧化过程中所产生的能量，大约60%左右以热能的形式散失，其余能量可贮存在一些高能化合物中。在生物体内，凡是水解释放出21kJ/mol以上键能的化合物称为高能化合物。高能化合物种类很多，如ATP、CTP、GTP、UTP、1,3－二磷酸甘油酸、磷酸烯醇式丙酮酸等，其中含有高能磷酸基团（用～P来表示）的化合物称为高能磷酸化合物，以ATP最为重要。

（二）ATP的生成方式

体内ATP的生成方式有两种：底物磷酸化（substrate phosphorylation）和氧化磷酸化（oxidative phosphorylation）。

1. 底物磷酸化 代谢物由于脱氢或脱水等作用引起分子内部能量重新分配而形成高能化合物，其在酶的作用下可释放出能量使ADP磷酸化为ATP，这种生成ATP的方式称为底物磷酸化。

3-磷酸甘油醛 ⇌（3-磷酸甘油醛脱氢酶；NAD^++Pi → NADH+H^+）1,3-二磷酸甘油酸 →（磷酸甘油酸激酶；ADP → ATP）3-磷酸甘油酸

2. 氧化磷酸化 代谢物脱下的氢经呼吸链传递给氧的过程中释放出能量，使ADP磷酸化为ATP，这种呼吸链上的氧化反应与ADP磷酸化反应相偶联的作用称为氧化磷酸化。体内绝大部分ATP是通过氧化磷酸化产生的。在氧化磷酸化过程中，每消耗1/2摩尔O_2生成ATP的摩尔数（或每一对电子通过呼吸链传递给氧生成ATP的个数）称为P/O值。大量实验证明，一对电子经过NADH氧化呼吸链的传递，其P/O值为2.5，即生成2.5分子ATP；而一对电子经过$FADH_2$氧化呼吸链的传递，其P/O值为1.5，即生成1.5分子ATP（图6－4）。

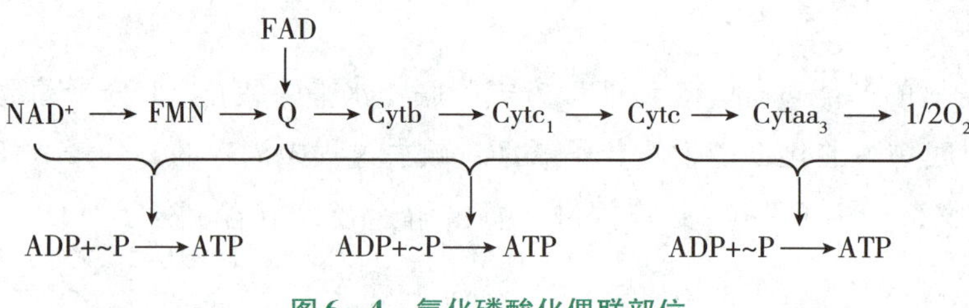

图6－4 氧化磷酸化偶联部位

氧化磷酸化依靠电子传递的有序进行以及与之相偶联的磷酸化反应正常发生，有些物质能够抑制氧化磷酸化反应，被称为氧化磷酸化反应的抑制剂。这些抑制剂分为两种：阻断剂和解偶联剂。例如粉蝶霉素A、鱼藤酮、异戊巴比妥、二巯基丙醇、抗霉素A、CO、CN^-、N_3^-、H_2S等阻断剂能够在呼吸链的某些特定部位阻断电子的传递，部分阻断剂的阻断部位（图6－5）。解偶联剂如2,4－二硝基苯酚可将呼吸链的氧化反应和磷酸化反应的偶联分割开来，使氧化反应产生的能量不用于磷酸化产生ATP，而是以热能的形式散失。

FAD ↓
NAD^+ → FMN ⫲→ Q → Cytb ⫲→ $Cytc_1$ → Cytc → $Cytaa_3$ ⫲→ $1/2O_2$

异戊巴比妥、鱼藤酮、粉蝶霉素A（FMN→Q）；抗霉素A、二巯基丙醇（Cytb→$Cytc_1$）；CN^-、N_3^-、H_2S、CO（$Cytaa_3$→$1/2O_2$）

图6－5 部分阻断剂的阻断部位

知识链接

棕色脂肪组织

人体和哺乳动物中都存在含有大量线粒体的棕色脂肪组织，该组织存在丰富的解偶联蛋白，可以通过氧化磷酸化解偶联释放热能，从而达到御寒的效果。新生儿如缺乏棕色脂肪组织，则可能会因为不能维持正常体温使皮下脂肪凝固，导致患上硬肿症。

除了抑制剂，ADP 的浓度也是影响氧化磷酸化的因素。当 ADP 浓度较高时，可促进氧化磷酸化的进行，使其速度加快；反之，则会抑制氧化磷酸化。此外，甲状腺素等也能影响氧化磷酸化的进行。

（三）生物体内能量的转换、储存和利用

生物体内能量的生成和利用都以 ATP 为中心，ATP 作为能量载体分子，在分解代谢中产生，又在合成代谢等耗能过程中利用，ATP 分子不在细胞内储存，寿命仅数分钟，在体内不断进行 ADP－ATP 的再循环，伴随着自由能的产生与利用，完成不同生命过程间能量的转换。

磷酸肌酸作为脊椎动物体内能量的储存形式，存在于需能较多的肌肉和脑组织中，ATP 充足时，通过转移末端～P 给肌酸，生成磷酸肌酸；当迅速消耗 ATP 时，磷酸肌酸可将～P 转移给 ADP 生成 ATP。

总之，生物体内能量的储存和利用都以 ATP 为中心（图 6－6）。

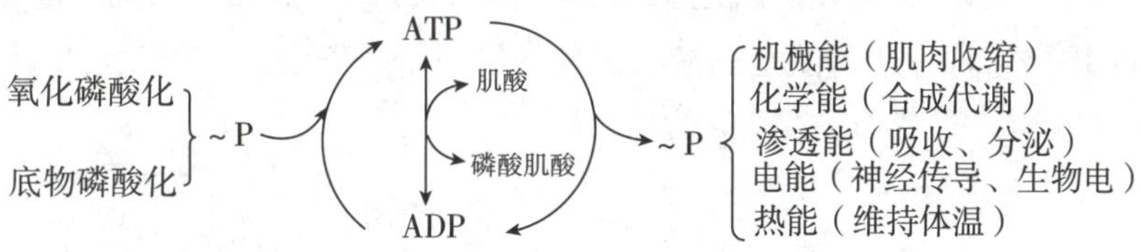

图 6－6　生物体内能量的储存和利用

（四）生物氧化中 CO_2 的生成

体内 CO_2 的生成主要由有机酸脱羧产生，根据脱羧是否伴随着脱氢分为直接脱羧和氧化脱羧两类，也可根据所脱羧基在有机酸分子中的位置，将脱羧反应分为 α－脱羧和 β－脱羧。

三、糖的有氧氧化

（一）概念与反应部位

1. 概念　糖的有氧氧化是指机体在有氧条件下，葡萄糖或糖原彻底氧化分解生成 CO_2 和 H_2O 并释放大量能量的过程。有氧氧化是糖分解代谢的主要途径，绝大多数组织细胞均通过有氧氧化获得能量。

2. 反应部位　糖的有氧氧化过程主要发生在细胞液和线粒体中。

（二）反应过程

糖有氧氧化过程可根据反应部位和反应特点分为三个阶段：①葡萄糖或糖原经糖酵解途径生成丙酮酸；②丙酮酸进入线粒体氧化脱羧生成乙酰 CoA；③乙酰 CoA 经三羧酸循环和氧化磷酸化，彻底氧化生成 CO_2、H_2O，并产生 ATP。

1. 葡萄糖或糖原生成丙酮酸　葡萄糖或糖原在胞液中经糖酵解途径转变为丙酮酸，与无氧分解不同的是 3－磷酸甘油醛脱氢产生的 $NADH + H^+$ 在有氧条件下不再还原丙酮酸使其生成为乳酸，而是经

呼吸链氧化生成水并释放能量。

2. 丙酮酸氧化脱羧生成乙酰 CoA 丙酮酸进入线粒体内，在丙酮酸脱氢酶复合体催化下，氧化脱羧生成高能化合物乙酰 CoA，该反应不可逆。丙酮酸脱氢酶复合体是糖有氧氧化的关键酶（表 6－2），存在于线粒体内，是由三种酶蛋白和五种辅助因子组成的多酶复合体，总反应式为：

$$\underset{\text{丙酮酸}}{CH_3-\overset{O}{\overset{\|}{C}}-COOH} + CoASH \xrightarrow[NAD^+ \rightarrow NADH+H^+]{\text{丙酮酸脱氢酶复合体}} \underset{\text{乙酰辅酶A}}{CH_3-\overset{O}{\overset{\|}{C}}\sim SCoA} + CO_2$$

表 6－2 丙酮酸脱氢酶复合体的组成

组成复合体的酶	辅助因子	所含的维生素
丙酮酸脱氢酶	TPP	维生素 B_1
二氢硫辛酰胺转乙酰酶	二氢硫辛酸、辅酶 A	硫辛酸、泛酸
二氢硫辛酰胺脱氢酶	FAD、NAD^+	维生素 B_2 和维生素 PP

3. 乙酰 CoA 进入三羧酸循环 三羧酸循环（tricarboxylic acid cycle，TCA cycle，TCA 循环）在线粒体内进行，是从乙酰 CoA 和草酰乙酸缩合成含有 3 个羧基的柠檬酸开始，故称为三羧酸循环、柠檬酸循环。该循环由 Krebs 正式提出，又称之为 Krebs 循环。反应过程如下：

（1）柠檬酸的生成 乙酰 CoA 和草酰乙酸由柠檬酸合酶（citrate synthase）催化，缩合成柠檬酸，所需能量由乙酰 CoA 提供。柠檬酸合酶是三羧酸循环的第一个关键酶，其催化反应不可逆。

$$\underset{\text{乙酰辅酶A}}{\begin{array}{l}CH_3\\ |\\ CO\sim SCoA\end{array}} + H_2O + \underset{\text{草酰乙酸}}{\begin{array}{l}COOH\\ |\\ C{=}O\\ |\\ CH_2\\ |\\ COOH\end{array}} \xrightarrow[\searrow CoASH]{\text{柠檬酸合酶}} \underset{\text{柠檬酸}}{\begin{array}{l}CH_2-COOH\\ |\\ HOC-COOH\\ |\\ CH_2-COOH\end{array}}$$

（2）柠檬酸异构化生成异柠檬酸 顺乌头酸酶催化柠檬酸与异柠檬酸发生异构互变，柠檬酸先脱水生成顺乌头酸，再加水生成异柠檬酸。

$$\underset{\text{柠檬酸}}{\begin{array}{l}CH_2-COOH\\ |\\ HOC-COOH\\ |\\ CH_2-COOH\end{array}} \underset{}{\overset{-H_2O}{\rightleftharpoons}} \underset{\text{顺乌头酸}}{\left[\begin{array}{l}CH_2-COOH\\ |\\ C-COOH\\ \|\\ CH-COOH\end{array}\right]} \overset{+H_2O}{\rightleftharpoons} \underset{\text{异柠檬酸}}{\begin{array}{l}CH_2-COOH\\ |\\ C-COOH\\ \|\\ CHOH-COOH\end{array}}$$

（3）异柠檬酸生成 α－酮戊二酸 异柠檬酸在异柠檬酸脱氢酶催化作用下，脱氢脱羧转变成 α－酮戊二酸，这是三羧酸循环的第一次氧化脱羧，生成 1 分子 CO_2，反应脱下的氢由 NAD^+ 接受生成 $NADH+H^+$。异柠檬酸脱氢酶是三羧酸循环的第二个关键酶，也是限速酶，受 ATP 的变构抑制，受 ADP 的变构激活。

$$\underset{\text{异柠檬酸}}{\begin{array}{l}CH_2-COOH\\ |\\ HC-COOH\\ |\\ CHOH-COOH\end{array}} \xrightarrow[NAD^+ \rightarrow NADH+H^+]{\text{异柠檬酸脱氢酶}} \underset{\alpha\text{－酮戊二酸}}{\begin{array}{l}COOH\\ |\\ (CH_2)_2\\ |\\ C{=}O\\ |\\ COOH\end{array}} + CO_2$$

（4）α-酮戊二酸生成琥珀酰CoA　α-酮戊二酸由α-酮戊二酸脱氢酶复合体催化氧化脱羧生成琥珀酰CoA，反应不可逆。该酶是三羧酸循环的第三个关键酶，其组成和催化反应过程与丙酮酸脱氢酶复合体极为相似，是三羧酸循环中第二次氧化脱羧生成CO_2的反应。

$$\underset{\alpha\text{-酮戊二酸}}{\begin{array}{c}COOH\\ |\\ (CH_2)_2\\ |\\ C{=}O\\ |\\ COOH\end{array}} + CoASH \xrightarrow[NAD^+\ \ \rightarrow\ \ NADH+H^+]{\alpha\text{-酮戊二酸脱氢酶复合体}} \underset{\text{琥珀酰辅酶A}}{\begin{array}{l}CH_2CO{\sim}SCoA\\ |\\ CH_2COOH\end{array}} + CO_2$$

（5）琥珀酸的生成　琥珀酰CoA在琥珀酰CoA合成酶催化下将高能磷酸基团转移给GDP生成GTP，再转移给ADP生成ATP。这是三羧酸循环中唯一经底物磷酸化生成的ATP。

$$\underset{\text{琥珀酰辅酶A}}{\begin{array}{l}CH_2CO{\sim}SCoA\\ |\\ CH_2COOH\end{array}} \xrightleftharpoons[GDP+Pi\ \ \rightarrow\ \ GTP]{\text{琥珀酰辅酶A合成酶}} \underset{\text{琥珀酸}}{\begin{array}{l}CH_2COOH\\ |\\ CH_2COOH\end{array}} + CoASH$$

（6）琥珀酸氧化生成延胡索酸　琥珀酸由琥珀酸脱氢酶催化，脱氢氧化生成延胡索酸（反丁烯二酸），反应脱下的氢由FAD接受，生成$FADH_2$。

$$\underset{\text{琥珀酸}}{\begin{array}{l}CH_2COOH\\ |\\ CH_2COOH\end{array}} \xrightleftharpoons[FAD\ \ \rightarrow\ \ FADH_2]{\text{琥珀酸脱氢酶}} \underset{\text{延胡索酸}}{\begin{array}{l}CHCOOH\\ \|\\ CHCOOH\end{array}}$$

（7）苹果酸的生成　延胡索酸在延胡索酸酶催化下加水生成苹果酸，该反应为可逆反应。

$$\underset{\text{延胡索酸}}{\begin{array}{l}CHCOOH\\ \|\\ CHCOOH\end{array}} + H_2O \xrightleftharpoons{\text{延胡索酸酶}} \underset{\text{苹果酸}}{\begin{array}{l}HOCHCOOH\\ |\\ CH_2COOH\end{array}}$$

（8）草酰乙酸的再生　苹果酸在苹果酸脱氢酶催化下脱氢氧化生成草酰乙酸，脱下的氢由NAD^+接受生成$NADH+H^+$，生成的草酰乙酸可进入下一轮三羧酸循环。

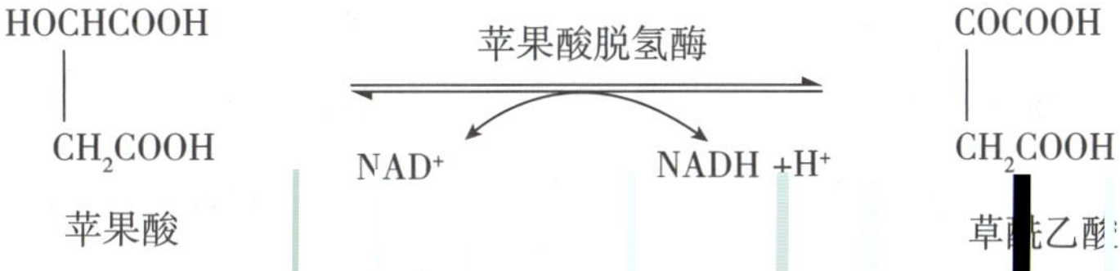

三羧酸循环反应从2个C原子的乙酰CoA与4个C原子的草酰乙酸缩合生成6个C原子的柠檬酸开始，经历两次脱羧生成2分子CO_2；经历四次脱氢反应，生成3分子$NADH+H^+$和1分子$FADH_2$；经历1次底物磷酸化反应生成1分子GTP，反应过程如图6-7。

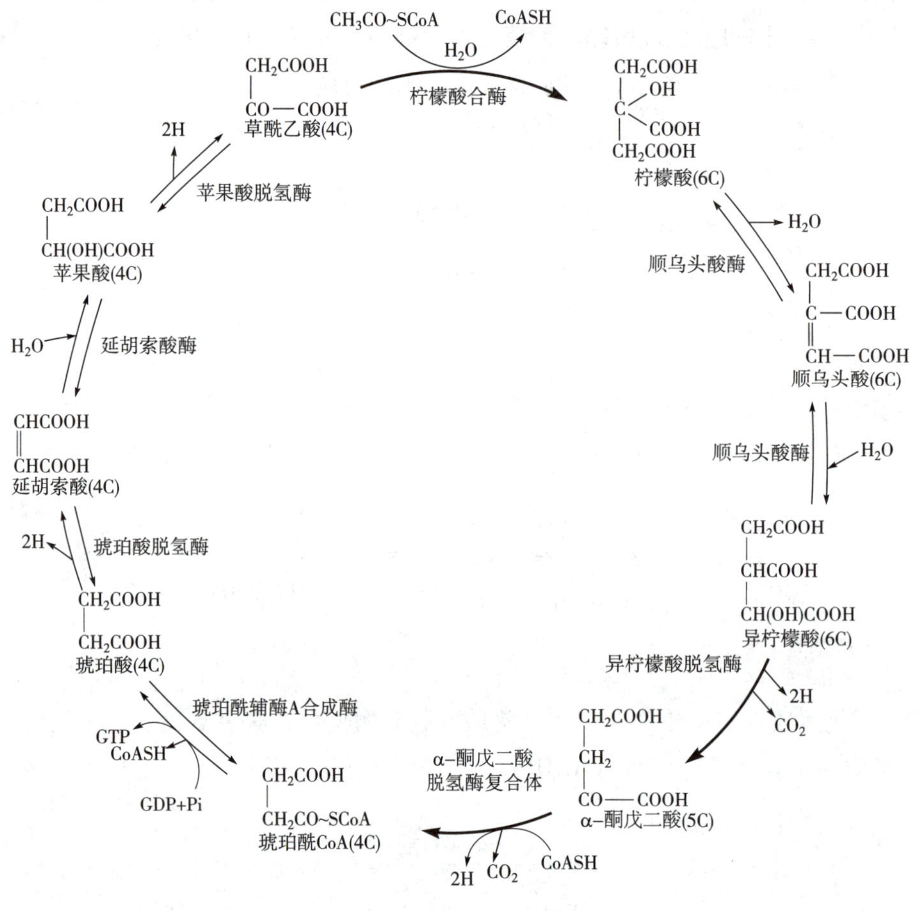

图6-7 三羧酸循环

(三) 三羧酸循环的特点

1. 三羧酸循环必须在有氧条件下进行 当机体供氧充足时，乙酰 CoA 进入三羧酸循环彻底氧化，糖的氧化分解以有氧氧化为主，而无氧分解被抑制。

2. 三羧酸循环是机体主要的产能途径 三羧酸循环经历4次脱氢反应，共生成3分子 $NADH + H^+$ 和1分子 $FADH_2$，经氧化磷酸化生成水并释放能量。每对氢经过 $FADH_2$ 氧化呼吸链传递产生1.5分子 ATP，经过 NADH 氧化呼吸链传递产生2.5分子 ATP，循环中还经历1次底物磷酸化反应生成1分子 ATP，所以1分子乙酰 CoA 经三羧酸循环彻底氧化，产生10分子 ATP。

3. 三羧酸循环是单向反应体系 三羧酸循环过程中关键酶为柠檬酸合酶、α-酮戊二酸脱氢酶复合体和异柠檬酸脱氢酶，这三种酶催化的反应是不可逆反应，决定三羧酸循环不可逆。

4. 三羧酸循环必须不断补充中间产物 机体各代谢途径相互交汇转化，三羧酸循环的中间产物常被其他代谢反应所消耗，因此必须补充被消耗的中间代谢产物，才能维持三羧酸循环的正常进行。

(四) 有氧氧化的生理意义

1. 糖的有氧氧化是机体获得能量的主要方式 1分子葡萄糖经有氧氧化可产生32（或30）分子 ATP（表6-3）；从糖原开始分解，1个葡萄糖残基进行有氧氧化，净生成33（或31）分子 ATP。

表 6-3　葡萄糖有氧氧化生成的 ATP

阶段	反应	辅助因子	ATP 数
第一阶段 糖酵解途径	葡萄糖→葡萄糖-6-磷酸		-1
	果糖-6-磷酸→果糖-1,6-二磷酸		-1
	2×3-磷酸甘油醛→2×1,3-二磷酸甘油酸	NAD^+	2×2.5（或2×1.5）*
	2×1,3-二磷酸甘油酸→2×3-磷酸甘油酸		2×1
	2×磷酸烯醇式丙酮酸→2×丙酮酸		2×1
第二阶段	2×丙酮酸→2×乙酰 CoA	NAD^+	2×2.5
第三阶段 三羧酸循环	2×异柠檬酸→2×α-酮戊二酸	NAD^+	2×2.5
	2×α-酮戊二酸→2×琥珀酰 CoA	NAD^+	2×2.5
	2×琥珀酰 CoA→2×琥珀酸		2×1
	2×琥珀酸→2×延胡索酸	FAD	2×1.5
	2×苹果酸→2×草酰乙酸	NAD^+	2×2.5
合计	净生成 ATP 数		32（或30）

2. 三羧酸循环是体内营养物质彻底氧化分解的共同途径　糖、脂肪、蛋白质各自分解后均可生成乙酰 CoA，进入三羧酸循环和氧化磷酸化彻底氧化生成 CO_2、H_2O，并释放出大量 ATP。

3. 三羧酸循环是体内物质代谢相互联系的枢纽　糖、脂肪和氨基酸均可转变为三羧酸循环的中间产物，通过三羧酸循环相互转化、相互联系。乙酰 CoA 可以在胞液中合成脂肪酸；许多氨基酸的碳架是三羧酸循环的中间产物，如草酰乙酸和α-酮戊二酸通过转氨基反应合成天冬氨酸、谷氨酸等一些非必需氨基酸。

四、磷酸戊糖途径

（一）概念与反应部位

1. 概念　磷酸戊糖途径是以葡萄糖-6-磷酸为起始物，生成具有重要生理功能的5-磷酸核糖和 NADPH 的过程。

2. 反应部位　主要在肝、脂肪组织等组织细胞的胞液中进行。

（二）反应过程

磷酸戊糖途径可划分为两个阶段，第一阶段是不可逆的脱氢（氧化）反应，生成磷酸戊糖、NADPH和 CO_2；第二阶段是可逆的非氧化反应，包括一系列的基团转移反应，生成糖酵解的中间产物。

1. 葡萄糖-6-磷酸氧化生成磷酸戊糖　经葡萄糖-6-磷酸脱氢酶催化，葡萄糖-6-磷酸加水脱氢生成6-磷酸葡萄糖酸，再由6-磷酸葡萄糖酸脱氢酶催化发生氧化脱羧生成5-磷酸核酮糖，后者异构化生成5-磷酸核糖，也可在差向异构酶催化下转化成5-磷酸木酮糖。1分子葡萄糖-6-磷酸生成5-磷酸核糖经历2次脱氢反应生成2分子 $NADPH+H^+$，1次脱羧反应生成1分子 CO_2，葡萄糖-6-磷酸脱氢酶是该途径的限速酶。

知识链接

葡萄糖－6－磷酸脱氢酶与蚕豆病

先天性缺乏葡萄糖－6－磷酸脱氢酶的人在进食蚕豆或服用氯喹、磺胺等药物后，易发生溶血性黄疸及贫血，临床上称之为蚕豆病。该病主要是由于遗传性缺乏葡萄糖－6－磷酸脱氢酶，导致机体不能经磷酸戊糖途径得到充足的NADPH来维持还原型谷胱甘肽的正常含量，造成红细胞膜易于损伤或破裂，产生溶血性黄疸及贫血。

2. 基团转移反应 此阶段在各单糖之间进行可逆的基团移换反应，经历了多种变化形式，最终生成果糖－6－磷酸和3－磷酸甘油醛汇入糖酵解途径进行代谢，因此磷酸戊糖途径又称为磷酸己糖旁路。磷酸戊糖途径全过程（图6－8）。

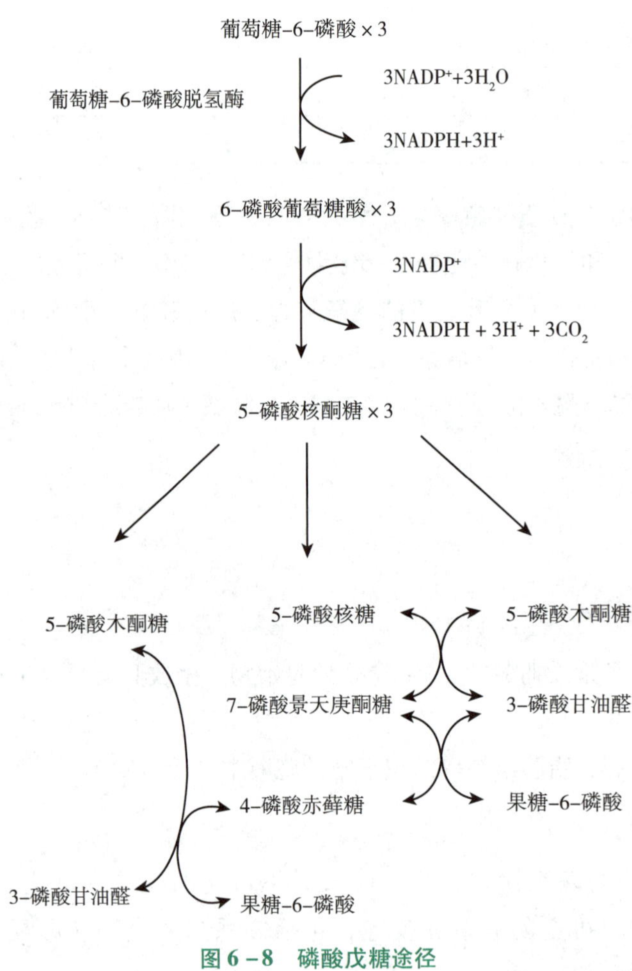

图6－8 磷酸戊糖途径

（三）磷酸戊糖途径的生理意义

1. 提供磷酸核糖 磷酸戊糖途径是葡萄糖在体内生成5－磷酸核糖的唯一途径。5－磷酸核糖是合成核苷酸及其衍生物的重要原料，故该途径在更新旺盛的组织、受伤后修复再生的组织中代谢都比较活跃。

2. 提供NADPH作为供氢体 NADPH作为供氢体参与体内多种物质如脂肪酸、胆固醇、类固醇激素等生物合成的加氢反应；还参与体内的羟化反应，与药物、毒物及激素的生物转化作用有关；是谷胱

甘肽（GSH）还原酶的辅酶，维持体内还原性谷胱甘肽的正常含量，还原型谷胱甘肽是体内重要的抗氧化剂，可保护一些含巯基（—SH）的蛋白质和酶类免受氧化剂的破坏。

答案解析

即学即练 6－2

磷酸戊糖途径产生的主要产物 5－磷酸核糖及 NADPH 可以参与合成体内哪些重要物质？

五、糖分解作用的调节

（一）糖无氧分解的调节

糖无氧分解是体内葡萄糖分解供能的一条重要途径，己糖激酶、磷酸果糖激酶－1 和丙酮酸激酶催化的三步不可逆反应是该途径重要调节点，受激素、代谢物、能荷三方面的调节。

1. 激素调节　胰岛素可诱导糖酵解途径中三个关键酶的合成，提高催化活性，促使无氧分解代谢加强。

2. 代谢物调节　磷酸果糖激酶－1 的活性调节是糖酵解途径中最重要的调节点，受多种变构效应剂影响。ATP、长链脂肪酸、柠檬酸等是该酶的变构抑制剂，而 AMP、ADP、果糖－1,6－二磷酸和果糖－2,6－二磷酸等则是变构激活剂。

3. 能荷调节　调节糖酵解的速率是为了适应组织细胞对能量的需求。耗能多时，细胞内 ATP/AMP 比例降低，磷酸果糖激酶－1 和丙酮酸激酶均被激活，加速葡萄糖的分解；反之，细胞内 ATP 储备丰富，无氧分解的葡萄糖较少。

（二）糖有氧氧化的调节

丙酮酸脱氢酶复合体、三羧酸循环中的柠檬酸合酶、异柠檬酸脱氢酶和 α－酮戊二酸脱氢酶复合体是糖有氧氧化过程的 4 个关键酶。

1. 丙酮酸脱氢酶复合体的调节　丙酮酸脱氢酶复合体可通过变构调节和共价修饰调节进行快速调节。该酶的产物乙酰 CoA、NADH 以及 ATP、长链脂肪酸是其变构抑制剂，而 CoASH、NAD^+、AMP 是其变构激活剂。

2. 三羧酸循环的调节　三羧酸循环的速率和流量受多种因素调控。在三个关键酶中，异柠檬酸脱氢酶和 α－酮戊二酸脱氢酶复合体是两个重要的调节点，不仅受代谢物浓度的调节，更受到细胞内能量状态影响，在 ATP/ADP（AMP）比值升高时均被反馈抑制，三羧酸循环速度减慢。ADP 是异柠檬酸脱氢酶的变构激活剂，可加速三羧酸循环进行。

（三）磷酸戊糖途径的调节

磷酸戊糖途径的代谢速度主要受细胞内 NADPH＋H^+ 需求的调节。通过调节该途径关键酶葡萄糖－6－磷酸脱氢酶的活性来进行调节，该酶受 $NADP^+$/NADPH＋H^+ 浓度的影响，高浓度的 NADPH＋H^+ 抑制该酶的活性，磷酸戊糖途径减弱，$NADP^+$ 浓度高时激活该酶，磷酸戊糖途径加强，及时补充所需的 NADPH＋H^+。

第四节　糖原的代谢

实例分析6-1

实例　患儿女，3岁，肚子较大，食欲不好，家长口述孩子4个多月没长身体。经检查发现肝肿大，肝功能异常。初步诊断为糖原累积病。

讨论　1. 糖原累积病是什么原因导致的？

2. 糖原代谢的生理意义是什么？

答案解析

一、糖原的合成

（一）概念与反应部位

1. 概念　由葡萄糖等单糖合成糖原的过程称为糖原合成。

2. 部位　整个反应过程在肝脏、肌组织细胞的胞液中进行。

（二）反应过程

1. 葡萄糖磷酸化　己糖激酶（肌组织）或葡萄糖激酶（肝脏）催化下，利用ATP供能，葡萄糖磷酸化生成葡萄糖-6-磷酸。

$$\text{葡萄糖（G）+ATP} \xrightarrow{\text{己糖激酶或葡萄糖激酶}} \text{葡萄糖-6-磷酸（G-6-P）+ADP}$$

2. 生成葡萄糖-1-磷酸　葡萄糖-6-磷酸在磷酸葡萄糖变位酶催化下，异构化生成葡萄糖-1-磷酸。

$$\text{葡萄糖-6-磷酸（G-6-P）} \xrightleftharpoons{\text{磷酸葡萄糖变位酶}} \text{葡萄糖-1-磷酸（G-1-P）}$$

3. 生成尿苷二磷酸葡萄糖（UDPG）　由尿苷二磷酸葡萄糖焦磷酸化酶催化，葡萄糖-1-磷酸与UTP作用生成尿苷二磷酸葡萄糖（UDPG）。

$$\text{葡萄糖-1-磷酸（G-1-P）+ UTP} \xrightarrow{\text{UDPG焦磷酸化酶}} \text{尿苷二磷酸葡萄糖（UDPG）+ PPi}$$

4. 合成糖原　UDPG在糖原合酶催化下，将葡萄糖基转移到糖原引物上通过α-1,4-糖苷键相连，反复进行该过程，使糖链不断延长。糖原合酶只能催化葡萄糖基以α-1,4-糖苷键连接使糖延长，不能形成分支，当糖链长度达到12~18个葡萄糖基时，需要分支酶将6~7个葡萄糖基转移到邻近糖链上，并以α-1,6-糖苷键连接形成糖原的支链（图6-9）。

$$\text{尿苷二磷酸葡萄糖（UDPG）+ 糖原引物（Gn）} \xrightarrow{\text{糖原合酶}} \text{UDP + 糖原（Gn+1）}$$

（三）糖原合成的特点

糖原合成是消耗能量过程，共消耗2分子ATP，1分子ATP用于葡萄糖磷酸化，另一分子高能键用于焦磷酸水解。糖原合酶是糖原合成的限速酶，葡萄糖-6-磷酸是其变构激活剂。

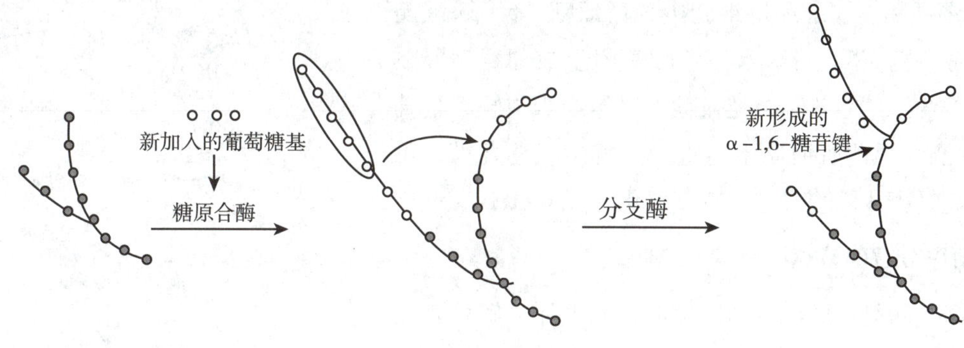

图 6-9　分支酶的作用

二、糖原的分解

（一）概念与部位

1. 概念　肝糖原分解形成葡萄糖来补充血糖的过程，称为糖原的分解。

2. 部位　在肝细胞的胞液中进行。

（二）反应过程

1. 糖原分解为葡萄糖-1-磷酸　从糖链的非还原末端开始，糖原磷酸化酶逐个催化 α-1,4-糖苷键断裂并使葡萄糖基磷酸化生成葡萄糖-1-磷酸，是糖原分解的限速酶，该酶只催化 α-1,4-糖苷键断裂，对 α-1,6-糖苷键无作用，当糖链上的葡萄糖基逐个磷酸化至分支点 4 个葡萄糖基时，由脱支酶催化分支点的葡萄糖单位水解，生成游离葡萄糖，在磷酸化酶和脱支酶的协同和反复作用下，继续分解产生葡萄糖（图 6-10）。

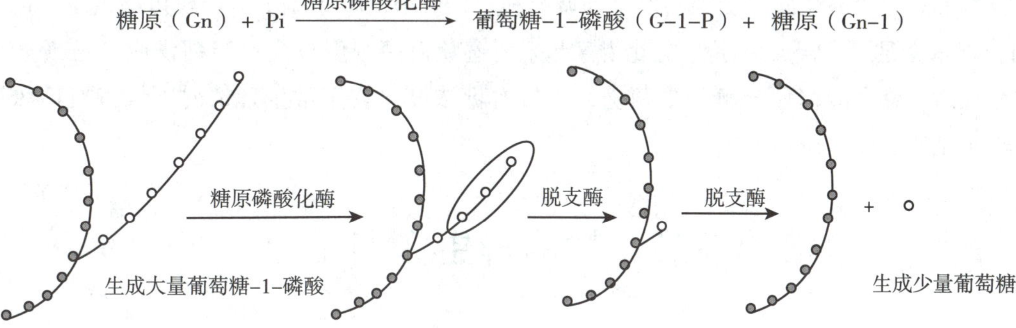

图 6-10　脱支酶作用

2. 葡萄糖-1-磷酸异构为葡萄糖-6-磷酸　磷酸己糖（葡萄糖）变位酶催化葡萄糖-1-磷酸变位生成葡萄糖-6-磷酸。

3. 生成葡萄糖 在肝和肾细胞中，葡萄糖-6-磷酸酶的作用下，葡萄糖-6-磷酸水解磷酸基团生成葡萄糖释放入血，只有肝糖原才能分解补充血糖。肌组织当中缺乏葡萄糖-6-磷酸酶，因此肌糖原不能直接分解生成葡萄糖，可进入糖酵解途径生成乳酸或进入有氧氧化（图6-11）。

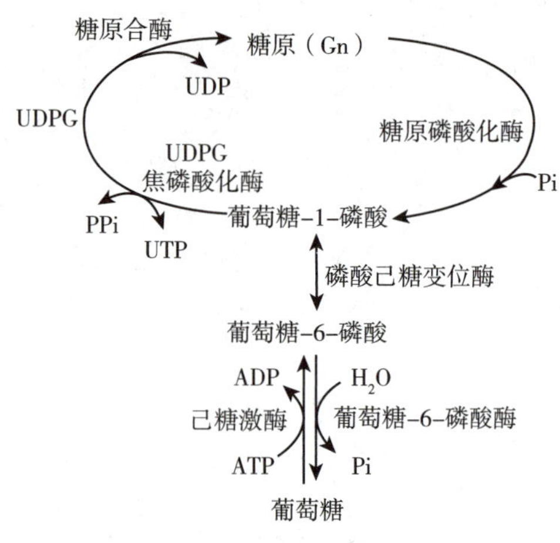

图6-11 糖原合成与分解

（三）糖原分解的特点

糖原磷酸化酶是糖原分解的限速酶；肝糖原分解可直接产生葡萄糖，但肌糖原不能直接分解产生葡萄糖，而是需要通过乳酸循环生成葡萄糖或通过糖酵解途径进入有氧氧化。当机体缺乏糖原代谢相关的酶，导致糖原不能正常合成与分解，而出现大量糖原沉积于组织产生疾病，称为糖原贮积病。缺乏酶不同，受影响的组织器官不同，患者的发病程度亦不同，如缺乏葡萄糖-6-磷酸酶，肝糖原无法分解生成葡萄糖，进而不能维持血糖水平恒定，产生严重后果，具体表现为肌肉萎缩、肌张力低下、运动障碍，严重可影响脑细胞发育，导致智力低下。

答案解析

即学即练6-3

为什么肝糖原分解可以补充血糖，而肌糖原分解不能直接供给血糖呢？

三、糖原代谢的调节及生理意义

糖原合酶和糖原磷酸化酶均受到共价修饰调节和变构调节的双重调节。当机体糖供应丰富（如进食后）和细胞能量充足时，合成糖原将能量储存起来，避免血糖浓度过高；当糖供应不足（如空腹）或能量需求增加时，储存的糖原分解为葡萄糖，维持血糖浓度，在正常生理情况下维持血糖浓度相对恒定，保证组织细胞的能量供给。

第五节 糖的异生作用 微课1

PPT

一、糖的异生作用

（一）概念和反应部位

1. 概念 由非糖物质主要包括乳酸、甘油、生糖氨基酸、丙酮酸及三羧酸循环中的有机酸转变葡萄糖或糖原的过程称为糖异生。

2. 部位 肝脏是糖异生的主要器官，长期饥饿或酸中毒时，肾脏的糖异生作用可大大加强。

（二）反应过程

1. 丙酮酸羧化支路 丙酮酸不能直接逆转为磷酸烯醇式丙酮酸，但丙酮酸可以在丙酮酸羧化酶的催化下生成草酰乙酸，然后在磷酸烯醇式丙酮酸羧激酶催化下，草酰乙酸脱羧基并从GTP获得磷酸生

成磷酸烯醇式丙酮酸，此过程称为丙酮酸羧化支路，是消耗能量的循环反应。丙酮酸羧化酶仅存在于线粒体内，胞液中的丙酮酸必须进入线粒体才能羧化成草酰乙酸，而磷酸烯醇式丙酮酸羧激酶在线粒体和胞液中都存在，因此草酰乙酸转变成磷酸烯醇式丙酮酸在线粒体和胞液中都能进行（图6－12）。

$$\underset{\text{丙酮酸}}{\begin{matrix}COOH\\|\\C{=}O\\|\\CH_3\end{matrix}} \xrightarrow[\text{ATP}+CO_2\ \curvearrowright\ \text{ADP}]{\text{丙酮酸羧化酶}} \underset{\text{草酰乙酸}}{\begin{matrix}COOH\\|\\C{=}O\\|\\CH_2COOH\end{matrix}} \xrightarrow[\text{GTP}\ \curvearrowright\ \text{GDP}+CO_2]{\text{磷酸烯醇式丙酮酸羧激酶}} \underset{\text{磷酸烯醇式丙酮酸}}{\begin{matrix}COOH\\|\\C-O\sim Ⓟ\\\|\\CH_2\end{matrix}}$$

2. 果糖－1,6－二磷酸转变为果糖－6－磷酸　由果糖二磷酸酶－1催化，果糖－1,6－二磷酸水解生成6－磷酸果糖。

$$\text{果糖-1, 6-二磷酸} \xrightarrow[H_2O\ \curvearrowright\ Pi]{\text{果糖二磷酸酶-1}} \text{果糖-6-磷酸}$$

3. 葡萄糖－6－磷酸水解生成葡萄糖　葡萄糖－6－磷酸酶催化下，葡萄糖－6－磷酸水解生成葡萄糖。

$$\text{葡萄糖-6-磷酸} \xrightarrow[H_2O\ \curvearrowright\ Pi]{\text{葡萄糖-6-磷酸酶}} \text{葡萄糖}$$

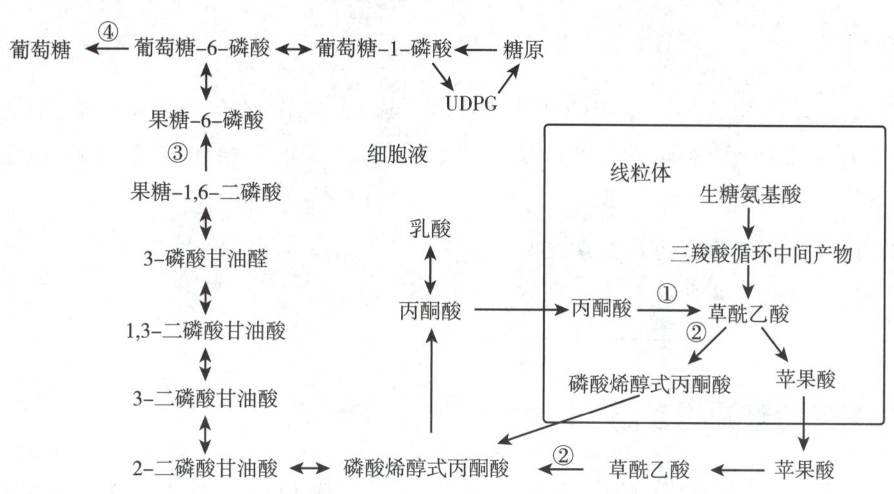

图6－12　糖异生途径

①：丙酮酸羧化酶；②：磷酸烯醇式丙酮酸羧激酶；③：果糖二磷酸酶－1；④：葡萄糖－6－磷酸酶

二、糖异生作用的调节及生理意义

糖异生与糖酵解是两条方向相反、互相制约的代谢途径，糖异生途径加速进行，糖酵解途径就会受到抑制，糖异生途径受激素调节和变构调节。激素主要通过调节关键酶的活性和原料供应，发挥调节作用，其中最主要的调节激素有肾上腺素、胰高血糖素和胰岛素。变构调节中，ATP是丙酮酸羧化酶和果糖二磷酸酶－1的变构激活剂，同时又是丙酮酸激酶和磷酸果糖激酶－1的变构抑制剂。细胞ATP含量较高时，促进糖异生途径而抑制糖酵解反应，使糖的氧化分解减弱；AMP、ADP是丙酮酸羧化酶和果糖二磷酸酶－1的变构抑制剂，同时又是丙酮酸激酶和磷酸果糖激酶－1的变构激活剂，可抑制糖异生而促进糖氧化分解。

1. 在空腹和饥饿时维持血糖浓度的相对恒定 空腹和饥饿时，靠肝糖原分解产生葡萄糖仅能维持8～12小时，以后机体完全依靠糖异生作用来维持血糖浓度恒定，从而保证脑、红细胞等重要器官能量供应。

2. 有利于乳酸的再利用 在缺氧或剧烈运动时，肌糖原酵解产生大量乳酸，乳酸通过血液运输到肝，在糖异生作用中合成肝糖原或葡萄糖，葡萄糖进入血液又可被肌肉摄取利用，形成利用乳酸的循环反应，也称Cori循环，有利于乳酸的再利用（图6－13）。

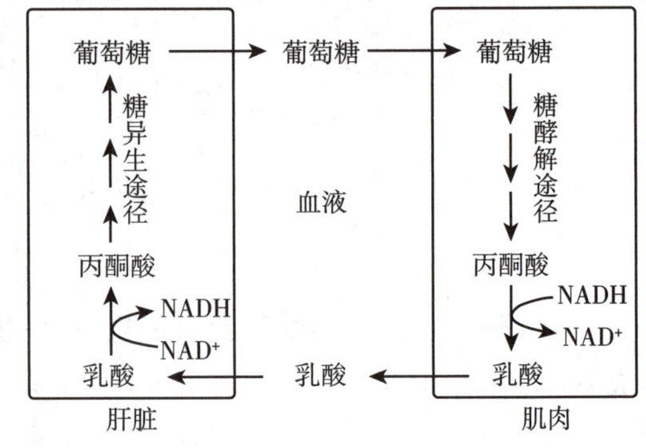

图6－13 乳酸循环

3. 调节酸碱平衡 长期饥饿时，肾脏的糖异生作用增强，可促进肾小管细胞分泌氨，使NH_3与H^+结合生成NH_4Cl排出体外，有利于维持酸碱平衡，防止酸中毒。

PPT

第六节 血 糖

实例分析6－2

实例 患者，男，57岁，4个月前开始自觉口渴、多饮，多尿，每次尿量均较多，未引起重视，近1个月来上述症状加重，并出现乏力、消瘦。血生化检查空腹血糖浓度9.0mmol/L。

讨论 1. 该患者初步诊断为什么病症？

2. 该病症的临床表现有哪些？

答案解析

一、血糖的主要来源和去路

血糖主要指的是血液中的葡萄糖，是体内糖的主要运输和利用形式。用葡萄糖氧化酶法测得18～60岁中青年空腹血糖浓度为4.4～7.0mmol/L（18岁以下，4.4～6.1mmol/L；60岁以上，7.0～9.0mmol/L）血糖浓度的相对恒定是机体对血糖的来源和去路进行精细调节，使之维持动态平衡的结果（图6－14）。

（一）血糖的来源

1. 消化吸收 食物中的糖经过消化和吸收，是血糖的主要来源。

2. 肝糖原分解 肝糖原分解是空腹血糖的直接来源。

3. 糖异生作用 糖异生作用是空腹和饥饿时血糖的重要来源，长期饥饿时，肝糖原分解不能满足维持正常血糖浓度，糖异生作用增强，继续维持血糖的正常水平。

（二）血糖的去路

1. 氧化供能　血糖的最主要去路即是通过血液运输到全身各个组织器官提供能量。

2. 合成糖原　血糖浓度升高时，可以合成肝糖原和肌糖原储存起来。

3. 转变为其他物质　血糖也可转变为脂肪及氨基酸等非糖物质。

4. 随尿液排出　血糖浓度高于肾糖域时，可以随尿液排出体外。

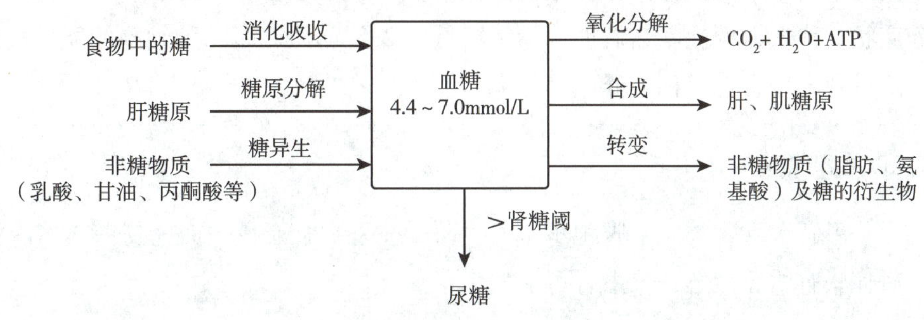

图 6－14　血糖来源与去路

二、血糖浓度的调节 微课2

1. 器官水平调节　肝脏、肾脏等器官均可调节血糖浓度，如肝脏可以通过糖原的合成、分解和糖异生作用调节血糖浓度，是调节血糖浓度的主要器官。餐后血糖浓度升高，肝细胞通过合成肝糖原来降低血糖浓度；空腹血糖浓度降低，肝脏亦可通过糖原分解来补充血糖，恢复正常血糖浓度；肝脏也可通过糖异生作用，在饥饿或禁食情况下，加强糖异生，从而维持正常血糖浓度。

2. 激素调节　调节血糖的激素主要有两大类，一类是降低血糖的激素，即胰岛素；另一类是升高血糖的激素，如肾上腺素、胰高血糖素、糖皮质激素等（表 6－4）。这两类激素的作用相互拮抗、相互制约，它们通过调节各条糖代谢途径的关键酶或限速酶的活性或含量来调节血糖浓度恒定。

表 6－4　常见激素对血糖调节

激素		调节机制
升高血糖的激素	胰高血糖素	加速脂肪分解，促进糖异生；促进肝糖原分解；抑制糖原合成；抑制糖酵解
	肾上腺素	促进肝糖原分解、糖异生、脂肪动员；抑制糖酵解
	肾上腺糖皮质激素	加速糖原分解；促进蛋白质和脂肪组织分解，为糖异生提供原料；抑制肝外组织细胞摄取利用葡萄糖
降低血糖的激素	胰岛素	促进细胞膜葡萄糖载体转运血糖进入细胞；促进糖原合成；促进糖的有氧氧化；抑制糖原分解；抑制糖异生；抑制脂肪动员

3. 神经调节　神经系统主要通过调节各种促激素或激素的分泌，影响酶活性而发挥调节作用。如机体处于静息状态时，迷走神经兴奋，使胰岛素分泌增加，使血糖水平降低，情绪激动时，交感神经兴奋，使肾上腺素分泌增加，促进肝糖原分解、肌糖原酵解和糖异生作用，进而升高血糖。

三、糖代谢紊乱

（一）低血糖

1. 生理性低血糖　生理性低血糖指的是长期饥饿或持续剧烈体力活动时，外源性糖来源阻断，内源性的肝糖原已经耗竭，糖异生作用亦减弱，易造成低血糖。

2. 病理性低血糖 ①内分泌功能异常（如垂体前叶或肾上腺皮质功能减退），使生长素或糖皮质激素等对抗胰岛素的激素分泌不足；②胰岛B细胞增生或胰岛肿瘤等可导致胰岛素分泌过多，引起低血糖；③严重肝脏疾病（如肝癌、糖原累积症等），肝功能严重低下，肝糖原的合成、分解及糖异生等糖代谢均受阻，肝脏不能及时有效地调节血糖浓度，产生低血糖。④胃癌、肿瘤等消耗性疾病亦可导致低血糖。

3. 低血糖表现 脑组织对低血糖最先出现反应，患者常表现为头晕、心悸、出冷汗、手颤、倦怠无力和饥饿感等症状，称低血糖症。当血糖含量持续低于2.5mmol/L时，脑细胞的能量极度匮乏，影响脑的正常功能，严重者出现昏迷，称为低血糖休克。

答案解析

即学即练6-4

患者，女，清晨空腹跑步时发生头晕、乏力、心悸、面色苍白、出冷汗，喝糖水后症状有明显缓解，该患者可能发生了什么情况？

（二）高血糖

1. 生理性高血糖 一次性进食或静脉输入大量葡萄糖，血糖浓度急剧增高，可引起饮食性高血糖；情绪过度激动时，交感神经兴奋，肾上腺素分泌增加，肝糖原分解为葡萄糖释放入血，使血糖升高，可出现情感性高血糖和糖尿。

2. 病理性高血糖 升高血糖的激素分泌亢进或胰岛素分泌障碍均可导致高血糖，以至出现糖尿；肾脏疾病可导致肾小管重吸收葡萄糖能力减弱而出现糖尿，称为肾性糖尿，是由肾糖阈下降引起的，血糖浓度可正常，也可升高，但糖代谢未发生紊乱。临床上最常见的高血糖症是糖尿病。

四、常用调节血糖药物

治疗糖尿病关键在于控制血糖浓度，“早防、早治”是最有成效的治疗。“早防”能使高危人士远离糖尿病，“早治”能让一半“准患者”逆转进程。“早治”包括三方面内容，除了端正理念、调整生活方式，还有根据病因和患者的个体情况进行药物治疗。降糖化学药可大致分为口服降糖药物和注射降糖药物，常用的口服降糖药物分为促胰岛素分泌剂类、二甲双胍类、α-葡萄糖苷酶抑制剂类、噻唑烷二酮衍生物、DPP-4酶抑制剂等；注射降糖药物有胰岛素及类似药物、GLP-1受体激动剂等。

实训项目

任务一 银耳多糖的制备及一般鉴定

【实训目的】

通过实训，进一步明确真菌多糖类的分离、纯化原理和一般鉴定的方法；进一步熟悉紫外分光光度计、离心机的使用；学会透析袋、纸色谱技术的正确操作。

【实训原理】

银耳是我国一种传统的珍贵药用真菌，具有滋补强壮、扶正固本之功效。银耳中含有的多糖类物质具有明显提高机体免疫功能、抗炎症和抗放射等作用。

用固体法培养获得的银耳子实体，经沸水抽提、三氯甲烷－正丁醇法除蛋白质和乙醇沉淀分离可制得银耳多糖粗品，再用CTAB（溴化十六烷基三甲胺）络合法进一步精制可得银耳多糖纯品。然后进行定性和定量测定及杂质含量测定。

【试剂和器材】

1. 试剂

（1）银耳子实体；硅藻土；活性炭；95%乙醇、无水乙醇；甲苯胺；乙醚；浓硫酸；α－萘酚；2mol/L NaCl溶液；三氯甲烷－正丁醇溶液（4∶1）。

（2）2% CTAB：取2g CTAB溶于100ml蒸馏水中，摇匀备用。

A液：将34.5g $CuSO_4$（含5分子结晶水）溶于500ml水中。

B液：将125g NaOH和137g酒石酸钾钠溶于500ml水中。临用时，将A、B两液等量混合。

2. 器材　布氏漏斗；500ml抽滤瓶；250ml分液漏斗；10ml、100ml量筒；高速离心机；250ml、500ml和1000ml烧杯；水浴锅；透析袋；滤纸；展开缸；搅拌器；真空干燥箱；风光光度计。

【实训方法和步骤】

1. 提取　将20g银耳实体和800ml水加入1000ml烧杯中，于沸水浴中加热搅拌8小时，离心去残渣（10000r/min，10分钟）。上清液用硅藻土助滤，水洗，合并滤液后与80℃水浴搅拌浓缩至糖浆状。然后加入1/4体积的三氯甲烷－正丁醇溶液摇匀，离心（10000r/min，5分钟）分层，用分液漏斗分出下层三氯甲烷和中层变性蛋白，然后，重复去蛋白质操作两次。上清液用2mol/L NaOH调至pH 7.0，加热回流用1%活性炭脱色，抽滤，滤液扎袋，流水透析48小时。透析液离心（10000r/min，5分钟），上清液于80℃水浴浓缩，加三倍量95%乙醇，搅拌均匀后，离心（10000r/min，5分钟），沉淀用无水乙醇洗涤两次，乙醚洗涤一次，真空干燥得银耳多糖粗品。

2. 纯化　取粗品1g，溶于100ml水中，溶解后离心（10000r/min，5分钟），除去不溶物，上清液加2% CTAB溶液至沉淀完全，摇匀，静置4小时。离心，沉淀用热水洗涤三次，加100ml 2mol/L NaCl溶液于60℃解离4小时，离心（10000r/min，5分钟），上清液扎袋流水透析12小时。将透析液于80℃水浴浓缩，加三倍量95%乙醇，搅拌均匀后，离心（10000r/min，5分钟），沉淀再分别用无水乙醇、乙醚洗涤，真空干燥，得银耳多糖。

3. 理化性质分析　将纯化的银耳多糖分别加入水、乙醇、丙酮、乙酸乙酯和正丁醇中，观察其溶解性。另在浓硫酸存在下观察银耳多糖与α－萘酚的作用，于界面处观察颜色变化。

4. 含量测定　多糖在浓硫酸中水解后，进一步脱水生成糖醛类衍生物，与蒽酮作用形成有色化合物，进行比色测定。另外以Folin－酚法测定银耳多糖样品中蛋白质含量，以紫外分光光度法测定样品中核酸的含量。

5. 银耳多糖纸色谱　以正丙醇－浓氨水－水（40∶60∶5）为展开剂，分别将银耳多糖粗品和精品溶于水中，使浓度成0.5%，点样于色谱滤纸上，展层后吹干，以0.5%甲苯胺乙醇溶液染色，95%乙醇漂洗。

【温馨提示】

1. 以三氯甲烷－正丁醇法去蛋白时，振摇要剧烈，以使蛋白质变性完全。由于一次无法将蛋白质去除干净，故需要反复几次。

2. 多糖样品在真空干燥前，需用有机溶剂（乙醇、丙酮、乙醚等）反复洗涤以脱水完全，否则样品颜色会加深，影响产品质量。

【实训思考】

1. 写出提取工艺流程，并思考什么是提取工艺的关键步骤。
2. 总结多糖的性质及多糖分离、纯化的原理。

任务二　血糖浓度测定（葡萄糖氧化酶法）

【实训目的】

通过实训，进一步明确血糖浓度测定的原理和测定方法；进一步熟悉半自动生化分析仪、水浴箱的使用；学会葡萄糖氧化酶法检测血糖的正确操作。

【实训原理】

葡萄糖氧化酶（glucose oxidase，GOD）可以将葡萄糖氧化为葡萄糖酸，并释放过氧化氢；过氧化物酶（peroxidase，POD）将过氧化氢分解为水和氧，同时使4－氨基安替比林和酚去氢缩合为红色醌类化合物，其颜色深浅在一定范围内与葡萄糖含量成正比，与同样处理的标准管比较，即可求得标本中葡萄糖浓度。反应式如下：

$$\text{葡萄糖} + O_2 + 2H_2O \xrightarrow{\text{GOD}} \text{葡萄糖酸内酯} + 2H_2O_2$$

$$2H_2O_2 + 4-\text{氨基安替比林} + \text{酚} \xrightarrow{\text{POD}} \text{红色醌类化合物}$$

【试剂和器材】

1. 试剂

（1）葡萄糖氧化酶法测血糖浓度试剂盒，R_1、R_2组成成分见表6－5；标准品：葡萄糖水溶液4.5mmol/L～6.5mmol/L。

表6－5　葡萄糖测定试剂盒组成成分

试剂 R_1	浓度	试剂 R_2	浓度
葡萄糖氧化酶（GOD）	>13000U/L	4－氨基安替比林	0.77mmol/L
过氧化物酶（POD）	>900U/L	pH 7.7 磷酸盐缓冲液	100mmol/L
		苯酚	11mmol/L

（2）蒸馏水。

2. 器材　试管及试管架；移液管；移液器；恒温水浴箱；半自动生化分析仪。

【实训方法和步骤】

1. 取3支16mm×10mm试管编号，加样操作见表6－6。

表6－6　葡萄糖测定试剂盒加样表

试剂（ml）	测定管	标准管	空白管
样品液	0.01	—	—
葡萄糖标准液	—	0.01	—
纯化水	—	—	0.01
酶酚混合试剂	1.5	1.5	1.5

2. 各试管混匀后置37℃恒温水浴中，保温10分钟。

3. 取出各试管，用半自动生化分析仪检测，设置检测波长为505nm，以空白管调零，分别读取标准管吸光度$A_{标准}$和测定管吸光度$A_{测定}$。

4. 结果计算

$$葡萄糖含量 = A_{测定}/A_{标准} \times 葡萄糖标准液浓度$$

参考范围：用葡萄糖氧化酶法测得18～60岁中青年空腹血糖浓度为4.4～7.0mmol/L（18岁以下，4.4～6.1mmol/L；60岁以上，7.0～9.0mmol/L）。

【温馨提示】

1. 葡萄糖氧化酶法可直接测定脑脊液葡萄糖含量，但不能直接测定尿液葡萄糖含量。因为尿液中尿酸等干扰物质浓度过高，可干扰过氧化物酶反应，造成结果假性偏低。

2. 测定标本用草酸钾－氟化钠作为抗凝剂的血浆较好。取草酸钾6g，氟化钠4g。加水溶解至100ml。吸取0.1ml到试管内，在80℃以下烤干使用，可使2～3ml血液在3～4天内不凝固并抑制糖分解。

3. 本法用血量甚微，操作中应直接加标本至试剂中，再吸试剂反复冲洗吸管，以保证结果可靠。

4. 严重黄疸、溶血及乳糜样血清应先制备无蛋白血滤液，然后进行测定。

【实训思考】

1. 血糖测定常用于哪些疾病的诊断？

2. 血糖浓度过高及过低会给人体带来哪些危害？

答案解析

一、名词解释

糖酵解　糖的有氧氧化　磷酸戊糖途径　糖异生　糖原分解　乳酸循环　血糖

二、填空题

1. 糖无氧分解在细胞的__________（部位）中进行，终产物是__________。
2. 糖酵解的关键酶是__________、__________、__________。
3. 糖的有氧氧化在细胞的__________和__________进行，终产物是__________。
4. 三羧酸循环在细胞__________内进行，每循环一次经历__________次脱氢反应，__________次脱羧反应，__________次底物水平磷酸化，关键酶为__________、__________、__________。
5. 1分子葡萄糖经无氧分解净得__________分子ATP，糖原中的1个葡萄糖残基经糖酵解可净得__________分子ATP，1分子葡萄糖经有氧氧化可净得__________分子ATP。
6. 磷酸戊糖途径在__________进行，产物是__________。
7. 糖原合成的关键酶是__________；糖原分解的关键酶是__________。
8. 肌细胞中因缺乏__________酶，故肌糖原不能直接产生葡萄糖。
9. 降低血糖的激素是__________，升高血糖的激素最重要的是__________。

三、选择题

【A 型题】

1. 糖无氧分解的特点不包括（　　）。

A. 没有氧的参与

B. 终产物是乳酸

C. 产能较少

D. 己糖激酶、磷酸甘油酸激酶和丙酮酸激酶是其关键酶

2. 1 分子葡萄糖彻底氧化生成 CO_2 和 H_2O，可净生成（　　）分子 ATP。

A. 18　　B. 24　　C. 30 或 32　　D. 36 或 38

3. 有关三羧酸循环的叙述，正确的是（　　）。

A. 循环一周可生成 4 个 NADH 和 2 个 $FADH_2$

B. 循环一周可从 GDP 生成 2 个 GTP

C. 乙酰 CoA 可异生为葡萄糖

D. 琥珀酰 CoA 是 α－酮戊二酸转变为琥珀酸时的中间化合物

4. 红细胞中还原型谷胱甘肽不足，易引起溶血，原因是缺乏（　　）。

A. 葡萄糖激酶　　B. 果糖二磷酸酶　　C. 磷酸果糖激酶　　D. 葡萄糖－6－磷酸脱氢酶

5. 合成糖原时，葡萄糖基的直接供体是（　　）。

A. CDPG　　B. UDPG　　C. 葡萄糖－1－磷酸　　D. GDPG

6. 降低血糖浓度的激素是（　　）。

A. 胰高血糖素　　B. 胰岛素　　C. 生长素　　D. 肾上腺素

7. 体内产生 NADPH 的途径是（　　）。

A. 磷酸戊糖途径　　B. 糖的有氧分解　　C. 糖的无氧分解　　D. 糖异生作用

8. 肌糖原不能补充血糖，是因为肌肉缺乏（　　）。

A. 磷酸果糖激酶－1　　B. 葡萄糖－6－磷酸脱氢酶

C. 葡萄糖激酶　　D. 葡萄糖－6－磷酸酶

9. 糖原分解的关键酶是（　　）。

A. 分支酶　　B. 脱支酶　　C. 糖原磷酸化酶　　D. 葡萄糖－6－磷酸酶

10. 18～60 岁中青年，空腹血糖正常浓度是（　　）。

A. 4.4～7.0mmol/L　　B. 4.4～6.1mmol/L

C. >9.0mmol/L　　D. 7.0～9.0mmol/L

【B 型题】

［第 11～15 题选项］

A. 葡萄糖　　B. 蔗糖　　C. 糖原　　D. 糖蛋白

E. 麦芽糖

11. 属于单糖的是（　　）。

12. 属于多糖的是（　　）。

13. 属于结合糖的是（　　）。

14. 分子中含有果糖的是（　　）。

15. 可贮存在肝脏和肌肉的是（　　）。

［第 16～20 题选项］

A. 葡萄糖－6－磷酸酶　　B. 糖原合酶

C. 己糖激酶　　D. 糖原磷酸化酶

E. 葡萄糖－6－磷酸脱氢酶

16. 糖原合成的关键酶是（　　）。

17. 糖酵解途径中的关键酶是（　　）。

18. 糖原分解的关键酶是（　　）。

19. 肌糖原不能分解为葡萄糖，主要是肌肉中缺乏（　　）。

20. 患蚕豆病所缺乏的是（　　）。

［第 21～25 题选项］

A. CO_2和 H_2O　　B. 乳酸　　C. 丙酮酸　　D. 葡萄糖

E. 1,3－二磷酸甘油酸

21. 糖无氧分解的终产物是（　　）。

22. 糖有氧氧化的终产物是（　　）。

23. 肝糖原分解的产物是（　　）。

24. 血糖的主要成分是（　　）。

25. 属于高能化合物的是（　　）。

【X 型题】

26. 糖的生理功能主要包括（　　）。

A. 为机体提供能量

B. 是体内重要的碳源

C. 是机体组织结构的组成成分

D. 形成体内重要的生理活性物质如激素、免疫球蛋白等

27. 糖无氧分解中间产物包括（　　）。

A. 葡萄糖－6－磷酸　　B. 果糖－6－磷酸　　C. 丙酮酸　　D. 3－磷酸甘油醛

28. 糖酵解的关键酶包括（　　）。

A. 己糖激酶　　B. 6－磷酸果糖激酶　　C. 丙酮酸激酶　　D. 异柠檬酸脱氢酶

29. 参与三羧酸循环反应的生化物质有（　　）。

A. 柠檬酸　　B. 草酰乙酸　　C. 琥珀酸　　D. α－酮戊二酸

30. 有氧氧化的生理意义在于（　　）。

A. 为机体提供大量的能量　　B. 三羧酸循环是体内营养物质氧化分解的共同途径

C. 三羧酸循环是体内代谢相互联系的枢纽　　D. 合成机体所需要的脂类和蛋白质

四、简答题

1. 简述糖酵解的生理意义。
2. 血糖都有哪些来源和去路呢?
3. 调节血糖的激素主要包括哪些?

书网融合……

知识回顾

微课 1

微课 2

习题

第七章 脂类的化学与脂类代谢

学习引导

1970年，两位丹麦医学家研究发现：格陵兰岛上的居民患有心脑血管疾病的人要比丹麦本土的居民少得多；无独有偶，日本北海道渔民心脑血管发病率也只有欧美发达国家的1/10。在我国，浙江舟山地区渔民血压水平较低。原来这些人的膳食以深海鱼类为主，其中富含ω-3系多不饱和脂肪酸，这就是他们保持心脑血管健康的原因之一。脂肪酸是脂类的组成成分之一，脂类代谢情况与心脑血管疾病密切相关。

本章主要介绍脂类的化学、脂类的代谢、血脂与血浆脂蛋白、脂类代谢紊乱及常用降血脂药物。

学习目标

1. **掌握** 脂类的种类与生理功能；脂肪动员及脂肪酸的氧化；酮体的生成和利用；胆固醇的转化；血浆脂蛋白的分类及功能。

2. **熟悉** 脂肪、磷脂及胆固醇的合成；血脂的组成含量与高脂蛋白血症。

3. **了解** 脂类的分布与含量；脂类的消化吸收；甘油磷脂的分解；胆固醇合成的调节；常用的脂类药物和调节血脂药物。

脂类（lipids）是广泛存在于自然界，并能被机体所利用的一类重要有机物。其化学组成和结构有很大差异，共同特征是不溶于水而易溶于有机溶剂（乙醚、氯仿、苯等）。

PPT

第一节 脂类的化学

一、脂类的种类、分布与含量

脂类包括脂酰甘油和类脂两大类。脂酰甘油包括一酰甘油（单酰甘油）、二酰甘油和三酰甘油，其中最主要的是三酰甘油（triacylglycerol）通常被称为脂肪，也称甘油三酯（triglyceride，TG）；类脂包括磷脂（phospholipid，PL）、糖脂（glycolipid，GL）、胆固醇（cholesterol，CH）及胆固醇酯（cholesteryl-ester，CE）等。

脂肪主要分布在皮下、大网膜、肠系膜及内脏周围等处的脂肪组织中，通常把这些部位称为脂库。脂肪的含量因人而异，成年男性的脂肪含量占体重的10%~20%，女性稍高一些，占体重的20%~30%。脂肪的含量受膳食、运动、疾病等因素影响变动较大，又称为可变脂。

类脂主要存在于细胞的各种膜性结构中，神经组织含量最多。其含量不受膳食和机体活动的影响，含量较恒定，约占体重的5%，又称固定脂或基本脂。

二、脂类的生物学功能 微课1

（一）脂肪的功能

1. 储能和供能 脂肪是疏水性物质，在体内储存时几乎不与水结合，所占体积较小，1g脂肪所占体积仅为1g糖原的1/4左右。而1g脂肪在体内彻底氧化所释放的能量（38.9kJ），比等量糖或蛋白质氧化释放的能量（16.7kJ）多一倍以上。正常情况下，脂肪供能占人体每天所需能量的20%～30%。空腹或饥饿时，脂肪将占主导地位，成为人体的主要能源。

2. 维持体温和保护内脏 脂肪不易导热，皮下的脂肪可防止体内热量散发，具有维持体温的作用。内脏周围的脂肪组织能减少脏器间的摩擦，缓冲机械撞击，对内脏有保护作用。

3. 提供必需脂肪酸 脂肪酸分为饱和脂肪酸（saturated fatty acid）和不饱和脂肪酸（unsaturated fatty acid）。饱和及单不饱和脂肪酸主要靠机体自身合成，但某些多不饱和脂肪酸在体内不能自行合成或合成量太少，必须从食物中摄取，又称必需脂肪酸，包括亚油酸、亚麻酸等，是维持机体生长发育和皮肤正常代谢不可或缺的。

知识链接

EPA和DHA

二十碳五烯酸（EPA）和二十二碳六烯酸（DHA）均属ω-3系多不饱和脂肪酸。EPA能降低胆固醇和三酰甘油的含量，防止动脉硬化；此外，EPA还能抑制血小板凝集，防止血栓形成以及心脑血管疾病的发生，所以被誉为“血管清道夫”。DHA具有软化血管、健脑益智、改善视力等功效，被誉为“脑黄金”。

北极格陵兰岛上的居民摄食深海鱼类，其中富含EPA和DHA，被认为是心脑血管疾病发病率最低的重要原因之一。

4. 促进脂溶性维生素的吸收 脂溶性维生素A、D、E、K不溶于水，需要在肠道内溶解在食物脂肪中，伴随脂肪消化产物一起被肠黏膜吸收。

（二）类脂的功能

1. 构成生物膜结构成分 磷脂和胆固醇是生物膜的主要结构成分，它们都是两性分子，在膜结构中磷脂占60%～70%，而胆固醇约占20%。磷脂具有极性头部和疏水性尾部，头部分别朝向细胞膜的内、外表面，而尾部朝向细胞膜内部，相互聚集自动排列构成脂质双分子的基本骨架。

2. 转变成多种重要生理活性物质 胆固醇在体内可转变成胆汁酸、类固醇激素和维生素D_3等具有重要功能的物质。磷脂分子中的花生四烯酸还是前列腺素（prostaglandin，PG）、血栓素（thromboxane，TX）及白三烯（leukotriene，LT）等生理活性物质的前体。

3. 作为第二信使参与代谢调节 细胞膜上的磷脂酰肌醇4、5位羟基被磷酸化生成磷脂酰肌醇-4,5-二磷酸（PIP_2），在激素等刺激下，PIP_2被裂解生成三磷酸肌醇（IP_3）和二酰甘油，两者均为细胞内第二信使，具有信息传递的作用。

4. 参与脂类的运输　磷脂、胆固醇及胆固醇酯是各种血浆脂蛋白的组成成分，参与脂类的运输。

三、重要脂类的化学

（一）三酰甘油

三酰甘油是由 1 分子甘油与 3 分子脂肪酸通过酯键结合而成。其结构式为：

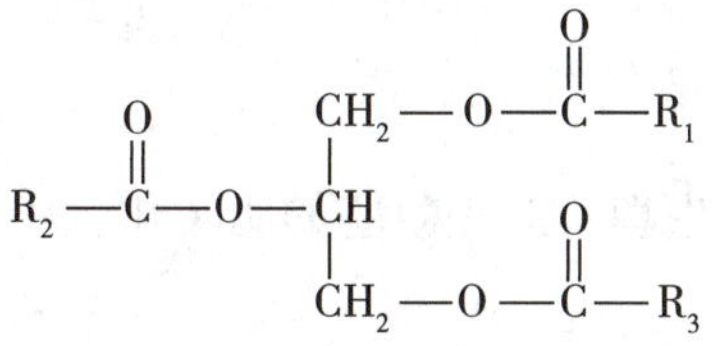

$$
\begin{array}{l}
\qquad\qquad\qquad\qquad CH_2-O-\overset{O}{\overset{\|}{C}}-R_1 \\
\qquad\qquad\qquad\qquad\ | \\
R_2-\overset{O}{\overset{\|}{C}}-O-CH \\
\qquad\qquad\qquad\qquad\ | \\
\qquad\qquad\qquad\qquad CH_2-O-\overset{O}{\overset{\|}{C}}-R_3
\end{array}
$$

三酰甘油

（二）类脂

1. 磷脂　含磷酸的脂类物质称为磷脂，包括甘油磷脂（phosphoglyceride）和鞘磷脂（sphingomyelin）两大类。甘油磷脂是体内含量最多的磷脂，由甘油、脂肪酸、磷酸及含氮化合物等组成。其结构式为：

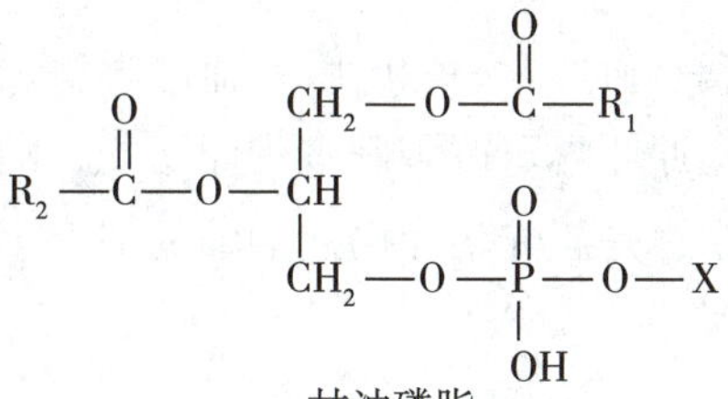

$$
\begin{array}{l}
\qquad\qquad\qquad\qquad CH_2-O-\overset{O}{\overset{\|}{C}}-R_1 \\
\qquad\qquad\qquad\qquad\ | \\
R_2-\overset{O}{\overset{\|}{C}}-O-CH \\
\qquad\qquad\qquad\qquad\ | \\
\qquad\qquad\qquad\qquad CH_2-O-\underset{OH}{\underset{|}{\overset{O}{\overset{\|}{P}}}}-O-X
\end{array}
$$

甘油磷脂

与磷酸相连的取代基团 X 不同，形成的甘油磷脂不同（表 7－1）。其中脑磷脂和卵磷脂含量最多，占组织及血液中磷脂的 75% 以上。

表 7－1　体内几种重要的甘油磷脂

X 取代基	磷脂名称
$-CH_2CH_2NH_2$	磷脂酰胆胺（脑磷脂）
$-CH_2CH_2N^+(CH_3)_3$	磷脂酰胆碱（卵磷脂）
$-CH_2CHNH_2COOH$	磷脂酰丝氨酸
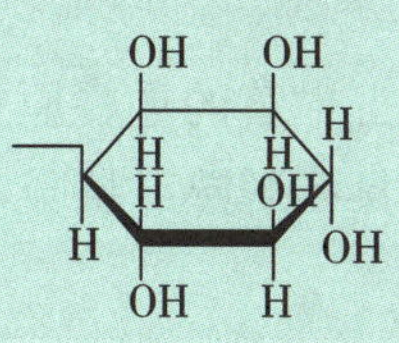 肌醇环（OH　OH　H　H　H　OH　H　OH　OH　H）	磷脂酰肌醇

2. 胆固醇　胆固醇最初是从动物胆石中分离出来，具有羟基的固体醇类化合物，是环戊烷多氢菲的衍生物。胆固醇在人体内以游离型和酯型两种形式存在，胆固醇 C_3 位上的羟基可与脂肪酸酯化形成胆固醇酯。结构如下：

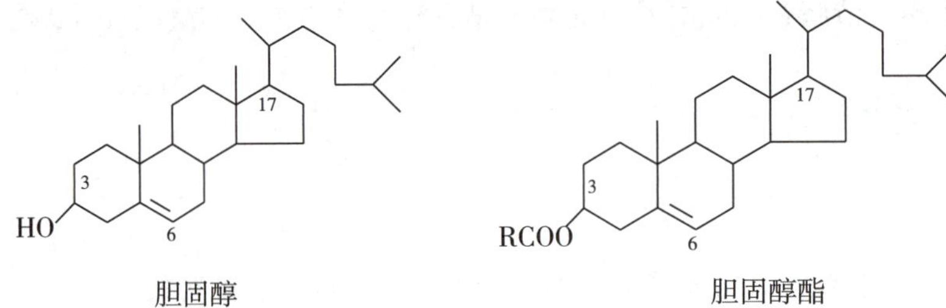

胆固醇　　　　胆固醇酯

四、脂类药物

脂类药物是一些具有重要生化、生理、药理效应的脂类化合物，主要包括胆酸、色素、磷脂、不饱和脂肪酸及固醇等。

（一）胆酸类

胆酸类药物是由肝脏产生的甾体类化合物，可乳化肠道脂肪，促进脂肪的消化吸收，同时维持肠道正常菌群的平衡，保持肠道正常功能。如胆酸钠可用于治疗胆囊炎、胆汁缺乏症及消化不良等；鹅去氧胆酸及熊去氧胆酸均有溶胆石的作用，可用于治疗胆石症；猪去氧胆酸可降低血浆胆固醇，用于治疗高脂血症，也是人工牛黄合成的原料；牛磺熊去氧胆酸有解热、消炎及溶胆石的作用。

（二）色素类

色素类药物包括胆绿素、胆红素、血红素、原卟啉、血卟啉等。胆红素有清除氧自由基的功能，用于消炎，也是人工牛黄的主要成分；原卟啉可改善肝脏代谢功能，临床上用于治疗肝炎；血卟啉及其衍生物是光敏化剂，可停留在癌细胞中，是激光治疗癌症的辅助剂。

（三）磷脂类

主要有脑磷脂和卵磷脂，两者皆有增强神经元的作用，还可以乳化脂肪、促进胆固醇的转运，临床上用于防治神经衰弱、老年性痴呆及动脉粥样硬化等；卵磷脂还可用于治疗肝炎、脂肪肝及其引起的营养不良。

（四）不饱和脂肪酸类

主要包括亚麻酸、亚油酸、DHA、EPA、PG 等。PG 具有广泛的生理功能，能使动脉血管平滑肌扩张，降低血压和抑制血小板聚集；抑制胃酸分泌，保护胃黏膜；促进卵巢平滑肌收缩引起排卵，增强子宫收缩，促进分娩。

（五）固醇类

主要包括胆固醇、麦角固醇及 β－谷固醇。胆固醇是激素、胆酸及人工牛黄的重要原料，是机体细胞膜不可缺少的成分；麦角固醇是机体生产维生素 D_2 的原料；β－谷固醇具有解热、抗炎、抗肿瘤及免疫调节等功能。

第二节　脂类的消化、吸收及代谢概况

PPT

一、脂类的消化和吸收

食物中的脂类主要为脂肪（80%～90%），此外还有少量的磷脂、胆固醇等。

（一）脂类的消化

脂类不溶于水，在小肠上段，经胆汁中的胆汁酸盐作用，乳化分散成细小的微团。胆汁酸盐是较强的乳化剂，能降低油与水相之间的界面张力，同时增加消化酶与脂类的接触面积，有利于脂类的消化吸收。在形成的水油界面上，聚集着胰腺分泌入十二指肠的消化酶，催化微团中各种脂类物质的酯键水解。

（二）脂类的吸收

脂类消化产物主要在十二指肠下段及空肠上段吸收。脂类的消化产物包括一酰甘油、脂肪酸、溶血磷脂、胆固醇，与胆汁酸乳化成更小的混合微团，这种微团极性较强，易于穿过肠黏膜表面的水屏障，被肠黏膜细胞吸收。中短链脂肪酸构成的少量三酰甘油，经胆汁酸盐乳化后被直接吸收，不经过淋巴系统，通过门静脉进入血液循环。长链脂肪酸及一酰甘油随微团吸收进入小肠黏膜细胞，在酶的催化作用下重新合成三酰甘油，并与磷脂、胆固醇及某些载脂蛋白一起形成乳糜微粒，经淋巴系统进入血液循环。

二、脂类的代谢概况

脂类被转运进入各组织细胞后，进行着合成代谢、分解代谢和互变代谢。其中，三酰甘油的代谢最为重要，其代谢概况见图 7－1。

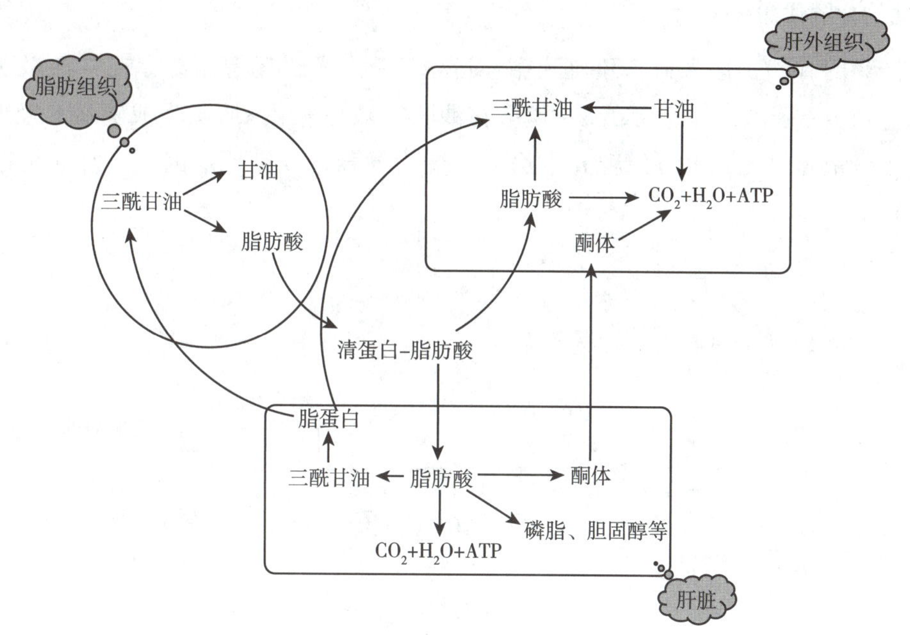

图 7－1　三酰甘油的代谢概况

第三节　脂肪的代谢

PPT

脂肪的代谢包括分解和合成两个方面。通过脂肪分解代谢，机体不仅可以获得生命活动所需的能量，还能产生许多具有重要生理功能的代谢产物。机体除了从食物中获取脂肪外，还能利用小分子物质进行自身合成，并储存在脂肪组织中。

一、脂肪的分解代谢

（一）脂肪动员

储存在脂肪细胞中的三酰甘油，在脂肪酶的催化下逐步水解为游离脂肪酸（free fatty acid，FFA）及甘油，并释放入血以供其他组织氧化利用的过程称为脂肪的动员（图7－2）。

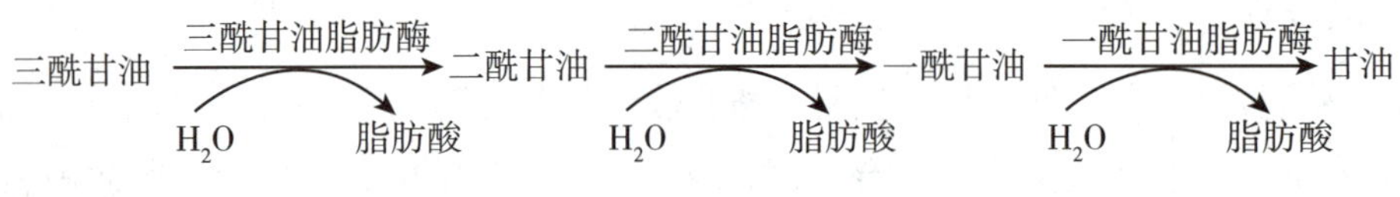

图7－2 脂肪动员的过程

三酰甘油脂肪酶是脂肪动员的限速酶，对脂肪动员起决定性作用。因其活性受多种激素的调控，又称为激素敏感性三酰甘油脂肪酶（hormone sensitive triglyceride lipase，HSL）。胰高血糖素、肾上腺素、生长激素、促甲状腺激素等能使HSL活性增强，促进脂肪的动员，称为脂解激素。而胰岛素、前列腺素E_2及烟酸等能使HSL活性降低，抑制脂肪动员，为抗脂解激素。

脂肪动员生成的游离脂肪酸和甘油，释放入血。脂肪酸不溶于水，入血后需与血浆清蛋白结合运送至全身各组织，主要由心、肝、骨骼肌等摄取。

（二）甘油的分解代谢

脂肪动员产生的甘油扩散入血，随血液循环运送至肝、肾、肠等组织，在甘油激酶催化下，由ATP提供能量生成α－磷酸甘油，再在α－磷酸甘油脱氢酶的作用下脱氢生成磷酸二羟丙酮，后者可沿糖酵解途径继续氧化供能，也可沿糖异生途径转变为葡萄糖或糖原。因此，甘油是糖异生的原料之一（图7－3）。

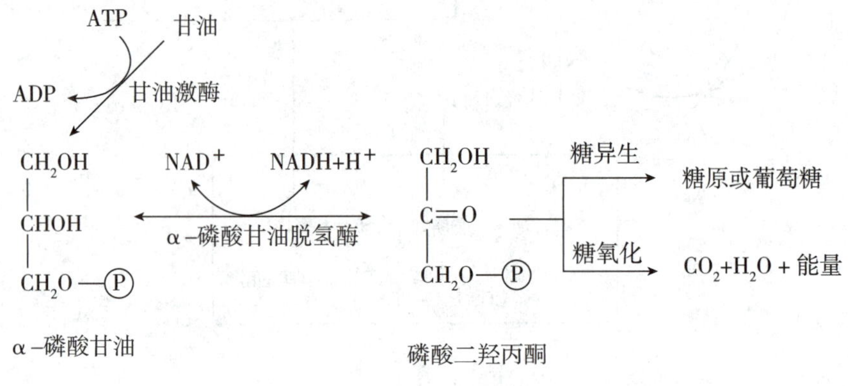

图7－3 甘油的分解代谢

（三）脂肪酸的分解代谢 微课2

脂肪酸是人体重要的能源物质，在供氧充足的情况下，脂肪酸彻底氧化分解生成CO_2和H_2O，并释放大量能量。除脑组织和成熟红细胞外，几乎所有的组织都能氧化利用脂肪酸，但以肝和肌肉组织最为活跃。脂肪酸氧化分解的过程可以分为四个阶段：脂肪酸的活化、脂酰CoA进入线粒体、脂酰CoA的β－氧化及乙酰CoA的彻底氧化。

1. 脂肪酸的活化 脂肪酸的活化在胞质中进行。活化生成的脂酰CoA分子含有高能硫酯键，这样使得脂肪酸的代谢活性明显提高。反应过程中生成的焦磷酸（PPi）立即被细胞内的焦磷酸酶水解，阻止了逆向反应的进行。因此，1 分子脂肪酸活化实际上消耗了 2 分子 ATP。

$$\underset{\text{脂肪酸}\quad\text{辅酶A}}{RCOOH+CoASH+ATP} \xrightarrow[Mg^{2+}]{\text{脂酰CoA合成酶}} \underset{\text{脂酰CoA}}{RCO\sim SCoA}+AMP+PPi$$

2. 脂酰 CoA 进入线粒体 催化脂酰 CoA 氧化的酶系存在于线粒体基质内，而长链的脂酰 CoA 不能自由通过线粒体内膜，必须借助肉碱脂酰转移酶Ⅰ、Ⅱ及肉碱 - 脂酰肉碱转位酶的作用，由肉碱作为脂酰基的载体携带，才能进入线粒体基质内进行 β - 氧化（图 7 - 4）。

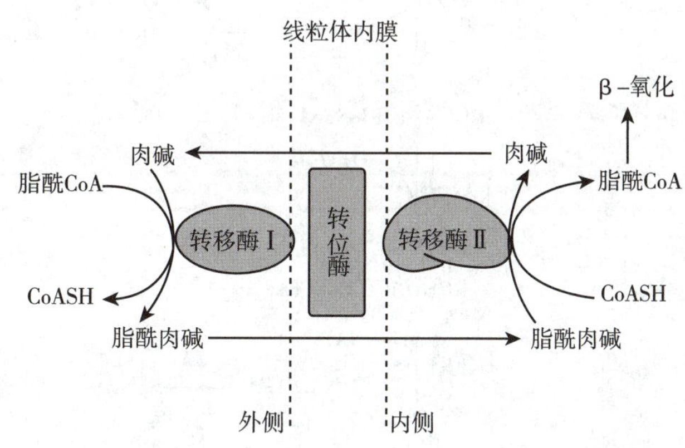

图 7 - 4 脂酰 CoA 进入线粒体

肉碱脂酰转移酶Ⅰ是脂肪酸氧化的限速酶，当饥饿、糖尿病时，体内糖利用发生障碍，肉碱脂酰转移酶Ⅰ的活性增强，脂肪酸氧化加强。而饱食后，肉碱脂酰转移酶Ⅰ的活性降低，脂肪酸氧化分解减弱。

知识链接

肉碱与减肥

肉碱又叫左旋肉碱，即 L - 3 - 羟基 - 4 - 三甲基铵丁酸，是体内自有成分，约 20g 左右。服用左旋肉碱能够减少脂肪、降低体重，但不减少水分和肌肉，其减肥的主要原理是运输脂肪到线粒体中氧化分解。但应注意的是：服用左旋肉碱减肥，必须加强运动，并控制饮食。

3. 脂酰 CoA 的 β - 氧化 脂酰 CoA 进入线粒体基质后，其氧化过程从脂酰基的 β - 碳原子开始，故称 β - 氧化。依次进行脱氢、加水、再脱氢和硫解四步反应。

（1）脱氢 脂酰 CoA 在脂酰 CoA 脱氢酶的催化下，α、β - 碳原子各脱下一个氢原子，生成 α,β - 烯脂酰 CoA。FAD 接受脱下的氢原子生成 $FADH_2$。

（2）加水 经水化酶催化，α,β - 烯脂酰 CoA 加水生成 *L* - β - 羟脂酰 CoA。

（3）再脱氢 在 *L* - β - 羟脂酰 CoA 脱氢酶的催化下，*L* - β - 羟脂酰 CoA 脱去 β - 碳原子的 2 个氢原子，生成 β - 酮脂酰 CoA。脱下的氢原子由 NAD^+ 接受，生成 $NADH + H^+$。

（4）硫解 β - 酮脂酰 CoA 在硫解酶催化下，需要一分子 CoASH 参加，碳链 α 与 β - 碳原子之间的化学键断裂，生成一分子乙酰 CoA 和少两个碳原子的脂酰 CoA。

比原来少两个碳原子的脂酰 CoA 又可再次进行脱氢、加水、再脱氢、硫解四步反应，如此反复，直到脂酰 CoA 全部氧化生成乙酰 CoA（图 7 - 5）。

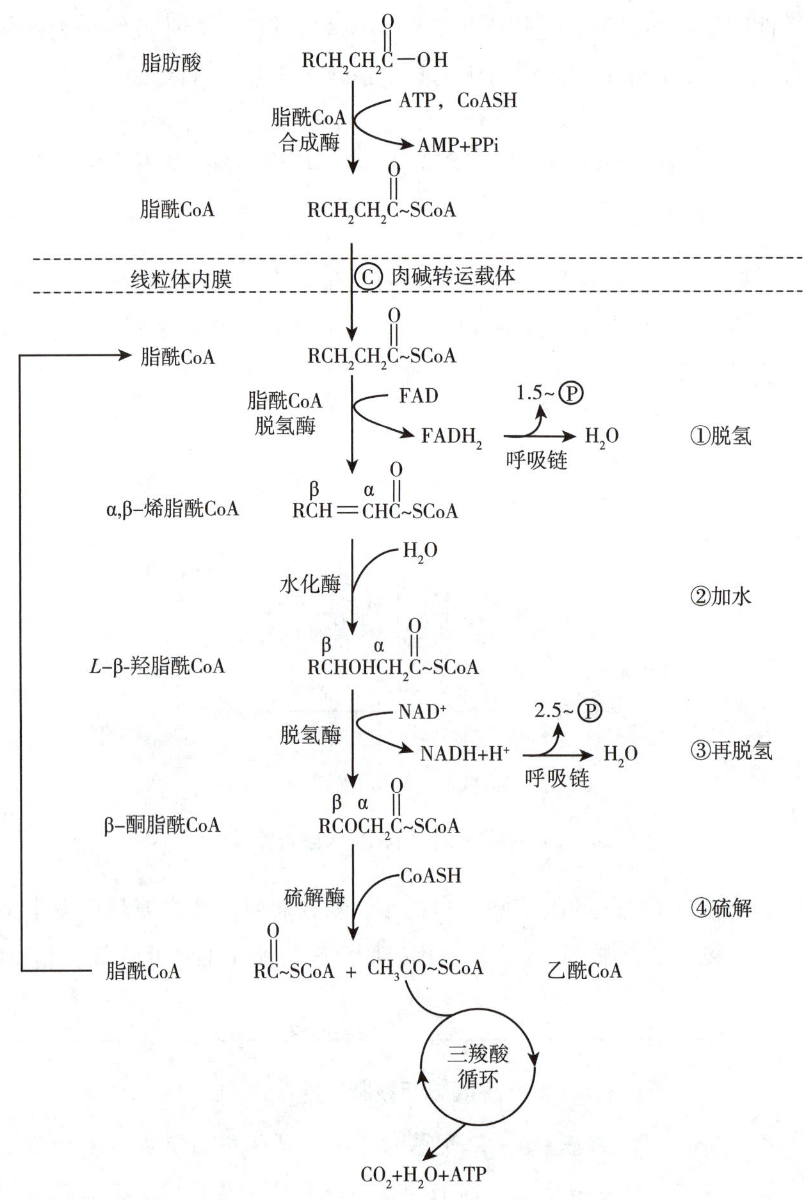

图 7–5 脂酰 CoA 的 β–氧化反应过程

4. 乙酰 CoA 的彻底氧化 脂肪酸氧化所产生的乙酰 CoA，经三羧酸循环彻底氧化生成 CO_2 和 H_2O，并释放出能量，以满足机体的需要。

现以 16 个碳原子的软脂酸为例，计算 ATP 的生成量。1 分子软脂酸活化成软脂酰 CoA，消耗 2 分子 ATP；软脂酰 CoA 经过 7 次 β–氧化，分解为 8 分子乙酰 CoA；每一次 β–氧化各生成 1 分子 $FADH_2$ 和 $NADH+H^+$，共生成 4 分子 ATP；每 1 分子乙酰 CoA 通过三羧酸循环产生 10 分子 ATP。因此 1 分子软脂酸彻底氧化净生成：$(7\times4)+(8\times10)-2=106$ 分子 ATP。

答案解析

即学即练 7–1

在心肌、骨骼肌内，1 分子硬脂酸（18 碳）彻底氧化分解能产生多少分子 ATP?

（四）酮体的生成与利用

在心肌、骨骼肌等肝外组织，脂肪酸 β－氧化生成的乙酰 CoA 直接进入三羧酸循环彻底氧化。而肝细胞产生的乙酰 CoA 大部分缩合生成酮体（ketone bodies）。酮体是脂肪酸在肝细胞氧化分解时产生的正常中间代谢产物，包括乙酰乙酸、β－羟丁酸及丙酮。其中以 β－羟丁酸最多，约占酮体总量的 70%，乙酰乙酸占 30%，而丙酮的量极微。

1. 酮体的生成 酮体是在肝细胞线粒体中合成的，合成原料为乙酰 CoA。反应步骤见图 7－6。

（1）2 分子乙酰 CoA 在乙酰乙酰 CoA 硫解酶的作用下，缩合成乙酰乙酰 CoA。

（2）在 HMG－CoA 合成酶的催化下，乙酰乙酰 CoA 再与 1 分子乙酰 CoA 缩合生成 HMG－CoA，并释放出 1 分子 CoASH。HMG－CoA 合成酶是酮体合成的关键酶。

（3）HMG－CoA 在裂解酶的催化下，生成乙酰乙酸和乙酰 CoA。乙酰乙酸在 β－羟丁酸脱氢酶的催化下还原成 β－羟丁酸，乙酰乙酸也可脱羧生成少量的丙酮。丙酮是一种挥发性物质，当血液中含有大量丙酮时可由肺排出。

肝细胞线粒体内含有各种合成酮体的酶类，生成酮体是肝特有的功能。但由于肝细胞缺乏氧化利用酮体的酶，肝生成的酮体必须透过细胞膜进入血液循环，运往肝外组织才能被利用。

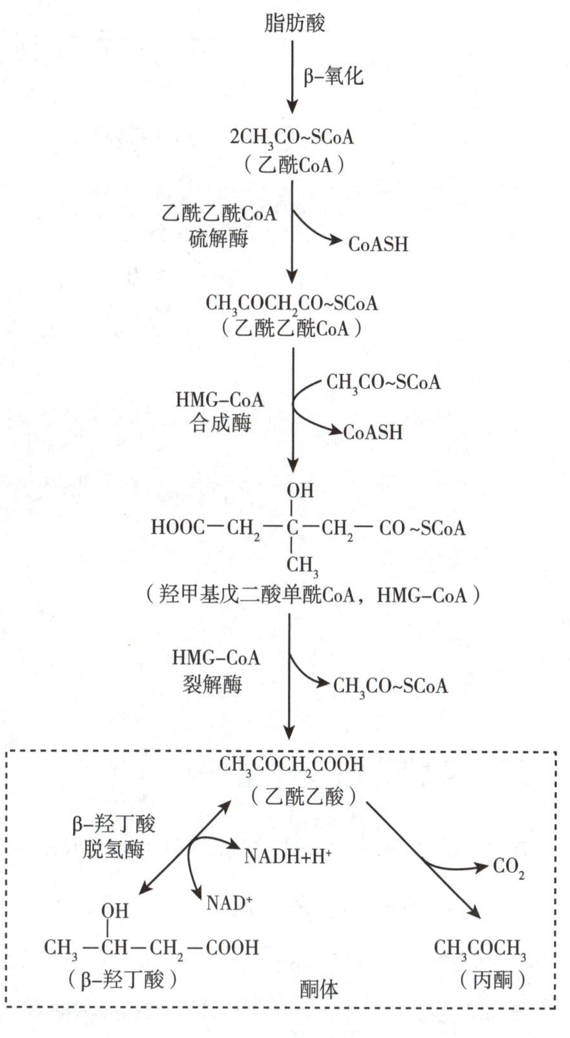

图 7－6 酮体的生成

答案解析

即学即练 7－2

肝脏产生的酮体，其成分有哪些？

A. 丙酮　　B. β－羟丁酸　　C. 乙酰乙酸　　D. 丙酮酸

2. 酮体的利用 肝外组织，特别是骨骼肌、心肌、脑及肾等组织都具有活性很强的利用酮体的酶系，可将酮体裂解成乙酰 CoA，进入三羧酸循环彻底氧化（图 7－7）。

3. 酮体代谢的生理意义 酮体是肝内脂肪酸氧化分解的一种正常中间产物，是肝输出能源的一种形式。酮体分子小，易溶于水，易于通过血－脑屏障及静止肌肉的毛细血管壁，是肌肉及脑组织的重要能源。当长期饥饿、糖供应不足时，酮体可以代替葡萄糖成为脑及肌肉组织的主要能源。

正常人血中酮体含量很低，浓度为 0.03～0.5mmol/L。但在饥饿、糖尿病及高脂低糖饮食时，脂肪动员加强，酮体生成增加。当肝中酮体的生成超过肝外组织的利用能力时，可使血中酮体升高，称为酮血症。严重者尿中出现酮体，呼气有烂苹果味（丙酮味），称为酮尿症。由于 β－羟丁酸、乙酰乙酸是酸性较强的物质，能使血液 pH 值下降，导致酮症酸中毒。

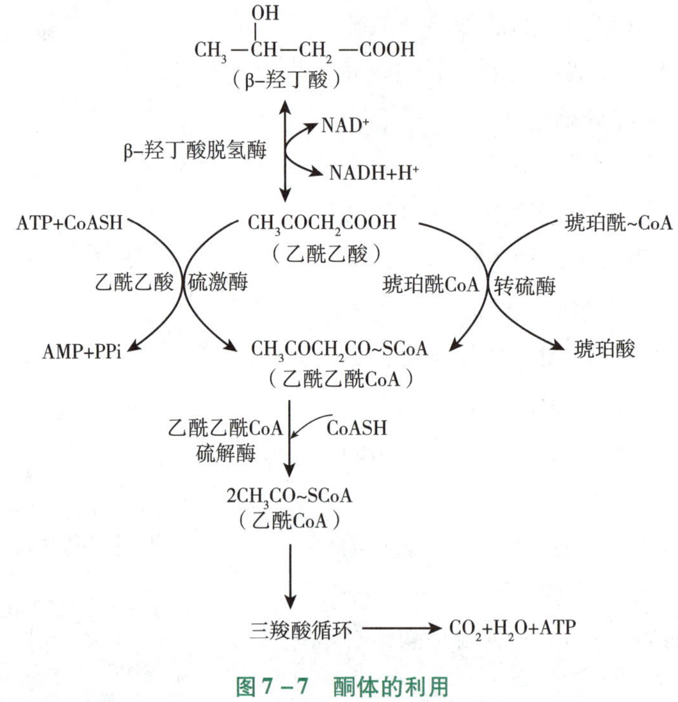

图 7－7　酮体的利用

二、脂肪的合成代谢

在体内，以 α－磷酸甘油和脂酰 CoA 为原料合成脂肪。

（一）α－磷酸甘油的合成

α－磷酸甘油的来源有两条途径：①糖酵解途径产生的磷酸二羟丙酮，还原生成 α－磷酸甘油；②在甘油激酶的催化下，消耗 ATP，甘油磷酸化生成 α－磷酸甘油（图 7－8）。

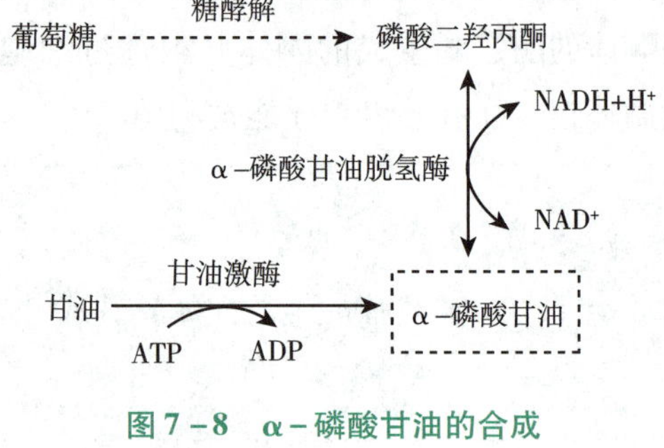

图 7－8　α－磷酸甘油的合成

（二）脂肪酸的生物合成

脂酰 CoA 来自于脂肪酸的活化。除必需脂肪酸外，脂肪酸都可以在体内合成。

1. 合成部位　在肝、肾、脑、乳腺及脂肪等组织的细胞液中，均含有脂肪酸合成酶系，但肝是合成脂肪酸的主要场所。

2. 合成原料　合成脂肪酸的原料主要是葡萄糖氧化产生的乙酰 CoA。乙酰 CoA 是在线粒体内生成的，但其必须通过柠檬酸－丙酮酸循环才能进入胞液合成脂肪酸。除乙酰 CoA 外，还需要 ATP 供能、$NADPH+H^+$ 提供氢。

3. 合成过程

（1）丙二酸单酰 CoA 的合成　在乙酰 CoA 羧化酶的催化下，由碳酸氢盐提供 CO_2，乙酰 CoA 生成丙二酸单酰 CoA。乙酰 CoA 羧化酶是脂肪酸合成的限速酶。反应式如下：

$$\underset{\text{乙酰CoA}}{CH_3CO\sim SCoA}+CO_2+ATP \xrightarrow[\text{生物素，}Mg^{2+}]{\text{乙酰CoA羧化酶}} \underset{\text{丙二酸单酰CoA}}{HOOCCH_2CO\sim SCoA}+ADP+Pi$$

（2）软脂酸的合成　在脂肪酸合成酶系催化下，1 分子乙酰 CoA 和 7 分子丙二酸单酰 CoA，由 $NADPH+H^+$ 提供氢合成软脂酸。16 碳软脂酸的生成，需经过连续 7 次的缩合、还原、脱水、再还原的重复反应，每次碳链增加 2 个碳原子。总反应式为：

$$\underset{\text{乙酰CoA}}{CH_3CO\sim SCoA} + \underset{\text{丙二酸单酰CoA}}{7HOOCCH_2CO\sim SCoA} + 14NADPH + 14H^+ \xrightarrow{\text{脂肪酸合成酶系}}$$

$$\underset{\text{软脂酸}}{CH_3(CH_2)_{14}COOH} + 7CO_2 + 6H_2O + 8CoASH + 14NADP^+$$

碳链的进一步延长或缩短在线粒体或内质网中进行。碳链的缩短在线粒体内通过 β－氧化来进行；加长过程基本是 β－氧化的逆过程，在内质网和线粒体内均可进行。

（三）脂肪的生物合成

肝、脂肪组织及小肠是合成三酰甘油的主要场所，其中以肝的合成能力最强。但肝和小肠不能储存脂肪，脂肪组织是储存的主要场所。三酰甘油合成有两种途径：

1. 一酰甘油途径　小肠黏膜细胞利用消化吸收的一酰甘油和脂肪酸再合成三酰甘油。

2. 二酰甘油途径　肝及脂肪细胞合成三酰甘油的主要途径，α－磷酸甘油和脂酰 CoA 作为合成原料，主要由葡萄糖代谢提供，反应过程如下。

$$\alpha\text{－磷酸甘油} \xrightarrow[\text{2脂酰CoA}\ \rightarrow\ \text{2CoASH}]{\text{脂酰基转移酶}} \text{磷脂酸} \xrightarrow[H_2O\ \rightarrow\ Pi]{\text{磷脂酸磷酸酶}} \text{二酰甘油} \xrightarrow[\text{脂酰CoA}\ \rightarrow\ \text{CoASH}]{\text{脂酰基转移酶}} \text{三酰甘油}$$

知识链接

脂肪肝

肝脏是合成脂肪的主要场所，但却不是储存脂肪的场所。如果肝中脂类含量超过 10%，肝内脂肪存积超过 2.5%，则为脂肪肝。形成脂肪肝常见的原因有：①肝细胞内脂肪来源过多，如长期高脂、高糖饮食；②磷脂合成原料不足，造成 VLDL 生成下降，肝内脂肪难以运出；③肝功能下降，影响 VLDL 合成和释放。临床上常用磁脂及合成原料和相关的辅助因子（叶酸、维生素 B_{12} 等）来防治脂肪肝。

PPT

第四节　类脂的代谢

一、甘油磷脂的代谢

（一）甘油磷脂的分解代谢

甘油磷脂在多种磷脂酶催化下，水解生成甘油、脂肪酸、磷酸及胆碱、胆胺（乙醇胺）等产物，磷脂酶分为 A_1、A_2、B、C、D 五种，它们能特异地作用于磷脂的不同酯键。各种磷脂酶在磷脂酰胆碱

（卵磷脂）的作用位点见图 7 - 9。其中甘油磷脂在磷脂酶 A_2 的作用下可水解 C_2 上的酯键，生成相应的溶血磷脂，它是一种较强的表面活性剂，能破坏细胞膜引起溶血或细胞坏死。

人体中磷脂酶 A_2 以酶原形式存在于胰腺组织中，当消化液返流入胰腺后将磷脂酶 A_2 激活，催化胰腺细胞中的甘油磷脂分解，并产生溶血磷脂，进一步破坏胰腺组织细胞，诱发急性胰腺炎。

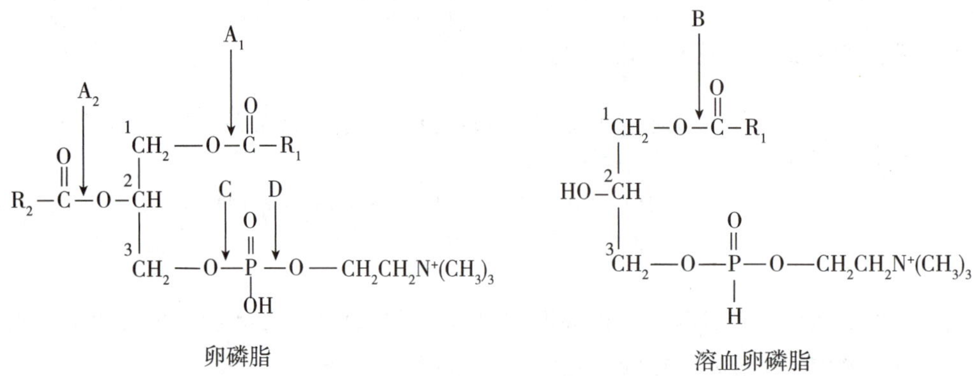

图 7 - 9　磷脂酶在卵磷脂的作用部位

（二）甘油磷脂的合成代谢

1. 合成部位　全身各组织内质网均能合成甘油磷脂，但以肝最为活跃。

2. 合成原料　合成甘油磷脂的主要原料是 α - 磷酸甘油、脂肪酸、磷酸盐、胆碱、乙醇胺、丝氨酸及肌醇等，还需要 ATP、CTP 等参加。其中 α - 磷酸甘油和脂肪酸主要来自糖代谢，但甘油磷脂第 2 位碳原子上的不饱和脂肪酸为必需脂肪酸，需由食物供给。胆碱和乙醇胺可来自于食物，也可由丝氨酸转变而来。

3. 合成过程　磷脂酰胆碱和磷脂酰乙醇胺的合成途径如下：首先是胆碱或乙醇胺在相应激酶的作用下生成磷酸胆碱或磷酸乙醇胺，然后与 CTP 作用活化生成 CDP - 胆碱、CDP - 乙醇胺，在转移酶的催化下二酰甘油分别与 CDP - 胆碱、CDP - 乙醇胺作用，合成磷脂酰胆碱和磷脂酰乙醇胺（图 7 - 10）。

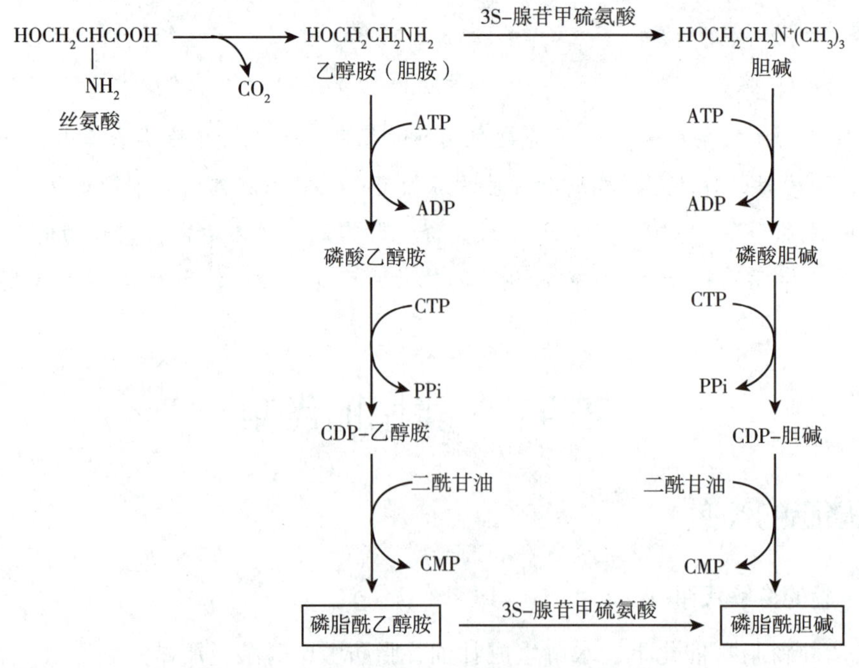

图 7 - 10　磷脂酰胆碱和磷脂酰乙醇胺的合成

二、胆固醇的代谢

正常成人体内胆固醇总量约为140g，广泛分布于各个组织，但分布极不均匀，大约1/4分布在脑和神经组织内，约占脑组织总重量的2%。

体内的胆固醇有两个来源，既可来自于食物，也可自身合成。正常人每天膳食中约含胆固醇300～500mg，主要来自动物内脏、蛋黄、奶油及肉类。

（一）胆固醇的合成

1. 合成部位 成人除脑组织和成熟的红细胞外，几乎全身各组织都可以合成胆固醇。肝脏合成能力最强，占合成总量的70%～80%，其次是小肠。胆固醇合成主要在胞浆和内质网中进行，而且合成时间有明显的昼夜节律性，午夜时合成速率最高，而中午合成最低，主要是肝HMG-CoA还原酶活性有昼夜节律性所致。

2. 合成原料 乙酰CoA是合成胆固醇的基本原料，还需要ATP供能、$NADPH+H^+$提供氢。乙酰CoA分子中的两个碳原子是合成胆固醇的唯一碳源，乙酰CoA可来自葡萄糖、脂肪酸及某些氨基酸的代谢，但主要来自糖代谢。

3. 合成基本过程 胆固醇合成过程比较复杂，有近30步酶促反应，整个过程可概括分为三个阶段。

（1）甲羟戊酸的合成 在胞液中，2分子乙酰CoA在乙酰乙酰CoA硫解酶作用下缩合成1分子乙酰乙酰CoA，在HMG-CoA合成酶催化下再结合1分子乙酰CoA，生成HMG-CoA，再由HMG-CoA还原酶催化，$NADPH+H^+$提供氢还原生成MVA（图7-11）。此过程是不可逆的，HMG-CoA还原酶是胆固醇合成的限速酶。

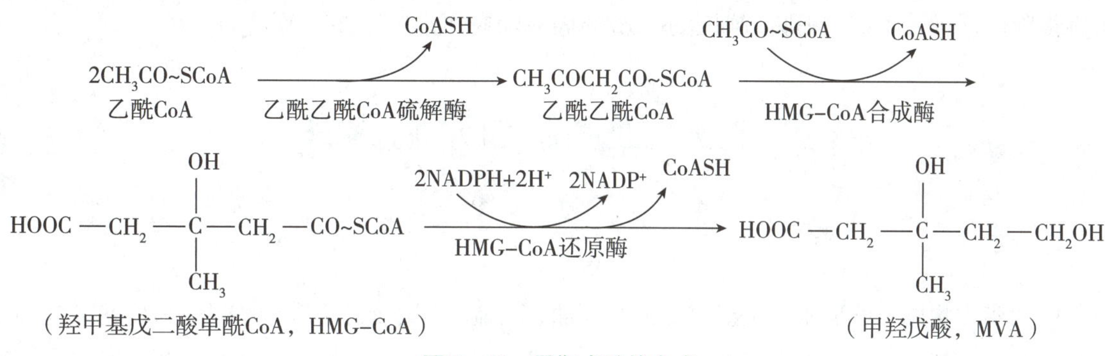

图7-11 甲羟戊酸的合成

（2）鲨烯的合成 MVA在ATP提供能量的条件下，经磷酸化、脱羧、脱羟基等反应生成五碳的异戊烯焦磷酸和二甲基丙烯焦磷酸，3分子五碳焦磷酸化合物缩合成十五碳的焦磷酸法尼酯，2分子焦磷酸法尼酯在内质网上，经缩合、还原成30碳的鲨烯。

（3）胆固醇的合成 鲨烯与胆固醇载体蛋白结合后进入内质网，经环化酶、单加氧酶等作用，环化生成羊毛固醇，后者再经氧化、脱羧、还原等多步反应，脱去3分子CO_2，生成27碳的胆固醇。

即学即练7-3

答案解析

胆固醇生物合成的限速酶是____。

A. HMG-CoA还原酶　　B. HMG-CoA合成酶

C. 乙酰乙酰CoA硫解酶　　D. 磷脂酶

4. 胆固醇合成的调节 HMG - CoA 还原酶是胆固醇合成的限速酶，各种因素对胆固醇生物合成的调节，主要通过影响此酶的活性来实现。

（1）饥饿与饱食 饥饿与禁食可使 HMG - CoA 还原酶活性降低，还可引起合成原料乙酰 CoA、ATP、NADPH + H^+ 的缺乏，胆固醇合成减少；相反，高糖、高饱和脂肪膳食后，胆固醇合成增加。

（2）反馈调节 体内胆固醇的增多，可反馈抑制 HMG - CoA 还原酶的活性，使其自身合成减少；反之，胆固醇合成增加。这种反馈调节主要存在于肝，小肠胆固醇的合成不受此调节，因此，大量进食高胆固醇食物时可使血浆胆固醇浓度升高。

（3）激素 胰高血糖素和糖皮质激素能抑制 HMG - CoA 还原酶的活性，使胆固醇合成减少；相反，胰岛素、甲状腺激素使胆固醇合成增加。甲状腺激素还可促进胆固醇向胆汁酸的转化，且转化作用强于合成，故甲状腺功能亢进的患者血清胆固醇含量反而下降。

（二）胆固醇的转化与排泄

胆固醇在体内不能彻底氧化分解，而是转变成某些重要的生理活性物质，部分可直接排泄。

1. 转变成胆汁酸 胆固醇在肝中转化成胆汁酸是其在体内的主要代谢去路，也是机体清除胆固醇的主要方式。胆汁酸随胆汁排入肠腔，可促进食物中脂类及脂溶性维生素的消化和吸收。

2. 转变成类固醇激素 胆固醇在肾上腺皮质细胞内可转变成肾上腺皮质激素；在卵巢可转变成孕酮及雌性激素；在睾丸可转变成睾酮等雄性激素。

3. 转变成维生素 D_3 人体皮肤细胞内的胆固醇经酶催化脱氢生成 7 - 脱氢胆固醇，经紫外线照射转变成维生素 D_3。

4. 胆固醇的排泄 在体内，大部分胆固醇在肝脏转变为胆汁酸，随胆汁排入肠腔。还有一部分胆固醇可直接随胆汁进入肠道，被肠道细菌还原成粪固醇随粪便排出体外。

PPT

第五节 血脂和血浆脂蛋白

一、血脂

血浆中的脂类物质统称血脂，主要包括三酰甘油、磷脂、胆固醇、胆固醇酯及游离脂肪酸。血脂仅占机体脂类极少一部分，但在一定程度上可反映体内脂类代谢状况。血脂含量不如血糖恒定，受膳食、年龄、性别、职业以及代谢等的影响，波动范围较大。正常人在清晨空腹时血脂的含量是相对恒定的（表 7 - 2），所以临床上查血脂时应在空腹 12 ~ 14 小时后进行。

表 7 - 2 正常成人空腹血脂的主要组成与含量

成分	正常参考值（mmol/L）	成分	正常参考值（mmol/L）
脂肪	0.56 ~ 1.70	游离胆固醇	1.0 ~ 1.8
总胆固醇	3.10 ~ 5.20	总磷脂	48.4 ~ 80.7
胆固醇酯	1.81 ~ 5.17	游离脂肪酸	0.195 ~ 0.805

血脂的来源有两个：一是外源性，来自于脂类食物的消化吸收；二是内源性，即通过肝、脂肪等组织合成后释放入血。血脂的去路分别是运输到组织细胞内构成生物膜、氧化供能、进入脂库储存及转变成其他物质。

二、血浆脂蛋白

脂类不溶于水，不能直接在血浆中进行转运，必须与载脂蛋白结合形成血浆脂蛋白（lipoprotein，LP）才能转运。因此，血浆脂蛋白既是脂类在血浆中的存在形式，也是脂类在血液中的运输形式。

（一）血浆脂蛋白的分类

血浆脂蛋白种类很多，通常用电泳法或超速离心法将其分类。

1. 电泳分离法　由于不同血浆脂蛋白表面所带电荷量及颗粒大小不同，在电场中有不同的电泳迁移率。按移动快慢，由正极到负极依次为α－脂蛋白、前β－脂蛋白、β－脂蛋白及乳糜微粒（图7－12）。

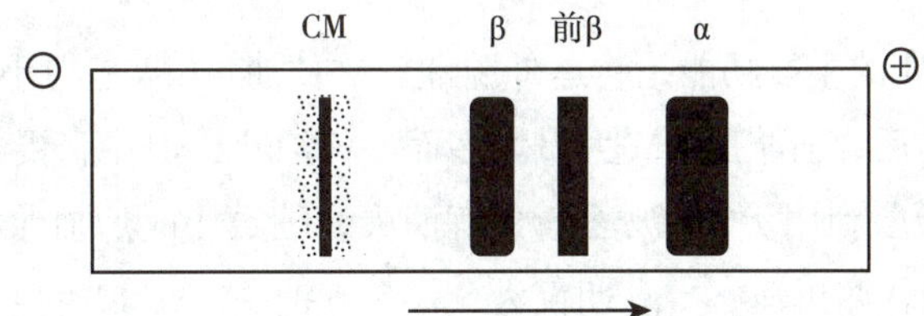

图7－12　电泳法分离血浆脂蛋白

2. 超速离心法（密度分离法）　不同脂蛋白中所含脂类和蛋白质的比例不同，密度亦各不相同。血浆置于一定密度的盐溶液中进行超速离心时，表现出不同的沉降情况，用这种方法可将血浆脂蛋白分为四类：乳糜微粒（chylomicron，CM）、极低密度脂蛋白（very low density lipoprotein，VLDL）、低密度脂蛋白（low density lipoprotein，LDL）、高密度脂蛋白（high density lipoprotein，HDL）。它们分别相当于电泳分离法中的乳糜微粒、前β－脂蛋白、β－脂蛋白和α－脂蛋白。

（二）血浆脂蛋白的结构

各种脂蛋白具有大致相似的基本结构（图7－13）。疏水性较强的三酰甘油和胆固醇酯位于脂蛋白的内核，而载脂蛋白、磷脂及游离胆固醇将其非极性疏水基团伸向微团内部，与内核的疏水脂质相结合，将其极性亲水基团朝外，伸向微团的表面并突入周围水相，从而形成水溶性较强的球形脂蛋白复合物，有效地溶解于血浆中。

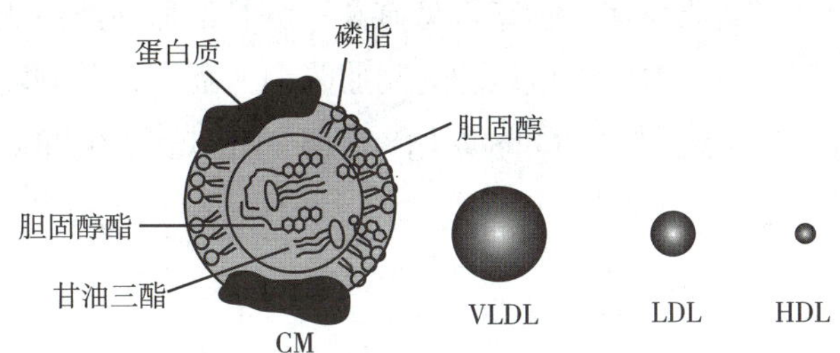

图7－13　血浆脂蛋白的分类及结构

（三）血浆脂蛋白的组成与功能

在不同的血浆脂蛋白中，各种脂类和蛋白质所占的比例和含量不同。乳糜微粒颗粒最大，含三酰甘油最多，占80%～95%，含蛋白质最少，故密度最小，血浆静止即可漂浮。VLDL也富含三酰甘油，达50%～70%，但其蛋白质含量高于CM，故密度比CM大。LDL含胆固醇及胆固醇酯最多，为45%左右，密度高于VLDL。HDL含蛋白质量最多，占45%～50%，故密度最高，颗粒最小（表7－3）。

表7－3 血浆脂蛋白组成成分及功能

		CM	VLDL	LDL	HDL
直径（nm）		80～500	25～80	20～25	6.9～9.5
密度（g/ml）		<0.95	0.95～1.006	1.006～1.063	1.063～1.210
含脂类（%）	TG	80～95	50～70	10	5
	CH	2～7	10～15	45	20
	PH	6～9	10～15	20	36
含蛋白质		最少，1%	5%～10%	20%～25%	最多，45%～50%
生成部位		小肠	肝	血浆	肝、小肠、血浆
功能		运输外源性三酰甘油	运输内源性三酰甘油	运输肝中胆固醇至肝外	运输全身各组织胆固醇至肝

1. 乳糜微粒（CM） CM的主要功能是转运外源性三酰甘油。CM是在小肠黏膜上皮细胞合成的，经淋巴进入血液。进食大量脂肪后，血浆因CM大量增多而呈浑浊状，但在脂蛋白脂肪酶（LPL）的催化下，释放出甘油和脂肪酸供组织摄取利用。CM被逐渐分解消失，故数小时后血浆变澄清，这种现象称为脂肪的廓清。正常人CM在血浆中代谢迅速，半衰期仅为5～15分钟，空腹12～14小时后血浆中不含CM。

2. 极低密度脂蛋白（VLDL） VLDL的主要功能是运输内源性的三酰甘油。VLDL主要是由肝细胞合成和分泌，在肝细胞合成的三酰甘油与载脂蛋白及磷脂、胆固醇等结合形成VLDL，经血液运送到肝外组织。VLDL在血浆中的半衰期为6～12小时，故正常成人空腹血浆含量较低。

3. 低密度脂蛋白（LDL） LDL的主要功能是将肝合成的内源性胆固醇转运到肝外组织。LDL主要是由VLDL在血浆中转变而来，LDL是正常成人空腹血浆中的主要脂蛋白，约占脂蛋白总量的2/3。LDL含有丰富的胆固醇及胆固醇酯，血浆LDL增高，易诱发动脉粥样硬化。

4. 高密度脂蛋白（HDL） HDL主要由肝脏合成，小肠黏膜上皮细胞也可合成，正常人空腹血浆中HDL含量约占脂蛋白总量的1/3。HDL的主要功能是将肝外细胞释放的胆固醇转运到肝脏，这个过程称为胆固醇的逆向转运。这样可以防止胆固醇在血液中聚积，防止动脉粥样硬化发生，血浆HDL浓度与动脉粥样硬化的发生率呈负相关。

三、脂类代谢紊乱

血脂高于正常范围上限即为高脂血症，临床常见有高三酰甘油血症或高胆固醇血症。由于血脂在血中以脂蛋白的形式存在和运输，高脂血症也可以称为高脂蛋白血症。目前判断高脂蛋白血症一般以成人空腹12～14小时，血三酰甘油超过2.26mmol/L，总胆固醇超过6.22mmol/L，儿童胆固醇超过4.14mmol/L为标准。

实例分析

实例 患者，男，54岁，平时应酬多，饮食偏荤，基本不进行体育锻炼，肥胖，吸烟，饮酒。体检：血压150/110mmHg，血清三酰甘油5.03mmol/L，总胆固醇7.14mmol/L，HDL 0.91mmol/L（正常范围>1.04mmol/L），LDL 4.34mmol/L（正常范围<3.37mmol/L），空腹血糖5.4mmol/L。

讨论 1. 该患者可能的诊断是什么？

2. 除药物治疗外，该患者平时应注意哪些问题？

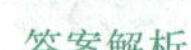

答案解析

高脂蛋白血症分为原发性和继发性两类。原发性高脂血症是指原因不明或者由遗传缺陷引起的。可有家族史，已证明与脂蛋白代谢的酶、载脂蛋白或受体等先天性缺陷有关。继发性高脂血症常继发于其他疾病如糖尿病、肾病、肝病和甲状腺功能减退，也多见于肥胖、酗酒等。

四、常用调节血脂药物

（一）他汀类

目前临床上应用的他汀类药物属于 HMG - CoA 还原酶抑制剂，有瑞舒伐他汀、洛伐他汀、普伐他汀、阿托伐他汀等。他汀类药物能抑制内源性胆固醇的合成，从而反馈性刺激细胞膜表面低密度脂蛋白 LDL 受体数量和活性增加，使血清胆固醇清除增加、水平降低。具有高效、低毒的优点。

（二）烟酸类

烟酸类药物具有广谱的调脂作用，在 HDL 降低或合并三酰甘油增高时尤为适用。烟酸及其衍生物可抑制肝脏 VLDL 的分泌，降低脂肪、胆固醇和 LDL，升高 HDL。是目前升高 HDL、全面改善血脂代谢紊乱最有效的药物。烟酸耐受性较差，其衍生物阿昔莫司耐受性较好。

（三）考来烯胺和地维烯胺

考来烯胺和地维烯胺都为碱性阴离子交换树脂，可在肠道内与富含胆固醇的胆酸螯合而从粪便排出，促使肝内胆固醇转化为胆酸。同时，由于胆酸为肠道吸收胆固醇所必需的物质，该药与肠内胆酸结合后，肠内胆酸量降低，故减少了食物中胆固醇的吸收，由此导致血中胆固醇和 LDL 降低。但此类药物的缺陷是需要大剂量用药和胃肠不良反应多。

（四）氯贝丁酯类

可用于高脂血症，其降三酰甘油作用较降胆固醇作用明显。此类药物降血脂的机制，可能涉及增加脂蛋白脂肪酶和肝脂酶的活性，使富含脂肪的脂蛋白分解代谢加强，并减少 VLDL 的分泌来调血脂。氯贝特（氯贝丁酯）是最早应用的苯氧酸衍化物，降脂作用明显，但不良反应多且严重，现已被新的同类药物吉非贝齐、非诺贝特、环丙贝特和苯扎贝特取代。

实训项目

任务　血清三酰甘油及总胆固醇含量测定

【实训目的】

通过实训，掌握酶法测定血清三酰甘油及总胆固醇的原理和方法，学会微量加样器、移液管、紫外分光光度计的正确使用方法，理解血清三酰甘油及总胆固醇测定的临床意义，并能独立分析测定结果。

【实训原理】

（一）血清三酰甘油（TG）的含量测定

在脂蛋白脂肪酶（LPL）的催化下，血清中的三酰甘油可被水解为游离脂肪酸（FFA）和甘油。在 ATP 和甘油激酶（GK）的作用下，甘油磷酸化生成 3 - 磷酸甘油，3 - 磷酸甘油在甘油磷酸氧化酶

(GPO）的催化下，生成磷酸二羟丙酮和 H_2O_2。然后在过氧化物酶（POD）催化下，H_2O_2与 4 - 氨基安替比林（4 - AAP）及 4 - 氯酚反应，生成红色的醌亚胺（Trinder 反应）。醌亚胺的最大吸收峰 500nm 左右，吸光度与标准管比较可计算出血清三酰甘油的含量，其颜色深浅与三酰甘油的含量呈正比。反应式如下：

三酰甘油 $\xrightarrow[LPL]{3H_2O \rightarrow 3FFA}$ 甘油 $\xrightarrow[GK]{ATP \rightarrow ADP}$ 3-磷酸甘油 $\xrightarrow[GPO]{O_2+2H_2O \rightarrow 磷酸二羟丙酮}$ H_2O_2 $\xrightarrow[POD]{4-AAP+4-氯酚 \rightarrow H_2O}$ 醌亚胺

（二）血清总胆固醇（TC）的含量测定

血清中总胆固醇包括胆固醇酯（CE）和游离胆固醇（FC），酯型占 2/3，游离型占 1/3。胆固醇酯被胆固醇酯酶（CEH）水解为游离胆固醇和游离脂肪酸（FFA），胆固醇在胆固醇氧化酶（COD）的作用下氧化生成胆甾烯酮和 H_2O_2。后者在过氧化物酶（POD）催化下，与 4 - 氨基安替比林（4 - AAP）及 4 - 氯酚反应，生成红色的醌亚胺。其颜色深浅与胆固醇的含量呈正比，在 500nm 波长处测定吸光度，与标准管比较可计算出血清胆固醇的含量。反应式如下：

胆固醇酯 $\xrightarrow[H_2O \rightarrow 脂肪酸]{CEH}$ 胆固醇 $\xrightarrow[O_2 \rightarrow 胆甾烯酮]{COD}$ H_2O_2 $\xrightarrow[4-AAP\ 4-氯酚 \rightarrow H_2O]{POD}$ 醌亚胺

【试剂和器材】

1. 试剂

（1）市售三酰甘油测定试剂盒（干粉型）的组成见表 7 - 4。

表 7 - 4　三酰甘油测定试剂的组成

试剂盒	试剂名称	浓度
试剂 1 液体	酚	3. 5mmol/L
	Tris 缓冲液（pH 7. 6）	150mmol/L
	亚铁氰化钾	6μmol/L
试剂 2 冻干粉	脂蛋白脂肪酶	≥3000U/L
	甘油激酶	≥200U/L
	磷酸甘油氧化酶	≥2500U/L
	过氧化物酶	≥150U/L
	4 - 氨基安替比林	0. 35mmol/L
	ATP	≥0. 15mmol/L
标准品液体（三酰甘油）	水溶性基质	1. 6mmol/L

（2）胆固醇酶混合试剂　试剂 R_1 和试剂 R_2 组成见表 7 - 5，临用前将试剂 1、2 混合。

表 7-5　胆固醇酶混合试剂的组成

试剂 R_1	浓度	试剂 R_2	浓度
胆固醇氧化酶	≥1140U/L	4-氨基安替比林	0.5mmol/L
过氧化物酶	≥6000U/L	pH 7.7 磷酸盐缓冲液	100mmol/L
胆固醇酯酶	≥1140U/L	酚	3.5mmol/L

（3）5.17mmol/L（200mg/dl）胆固醇标准液　精确称取胆固醇 200mg，用异丙醇配成 100ml 溶液，分装后 4℃保存。使用前取 4ml 移入 100ml 容量瓶中，用异丙醇稀释至刻度线。

2. 器材　试管及试管架；移液管；微量加样器；恒温水浴箱；分光光度计等。

【实训方法和步骤】

（一）血清三酰甘油的测定步骤

1. 取一定量的三酰甘油测定试剂 R_1（参看 R_2 瓶签）加入 1 瓶 R_2 中，溶解即为工作液。标准品开瓶即可使用。

2. 取试管 3 支，编号，按表 7-6 操作。

表 7-6　各管的加入量

加入物（ml）	测定管	标准管	空白管
样品液	0.04	—	—
三酰甘油标准液	—	0.04	—
纯化水	—	—	0.04
工作液	4.00	4.00	4.00

3. 上述 3 支试管分别混匀，37℃保温 10 分钟。在 500nm 波长处比色，以空白管调零，装载工作液进行校准，加载样品和标准品进行测定，读取各管吸光度。

4. 三酰甘油含量的计算

$$血清三酰甘油含量 = A_{测定}/A_{标准} \times 三酰甘油标准液浓度$$

正常参考范围 0.56～1.70mmol/L。

（二）血清总胆固醇的测定步骤

1. 取试管 3 支，编号，按表 7-7 操作。

表 7-7　各管的加入量

加入物（μl）	测定管	标准管	空白管
血清	10	—	—
胆固醇标准液	—	10	—
蒸馏水	—	—	10
胆固醇酶混合试剂	1000	1000	1000

2. 混匀后，放置在 37℃水浴中保温 10 分钟，在 500nm 波长处比色，以空白管调零，读取各管吸光度。

3. 总胆固醇含量的计算

$$血清总胆固醇含量 = A_{测定}/A_{标准} \times 胆固醇标准液浓度$$

正常参考范围3.10～5.70mmol/L。

【温馨提示】

1. 临床上血清三酰甘油增高见于原发性高脂血症、动脉粥样硬化、糖尿病、肾病综合征、糖原沉积病、脂肪肝、其他肝病也可出现增加；血清三酰甘油降低见于原发性β－脂蛋白缺乏症、甲状腺功能亢进、肾上腺皮质功能降低和严重肝功能低下。

2. 每个步骤的加样一定要准确，减少实训操作误差。比色后应尽快清洗试管和比色杯，防止染料污染沉积，影响以后的测定结果。

3. 实训过程中所产生的废液和废渣应集中处理，不可直接倒入下水道。

【实训思考】

1. 血清总胆固醇升高或降低的临床意义？

2. 查阅资料《中国成人血脂异常防治指南》（2016年修订版），了解血脂异常防治新标准。

答案解析

目标检测

一、名词解释

必需脂肪酸　脂肪动员　酮体　脂肪酸的β－氧化　血脂

二、填空题

1. 脂肪的生物学功能包括________、________、________、________。

2. 脂肪动员的限速酶是________。此酶受多种激素控制，促进脂肪动员的激素有________、________、________、________。

3. 胆固醇合成的基本原料是________，主要在________合成，在体内它可转变为多种生理活性物质，包括________、________、________。

4. 软脂酸活化为软脂酰CoA，进入线粒体共进行________次β－氧化，生成________分子$FADH_2$，________分子$NADH + H^+$，________分子乙酰CoA，净生成________分子ATP。

5. 血脂的运输形式是________。用超速离心法可将其分为________、________、________、________。

三、选择题

【A型题】

1. 下列属于必需脂肪酸的是（　　）。

A. 油酸　　B. 软脂酸　　C. 硬脂酸　　D. 亚油酸

2. 脂酰辅酶A在肝脏β－氧化的酶促反应顺序是（　　）。

A. 脱氢、再脱氢、加水、硫解　　B. 硫解、脱氢、加水、再脱氢

C. 脱氢、加水、再脱氢、硫解　　D. 脱氢、脱水、再脱氢、硫解

3. 脂酰基是在下列哪种物质携带下进入线粒体的（　　）。

A. CoASH　B. 脂肪酸　C. 肉碱　D. 乙酰辅酶 A

4. 合成酮体的器官是（　　）。

A. 肾　B. 心脏　C. 肝脏　D. 脑

5. 参与脂肪酸合成的乙酰 CoA 主要来自（　　）。

A. 胆固醇　B. 葡萄糖　C. 丙氨酸　D. 酮体

6. 合成脂肪酸所需的氢由下列哪一种递氢体提供（　　）。

A. $NADP^+$　B. $NADH + H^+$　C. FAD　D. $NADPH + H^+$

7. 下列脂类中，含有胆碱的是（　　）。

A. 脑磷脂　B. 卵磷脂　C. 胆固醇酯　D. 胆固醇

8. 甘油磷脂合成最活跃的器官或组织是（　　）。

A. 脂肪组织　B. 肝脏　C. 血浆　D. 肾脏

9. 下列哪种化合物在体内可直接合成胆固醇（　　）。

A. 丙酮酸　B. 草酸　C. 苹果酸　D. 乙酰 CoA

10. 胆固醇在体内代谢的主要去路是在肝中转化为（　　）。

A. 乙酰 CoA　B. 类固醇激素　C. 胆汁酸　D. 维生素 D_3

【B 型题】

［第 11 ~ 15 题选项］

A. CM　B. VLDL　C. LDL　D. HDL　E. IDL

11. 运输内源性三酰甘油的脂蛋白是（　　）。

12. 密度最低的血浆脂蛋白是（　　）。

13. 正常人空腹血浆中主要的脂蛋白是（　　）。

14. 能逆向转运胆固醇的脂蛋白是（　　）。

15. 具有抗动脉粥样硬化作用的脂蛋白是（　　）。

【X 型题】

16. 组成生物膜的主要物质有（　　）。

A. 葡萄糖　B. 胆固醇　C. 酮体　D. 磷脂

17. 乙酰 CoA 可以来源于下列哪些物质的代谢（　　）。

A. 葡萄糖　B. 脂肪酸　C. 酮体　D. 胆固醇

18. 合成甘油磷脂共同需要的原料有（　　）。

A. α－磷酸甘油　B. 脂肪酸　C. 胆碱　D. 磷酸盐

19. 脂肪酸 β－氧化过程中有两步脱氢反应，其受氢体为（　　）。

A. FAD　B. CoASH　C. NAD^+　D. $NADP^+$

20. 下列有关酮体的叙述正确的是（　　）。

A. 酮体是肝脏输出能源的重要方式　B. 酮体包括乙酰乙酸、β－羟丁酸和丙酮

C. 酮体在肝内生成肝外氧化　D. 饥饿可引起体内酮体增加

四、简答题

1. 简述脂肪酸氧化的步骤。
2. 为什么摄入大量糖容易长胖？
3. 严重糖尿病患者为什么会出现酮症酸中毒？

书网融合……

知识回顾

微课 1

微课 2

习题

第八章　蛋白质的分解代谢

学习引导

《中国居民膳食指南（2022）》推荐多食用蔬果、奶类、全谷、大豆，适量食用鱼、禽、蛋、瘦肉等食物，做到食物多样性，合理搭配。每日摄入多少为宜？另外，复方氨基酸注射液为什么常作为危重病人的营养支持液呢？

氨基酸是构成蛋白质的基本结构单位，除了合成机体组织蛋白质外，还具有哪些生理功能？在体内是如何进行代谢的？肝硬化患者严重时会出现氨中毒，导致肝性脑病，常出现昏迷，那么氨是人体内正常代谢产物吗？正常人为什么不会发生氨中毒呢？通过蛋白质的分解代谢一章的学习，你就能找到答案。

本章主要介绍蛋白质的营养作用和消化吸收，氨基酸的分解代谢极其代谢产物的去路和功能。

学习目标

1. **掌握**　氨基酸的脱氨基作用；氨的来源、转运及去路；氨基酸的脱羧基作用；一碳单位的概念和载体。

2. **熟悉**　蛋白质的营养作用；氨基酸代谢概况；α-酮酸的代谢；个别氨基酸的代谢；高氨血症与氨中毒生化机理；一碳单位的生理功能。

3. **了解**　蛋白质的消化吸收；尿素的合成。

蛋白质是生命的物质基础，在生命活动中具有无可替代的作用。体内蛋白质每时每刻都处于分解、合成的动态平衡状态。通常情况下，摄入足量的蛋白质能促进儿童的正常生长、发育；维持成人组织蛋白质的更新；对于创伤和术后恢复期的患者可获得修补损伤组织的原料。同时，蛋白质分解产生的氨基酸可参与合成体内多种含氮化合物，如酶、抗体、激素、血浆脂蛋白、血红蛋白等。另外，蛋白质还可以氧化为机体供能，蛋白质氧化供能占机体能量需求的10%～20%。

第一节　蛋白质在体内的代谢概况　微课

PPT

一、食物蛋白质的营养作用

蛋白质与各种生命活动密切相关，机体每天必须要摄取足量的蛋白质以维持正常的代谢和生命活动。

（一）氮平衡

氮平衡试验是指测定人体每日摄入氮量与排出氮量之间关系的试验。摄入氮基本上来自食物蛋白质，排出氮大部分来自体内蛋白质降解后的含氮终产物，由粪便和尿液排出。氮平衡可反映体内蛋白质的合成与降解的状况，包括以下三种类型：

1. 氮的总平衡 即摄入氮量等于排出氮量，反映体内蛋白质的合成和分解处于动态平衡。见于营养供给合理的成年人。

2. 氮的正平衡 即摄入氮量大于排出氮量，反映体内蛋白质的合成量大于分解量。多见于婴幼儿、生长发育期的青少年、孕妇及恢复期的病人。

3. 氮的负平衡 即摄入氮量小于排出氮量，反映体内蛋白质供给不足或分解过多。多见于长期饥饿、严重烧伤、患消耗性疾病等的病人。

根据氮平衡试验，体重60kg的成人每日蛋白质最低需要量为30～50g。为长期保持氮的总平衡，我国营养学会推荐成年人每日蛋白质摄入量为80g。

（二）食物蛋白质的营养作用

1. 必需氨基酸 必需氨基酸（essential amino acid）是指人体需要但体内不能合成或合成不足，必须由外界（主要是食物）供给的氨基酸。必需氨基酸共有8种：苏氨酸、赖氨酸、蛋（甲硫）氨酸、缬氨酸、苯丙氨酸、色氨酸、亮氨酸、异亮氨酸。另外人体内可以合成组氨酸和精氨酸，但长期供应不足或儿童需要量增加也会导致氮的负平衡，因此将这两种氨基酸归类为半必需氨基酸。

助记口诀

必需氨基酸的种类口诀

“苏懒蛋携本色亮一亮”，即苏氨酸、赖氨酸、蛋氨酸、缬氨酸、苯丙氨酸、色氨酸、亮氨酸、异亮氨酸8种营养必需氨基酸。

蛋白质的营养价值是指食物蛋白质在体内的利用率，其高低取决于必需氨基酸的种类、比例。含必需氨基酸种类齐全、比例高的蛋白质，营养价值越高。动物性蛋白如禽类、蛋类、乳制品、肉类等所含必需氨基酸的种类、数量和比例与人体蛋白质更接近，故营养价值较高（表8－1）。

表8－1 蛋白质营养价值比较（利用率，%）

食物	鸡蛋	牛奶	猪肉	小麦	牛肉	大豆	玉米	小米	面粉
蛋白质营养价值	94	85	74	67	64	64	57	57	47

2. 食物蛋白质的互补作用 蛋白质的互补作用是指将几种营养价值较低的蛋白质混合食用，其必需氨基酸可以相互补充，从而提高其营养价值。例如谷类蛋白质中赖氨酸含量较少，而色氨酸含量较多；豆类含赖氨酸较多，而含色氨酸少，两者混合食用，可以提高蛋白质的营养价值。因此，提倡食物多样化，科学膳食有利于健康。

在某些疾病情况下，为保证氨基酸的需要，可输入氨基酸混合液，以防止病情恶化。

知识链接

复方氨基酸注射液

复方氨基酸注射液是肠外营养制剂，通过静脉注射提供营养支持。在使用时，与山梨醇、葡萄糖或电解质等配制而成无菌水溶液，主要用于恶性肿瘤、严重创伤及感染、消化系统功能障碍以及手术后患者。另有肝病用复方氨基酸，主要由3种氨基酸（异亮氨酸、亮氨酸和缬氨酸）配合其他12~17种氨基酸配制而成，用于肝硬化所致肝性脑病患者，调整支链氨基酸与芳香氨基酸的比例失调，纠正氨基酸代谢紊乱。

危重患者尤其需要细微之处的关爱，营养支持是实施人性化医疗服务的组成部分。

二、蛋白质的消化与吸收

（一）蛋白质的消化

食物蛋白质的消化由胃开始，主要在小肠进行，蛋白质最终被消化为氨基酸和寡肽。在胃内，胃蛋白酶原被盐酸或胃蛋白酶自身激活后，将食物蛋白质水解为多肽和少量氨基酸。然后进入小肠将继续消化，在小肠内，未消化的蛋白质、多肽再经胰液和肠黏膜细胞分泌的多种蛋白酶继续水解，这些蛋白酶有胰蛋白酶、胰凝乳蛋白酶、糜蛋白酶、弹性蛋白酶、羧肽酶等，在胰液中时，均以酶原形式存在，分泌到十二指肠后被肠激酶激活。经胰酶的作用，小肠内的蛋白质或多肽水解为寡肽和氨基酸，其中氨基酸约占1/3。寡肽进入小肠黏膜细胞后，由寡肽酶水解，生成氨基酸和二肽，再由二肽酶水解，最终生成氨基酸。

（二）氨基酸和寡肽的吸收

食物蛋白质消化为氨基酸和寡肽后，主要在小肠通过主动转运的方式被吸收。吸收过程需要小肠黏膜细胞膜上的载体蛋白和 Na^+ 转运入细胞，消耗ATP。蛋白质最终水解为氨基酸，进入血液循环。

三、氨基酸的代谢概况

体内各种来源的氨基酸，通过血液循环在各组织之间转运参与代谢，把这类溶解于体液中的氨基酸称为氨基酸代谢库（metabolic pool）。氨基酸的主要来源是食物蛋白质的消化吸收，其次是组织蛋白质的分解，还有体内合成的非必需氨基酸。氨基酸的主要去路是合成组织蛋白质，其次是进行分解代谢，还可转变成其他含氮物质，如生物活性胺、嘌呤或嘧啶核苷酸等（图8-1）。

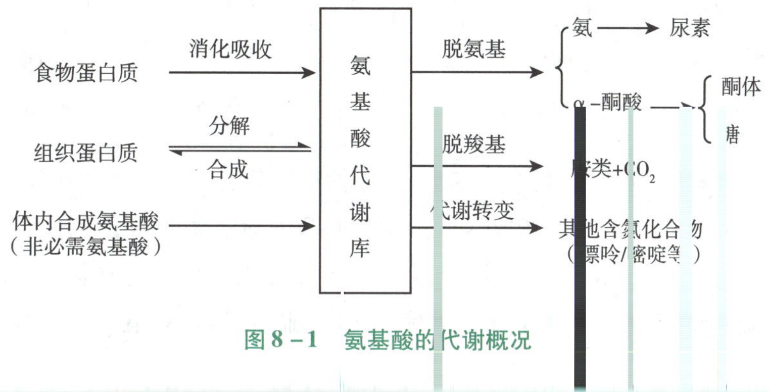

图8-1　氨基酸的代谢概况

PPT

第二节　氨基酸的一般代谢

一、氨基酸的脱氨基作用

氨基酸分解代谢的主要途径是脱氨基作用。氨基酸在酶的催化下脱去氨基，生成相应的α-酮酸和氨，这是氨基酸在体内分解的主要方式，在体内大多数组织细胞中均可进行。氨基酸脱氨基的方式主要有转氨基、氧化脱氨基、联合脱氨基等，其中以联合脱氨基最为主要。

（一）转氨基作用

在氨基转移酶（aminotransferase）催化下，α-氨基酸和α-酮酸之间可逆的转移氨基，原来的氨基酸生成相应的α-酮酸，原来的α-酮酸生成相应的氨基酸（图8-2）。氨基转移酶也称转氨酶（transaminase），其辅酶是磷酸吡哆醛和磷酸吡哆胺，由维生素 B_6 活化生成。

磷酸吡哆醛 ⟷ 磷酸吡哆胺

$$\underset{\text{氨基酸}}{\text{COOH–CH(}NH_2\text{)–}R_1} + \underset{\alpha\text{-酮酸}}{\text{COOH–C(=O)–}R_2} \underset{}{\overset{\text{氨基转移酶}}{\rightleftharpoons}} \underset{\text{相应的}\alpha\text{-酮酸}}{\text{COOH–C(=O)–}R_1} + \underset{\text{相应的氨基酸}}{\text{COOH–CH(}NH_2\text{)–}R_2}$$

图8-2　转氨基作用

体内大多数氨基酸均能进行转氨基作用，氨基转移酶有多种，以丙氨酸氨基转移酶（alanine aminotransferase，ALT）和天冬氨酸氨基转移酶（aspartate aminotransferase，AST）最重要。

$$\underset{\text{丙氨酸}}{\text{COOH–CH(}NH_2\text{)–}CH_3} + \underset{\alpha\text{-酮戊二酸}}{\text{COOH–C(=O)–(}CH_2)_2\text{–COOH}} \overset{\text{ALT}}{\rightleftharpoons} \underset{\text{丙酮酸}}{\text{COOH–C(=O)–}CH_3} + \underset{\text{谷氨酸}}{\text{COOH–CH(}NH_2\text{)–(}CH_2)_2\text{–COOH}}$$

$$\underset{\text{天冬氨酸}}{\text{COOH–CH(}NH_2\text{)–}CH_2\text{–COOH}} + \underset{\alpha\text{-酮戊二酸}}{\text{COOH–C(=O)–(}CH_2)_2\text{–COOH}} \overset{\text{AST}}{\rightleftharpoons} \underset{\text{草酰乙酸}}{\text{COOH–C(=O)–}CH_2\text{–COOH}} + \underset{\text{谷氨酸}}{\text{COOH–CH(}NH_2\text{)–(}CH_2)_2\text{–COOH}}$$

正常情况下，氨基转移酶存在于细胞内，在血清中活性很低，当器官或组织疾病引起细胞受损或坏死时，氨基转移酶可通过受损的细胞膜释放入血。ALT 在肝细胞中最为丰富，急性肝炎等病变引起肝细胞受损时，ALT 释放入血，血中 ALT 活性明显增高；AST 在心肌细胞中最为丰富，肝细胞其次，急性心肌梗死或心肌炎时，血中 AST 活性明显增高。ALT、AST 是临床诊断常用的生化检验指标。

答案解析

即学即练 8－1

氨基转移酶的辅酶来源于____。

A. 泛酸　　B. 维生素 PP　　C. 维生素 B_2　　D. 维生素 B_6

（二）氧化脱氨基作用

在氨基酸氧化酶的催化下，氨基酸脱下氨基并脱氢氧化，生成相应的 α－酮酸和氨，反应可逆。体内氨基酸氧化酶有多种，*L*－谷氨酸脱氢酶最重要，其辅酶是 NAD^+。该酶在肝、肾、脑等组织活性强，在心肌和骨骼肌组织中活性很低。谷氨酸经 *L*－谷氨酸脱氢酶催化生成 α－酮戊二酸和氨。

$$\underset{\text{谷氨酸}}{HOOC-CHNH_2-(CH_2)_2-COOH} + H_2O \underset{NAD^+ \rightarrow NADH+H^+}{\xrightleftharpoons{L\text{-谷氨酸脱氢酶}}} \underset{\alpha\text{-酮戊二酸}}{HOOC-C(=O)-(CH_2)_2-COOH} + NH_3$$

（三）联合脱氨基作用

联合脱氨基作用是指在两种或两种以上酶的联合作用下，氨基酸脱氨基生成相应的 α－酮酸和氨。联合脱氨基是体内氨基酸脱氨基的主要方式，有两种类型。

1. 氨基转移酶与 *L*－谷氨酸脱氢酶联合　这种联合脱氨基方式是肝、肾、脑等大多数组织中脱氨基的方式。在氨基转移酶的催化下，氨基酸的氨基转移至 α－酮戊二酸上，使其生成谷氨酸，氨基酸则转变为相应的 α－酮酸；谷氨酸由 *L*－谷氨酸脱氢酶催化，释放氨，重新生成 α－酮戊二酸（图 8－3）。联合脱氨基全过程可逆，其逆向反应是体内合成非必需氨基酸的主要途径。

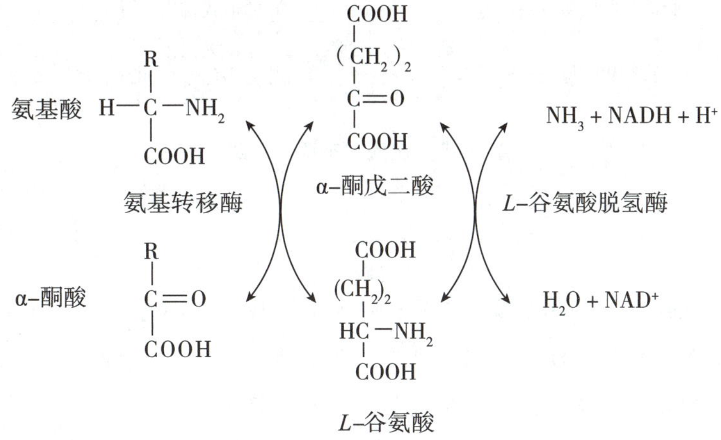

图 8－3　氨基转移酶与 *L*－谷氨酸脱氢酶联合脱氨基作用

2. 嘌呤核苷酸循环　*L*－谷氨酸脱氢酶在骨骼肌和心肌组织中活性很低，转氨基偶联氧化脱氨基作用难以进行。因此在骨骼肌和心肌中，氨基酸的脱氨基作用主要通过嘌呤核苷酸循环实现（图 8－4）。氨基酸通过转氨基作用生成天冬氨酸，后者再和次黄嘌呤核苷酸（IMP）反应生成腺苷酸代琥珀酸，然后裂解出延胡索酸，同时生成腺嘌呤核苷酸（AMP），AMP 在腺苷酸脱氨酶催化下脱去氨基，释放氨的同时重新生成 IMP，故称为嘌呤核苷酸循环。

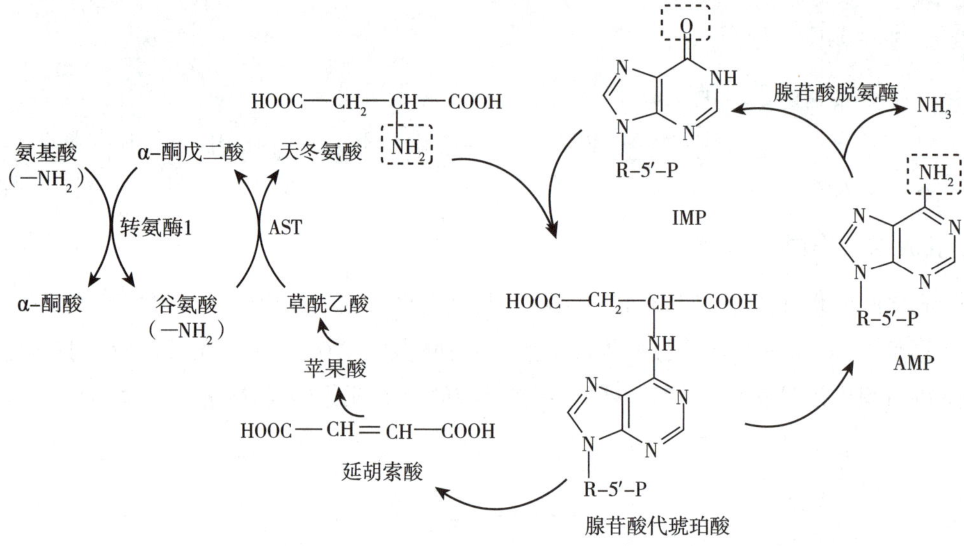

图 8-4　嘌呤核苷酸循环

总之，通过脱氨基作用，氨基酸生成 α-酮酸和 NH_3，再进一步代谢。

二、氨的代谢  微课2

体内代谢产生的氨，以及消化道吸收来的氨进入血液，形成血氨。氨对人体及动物来说是有毒的，脑组织对氨的作用尤为敏感。正常情况下，氨在体内有解毒机制，不会发生氨的堆积，血氨的来源与去路保持动态平衡（图 8-5），血氨浓度相对稳定，正常人血氨的浓度不超过 72μmol/L。

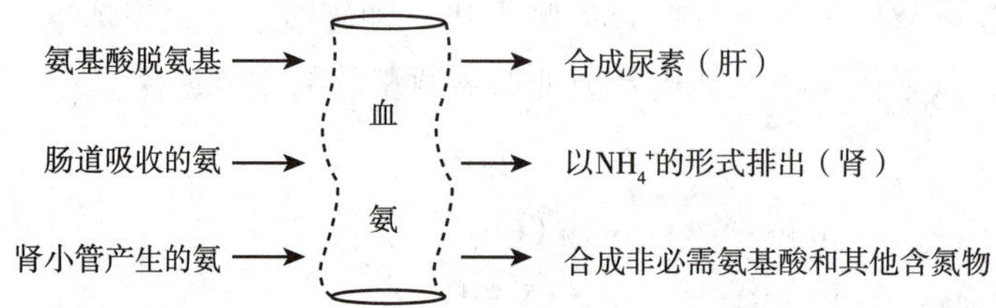

图 8-5　血氨的来源和去路

实例分析

实例　患者，男，56 岁，神志不清，易昏睡一个月，昏迷 6 小时入院。肝硬化病史 7 年，近半年来反复多次出现昏睡，数小时后可唤醒，恢复意识后可以应答。体检：昏迷无意识，肌张力高，腱反射亢进，锥体束征阳性。脑电图有异常波形。超声示肝硬化，脑 CT 无异常。血清 ALT 163U/L（参考范围：ALT 5~40U/L），血氨 155μmol/L（参考范围：18~72μmol/L）。

讨论　1. 血清 ALT 增高提示什么？

2. 患者血氨偏高的主要原因什么？

答案解析

（一）氨的来源

1. 氨基酸脱氨基作用产生的氨　氨基酸脱氨基作用产氨，这是体内氨的主要来源。

2. 肠道吸收的氨　食物蛋白质的腐败作用产生的氨是肠道氨的主要来源，其次是血中尿素扩散入肠腔，在肠道中经细菌脲酶水解产生的氨。NH_3易透过细胞膜而被吸收。酸性环境中，NH_3易转变成NH_4^+不易透过细胞膜，临床对高血氨病人作结肠透析时，宜采用弱酸性透析液，禁用碱性肥皂水。

3. 肾小管产生的氨　血液中的谷氨酰胺流经肾脏时，可被肾小管上皮细胞中的谷氨酰胺酶分解为谷氨酸和氨，大部分氨扩散至原尿中，少量的氨，重吸收入血成为血氨。

（二）氨的转运

机体将氨转变为谷氨酰胺或丙氨酸两种无毒的形式进入血液转运，以降低游离氨的浓度。

1. 谷氨酰胺的运氨作用　脑、肌肉等组织中，在谷氨酰胺合成酶的催化下，游离氨与谷氨酸合成谷氨酰胺。谷氨酰胺经血液运至肝、肾等组织后，被谷氨酰胺酶水解，重新生成谷氨酸和氨，氨进而被代谢或排泄。谷氨酰胺运氨的重要生理意义是将脑中的氨运往肝、肾代谢或排泄。谷氨酰胺是体内运氨的主要方式，也是氨的紧急解毒形式和储存形式。

$$NH_3 + \underset{\text{谷氨酸}}{\begin{matrix}COOH\\|\\CHNH_2\\|\\(CH_2)_2\\|\\COOH\end{matrix}} \underset{\text{谷氨酰胺酶}\quad H_2O}{\overset{ATP\quad ADP+Pi}{\underset{}{\overset{\text{谷氨酰胺合成酶}}{\rightleftharpoons}}}} \underset{\text{谷氨酰胺}}{\begin{matrix}COOH\\|\\CHNH_2\\|\\(CH_2)_2\\|\\CONH_2\end{matrix}}$$

2. 丙氨酸的运氨作用　在肌肉中，糖酵解产生丙酮酸，氨基酸通过转氨基作用将氨基转移给丙酮酸生成丙氨酸，经血液运至肝内，丙氨酸脱氨基重新生成丙酮酸和氨。丙酮酸经糖异生转变为葡萄糖，构成丙氨酸－葡萄糖循环（图8－6）。丙氨酸是肌肉向肝脏运氨的形式。

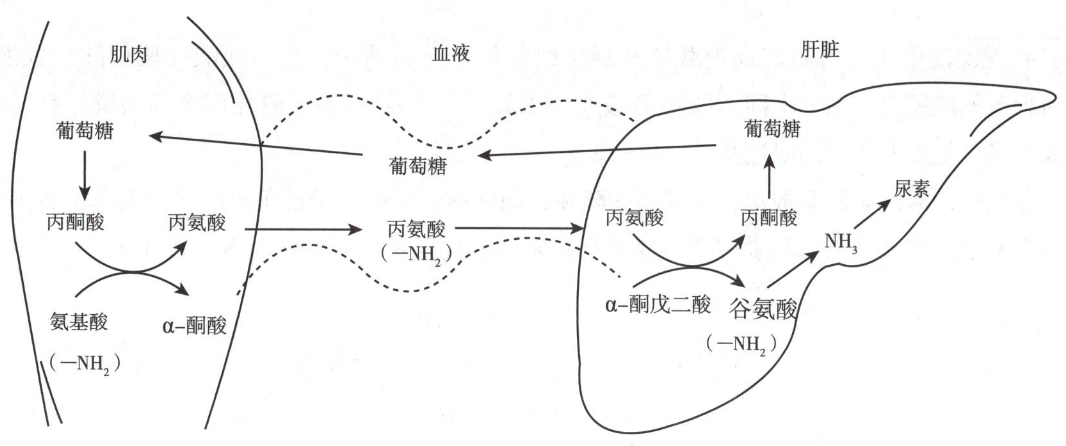

图8－6　丙氨酸－葡萄糖循环

即学即练8－2

氨在血中主要运输形式是____。

A. 谷氨酸　B. 天冬氨酸　C. 谷氨酰胺　D. 丙氨酸

（三）氨的去路

氨以谷氨酰胺或丙氨酸的形式经血液转运，有以下 3 条去路。

1. 合成尿素 在体内，氨的主要代谢去路是在肝内合成尿素，经肾随尿排出。合成尿素的途径称为鸟氨酸循环（ornithine cycle），也称尿素循环（urea cycle）。反应分为四个阶段，在肝细胞的细胞质基质和线粒体中进行。

（1）氨和 CO_2 生成氨基甲酰磷酸 氨和 CO_2 在肝细胞线粒体中，由氨基甲酰磷酸合成酶Ⅰ（carbamoyl phosphate synthetase，CPS－Ⅰ）催化，在 Mg^{2+}、ATP、*N*－乙酰谷氨酸存在时，1 分子氨与 CO_2 反应，消耗 2 分子 ATP，生成氨基甲酰磷酸。CPS－Ⅰ是鸟氨酸循环过程中的关键酶，由 *N*－乙酰谷氨酸激活，催化不可逆反应。

$$NH_3 + CO_2 + H_2O + 2ATP \xrightarrow[N\text{-乙酰谷氨酸},\ Mg^{2+}]{\text{氨基甲酰磷酸合成酶I}} H_2N{-}\overset{\overset{O}{\|}}{C}{-}O{\sim}Ⓟ + 2ADP + Pi$$

（2）瓜氨酸的生成 氨基甲酰磷酸与鸟氨酸反应生成瓜氨酸，由鸟氨酸氨基甲酰转移酶催化，此反应不可逆。

$$\underset{\text{鸟氨酸}}{H_2N{-}(CH_2)_3{-}CH(NH_2){-}COOH} + \underset{\text{氨基甲酰磷酸}}{H_2N{-}C({=}O){-}O{\sim}Ⓟ} \xrightarrow{\text{鸟氨酸氨基甲酰转移酶}} \underset{\text{瓜氨酸}}{H_2N{-}C({=}O){-}NH{-}(CH_2)_3{-}CH(NH_2){-}COOH} + H_3PO_4$$

（3）精氨酸的生成 瓜氨酸通过载体转运出线粒体，在胞质中，经精氨酸代琥珀酸合成酶催化，瓜氨酸与天冬氨酸缩合，生成中间产物精氨酸代琥珀酸，由 ATP 供能，消耗两个高能键。精氨酸代琥珀酸合成酶是鸟氨酸循环中的限速酶，活性最低。

精氨酸代琥珀酸由裂解酶催化，生成精氨酸和延胡索酸。延胡索酸经苹果酸转变为草酰乙酸，草酰乙酸由 AST 催化，接受谷氨酸的氨基重新生成天冬氨酸，此氨基可来自体内多种氨基酸。

$$\underset{\text{瓜氨酸}}{H_2N{-}C({=}O){-}NH{-}(CH_2)_3{-}CH(NH_2){-}COOH} + \underset{\text{天冬氨酸}}{HOOC{-}CH(NH_2){-}CH_2{-}COOH} \xrightarrow[ATP \to AMP+PPi]{\text{精氨酸代琥珀酸合成酶},\ Mg^{2+}} \underset{\text{精氨酸代琥珀酸}}{H_2N{-}C(=N{-}CH(COOH){-}CH_2{-}COOH){-}NH{-}(CH_2)_3{-}CH(NH_2){-}COOH} \xrightarrow{\text{精氨酸代琥珀酸裂解酶}} \underset{\text{精氨酸}}{H_2N{-}C({=}NH){-}NH{-}(CH_2)_3{-}CH(NH_2){-}COOH} + \underset{\text{延胡索酸}}{HOOC{-}CH{=}CH{-}COOH}$$

（4）尿素的生成 精氨酸酶催化精氨酸水解，释放尿素，同时鸟氨酸再生，构成鸟氨酸循环。鸟氨酸通过线粒体内膜的载体转运进入线粒体，再次参与鸟氨酸循环（图 8－7）。

$$\underset{\text{精氨酸}}{\text{H}_2\text{N}-\text{C}(=\text{NH})-\text{NH}-(\text{CH}_2)_3-\text{CH}(\text{NH}_2)-\text{COOH}} \xrightarrow[\text{H}_2\text{O}]{\text{精氨酸酶}} \underset{\text{鸟氨酸}}{\text{NH}_2-(\text{CH}_2)_3-\text{CH}(\text{NH}_2)-\text{COOH}} + \underset{\text{尿素}}{\text{NH}_2-\text{C}(=\text{O})-\text{NH}_2}$$

每合成1分子尿素共消耗3分子ATP（4个高能键），可清除2分子氨，一个来自游离氨，另一个来自天冬氨酸的氨基，可由其他氨基酸通过的转氨基作用提供。

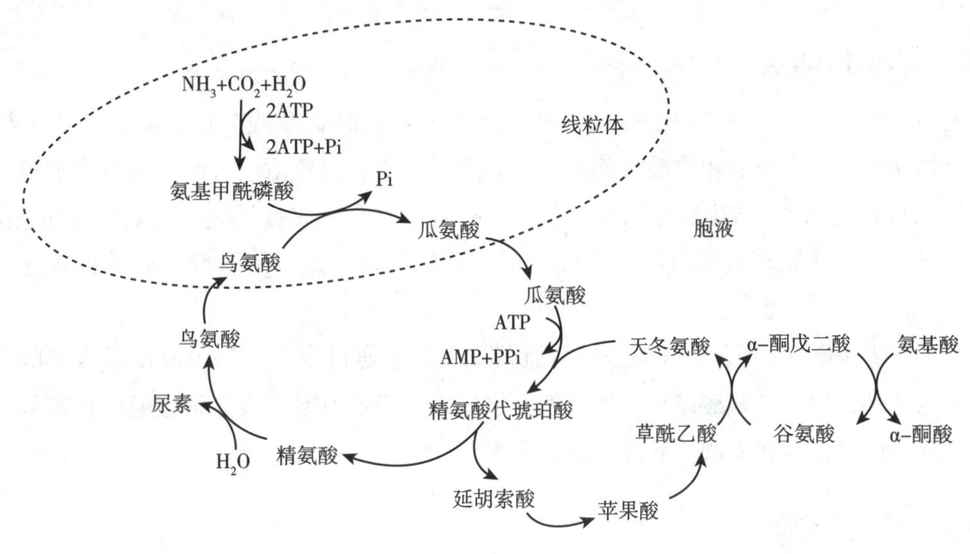

图8-7　尿素的合成——鸟氨酸循环

鸟氨酸循环的生理意义是将有毒性的氨生成无毒的尿素，尿素作为代谢终产物随尿排出。

知识链接

尿素循环的发现

尿素循环是最早发现的代谢循环，由Hans A. Krebs提出，他同时是三羧酸循环的发现人之一。Krebs和他的学生Kurt Henseleit观察到，在悬浮有肝脏切片的溶液中加入鸟氨酸、瓜氨酸或精氨酸的任何一种时，都可显著加快尿素的合成，而加入其他氨基酸或含氮物无此效果。当时已知精氨酸可由精氨酸酶水解为鸟氨酸和尿素。Krebs和Henseleit研究了上述3种氨基酸结构的关联，分析出瓜氨酸是精氨酸的前体，鸟氨酸是瓜氨酸的前体，总结提出了鸟氨酸循环。

我们在工作学习中要有这种探究精神，不断钻研，遇到挫折也要坚信努力才能成功。

2. 以铵盐的形式随尿排出　氨与谷氨酸生成谷氨酰胺，转运至肾，在肾小管上皮细胞内，由谷氨酰胺酶催化，水解为谷氨酸，同时释放游离氨。氨扩散入尿液，与H^+结合成NH_4^+，以铵盐的形式随尿排出。酸性尿液有利于氨的排泄，因此临床治疗肝硬化腹腔积液病人禁用碱性利尿药。

$$谷氨酸 + NH_3 \xrightarrow{脑、肌肉等} 谷氨酰胺 \xrightarrow{血液} \begin{cases} \xrightarrow{肝} 谷氨酸+NH_3 \quad (合成尿素) \\ \xrightarrow{肾} 谷氨酸+NH_3 \quad (尿中排泄) \end{cases}$$

3. 合成非必需氨基酸及其他含氮物质 通过脱氨基反应的逆过程，氨与α-酮酸合成非必需氨基酸。此外，氨基酸的氨基还可以作为氮源，参与其他含氮化合物的合成，如嘌呤、嘧啶等。

答案解析

即学即练 8-3

血氨的主要代谢去路是____。

A. 合成非必需氨基酸　　B. 合成嘌呤和嘧啶等含氮化合物

C. 以铵盐的形式由尿排出　　D. 合成尿素随尿排出

（四）高血氨和氨中毒

正常情况下，体内氨的主要代谢去路是在肝中合成尿素，血氨维持在较低浓度（18～72μmol/L）。当肝功能严重损伤或尿素合成的相关酶缺陷时，尿素合成障碍，血氨浓度升高，出现高血氨。大量氨扩散进入脑组织，与α-酮戊二酸生成谷氨酸，氨再与谷氨酸结合生成谷氨酰胺。氨的增加使脑中α-酮戊二酸减少，导致三羧酸循环减弱，ATP生成减少，引起大脑功能障碍，严重时导致昏迷，称为肝性脑病。

临床常用*L*-鸟氨酸和*L*-天冬氨酸治疗高血氨。鸟氨酸通过提高氨基甲酰磷酸合成酶和鸟氨酸氨基甲酰转移酶的活性，增强鸟氨酸循环，氨迅速合成尿素，降低血氨。天冬氨酸通过提高谷氨酰胺合成酶活性，促进脑内的氨合成谷氨酰胺而降低血氨。

三、α-酮酸的代谢

氨基酸脱氨基产生的α-酮酸主要有三条代谢途径。

1. 氧化供能 氨基酸分解为α-酮酸，通过三羧酸循环彻底氧化分解供能。α-酮酸中的丙酮酸、α-酮戊二酸可直接进入三羧酸循环氧化分解；其他α-酮酸先转变为丙酮酸、乙酰辅酶A或三羧酸循环的中间产物，再进入三羧酸循环氧化分解。

2. 转变成糖或酮体 有些氨基酸脱氨基生成的α-酮酸，可经糖异生途径转变为葡萄糖或糖原，称为生糖氨基酸。有些氨基酸生成的α-酮酸可分解为乙酰乙酸，称为生酮氨基酸。有些氨基酸生成的α-酮酸既能可转变为糖也能生成酮体，称为生糖兼生酮氨基酸（表8-2）。

表8-2　氨基酸生糖或生酮性质的分类

类别	氨基酸
生糖氨基酸	甘氨酸、丙氨酸、谷氨酸、谷氨酰胺、天冬氨酸、天冬酰胺、蛋氨酸、半胱氨酸、组氨酸、精氨酸、缬氨酸、丝氨酸、脯氨酸
生酮氨基酸	赖氨酸、亮氨酸
生糖兼生酮氨基酸	苏氨酸、酪氨酸、苯丙氨酸、色氨酸、异亮氨酸

3. 合成非必需氨基酸 α-酮酸经脱氨基作用的逆过程可合成非必需氨基酸，这是机体合成非必需氨基酸的重要途径。

第三节　个别氨基酸的代谢

PPT

除一般代谢外，个别的氨基酸通过特殊代谢途径，可生成机体需要的多种活性物质，或是提供重要物质的合成原料，如生物活性胺、一碳单位等。

一、氨基酸的脱羧基作用

氨基酸的脱羧基作用是指在氨基酸脱羧酶催化下，氨基酸分解为 CO_2 和胺类。氨基酸脱羧酶的辅酶是维生素 B_6 的活性形式磷酸吡哆醛。氨基酸通过脱羧基作用可为机体提供多种生物活性胺。

（一）γ－氨基丁酸

谷氨酸脱羧基生成γ－氨基丁酸（γ－aminobutyric acid，GABA）。谷氨酸脱羧酶主要存在于脑、肾，故脑中 GABA 含量较高。GABA 是一种抑制性神经递质，对中枢神经有抑制作用。临床常以维生素 B_6 治疗妊娠性呕吐和小儿惊厥，通过增加谷氨酸脱羧酶的辅酶，促进 GABA 的生成，起到抑制神经中枢作用，从而发挥止吐、镇静等作用。

$$\underset{L\text{-谷氨酸}}{COOH-(CH_2)_2-CHNH_2-COOH} \xrightarrow{L\text{-谷氨酸脱羧酶}} \underset{\gamma\text{-氨基丁酸}}{COOH-CH_2-CH_2-CH_2NH_2} + CO_2$$

（二）5－羟色胺

色氨酸经色氨酸羟化酶作用，生成 5－羟色氨酸，再脱羧生成 5－羟色胺（5－hydroxytryptamine，5－HT）。5－HT 是一种抑制性神经递质，脑中含量较高，与睡眠、疼痛和体温调节有密切关系。在外周组织，5－HT 有收缩血管，升高血压的作用。

色氨酸（吲哚环－$CH_2CH(NH_2)COOH$）$\xrightarrow{\text{色氨酸羟化酶}}$ 5-羟色氨酸（HO－吲哚环－$CH_2CH(NH_2)COOH$）$\xrightarrow[-CO_2]{\text{5-羟色氨酸脱羧酶}}$ 5-羟色胺（HO－吲哚环－$CH_2CH_2NH_2$）

（三）组胺

组氨酸经组氨酸脱羧酶催化，生成组胺（histamine）。组胺在体内分布广泛，乳腺、肺、肝、肌组织及胃黏膜中含量较高。主要存在于肥大细胞中。

组胺是一种强烈的血管扩张剂，并能增加毛细血管的通透性。在过敏反应、创伤等情况下，肥大细胞释放过量的组胺，使血管扩张导致血压下降和局部水肿，甚至发生休克。组胺可使平滑肌收缩，引起支气管痉挛导致哮喘。组胺还促进胃黏膜细胞分泌胃蛋白酶原及胃酸。

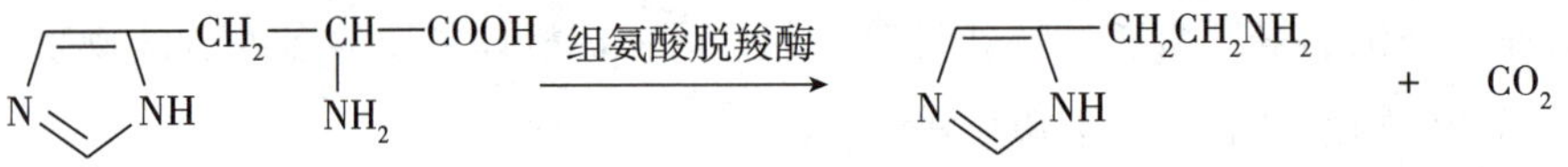

（四）多胺

某些氨基酸的脱羧基作用可以产生多胺类物质。多胺是指含有多个氨基的化合物。例如鸟氨酸脱羧基生成腐胺，腐胺又可转变成亚精胺（spermidine）及精胺（spermine）。临床常测定人血或尿中多胺的水平，作为肿瘤辅助诊断及病情变化的生化指标之一。

二、一碳单位的代谢

（一）一碳单位的概念

一碳单位（one carbon unit）是指某些氨基酸在分解代谢中产生的含有一个碳原子的有机基团。主要有甲基（$—CH_3$）、亚甲基（$—CH_2—$）、次甲基（$—CH=$）、羟甲基（$—CH_2OH$）、甲酰基（—CHO）及亚氨甲基（—CH=NH）等。CO_2、CO不属于一碳单位。

（二）一碳单位的载体

在体内，一碳单位不能游离存在，由四氢叶酸（FH_4）作为载体，转运及参与代谢。人体的四氢叶酸来自叶酸的转变，在二氢叶酸还原酶催化下，叶酸进行两次加氢还原为四氢叶酸，由NADPH提供氢。

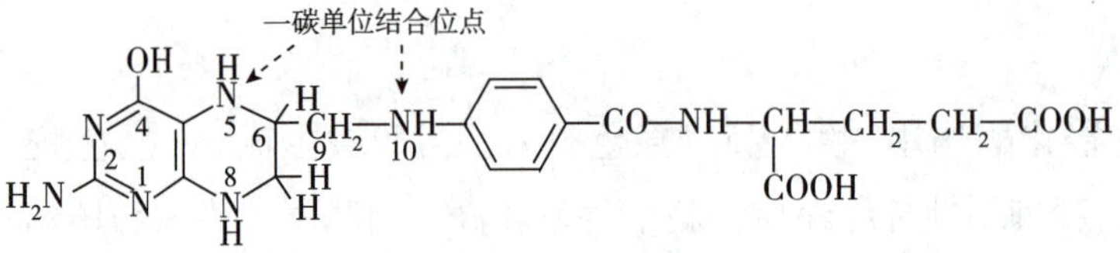

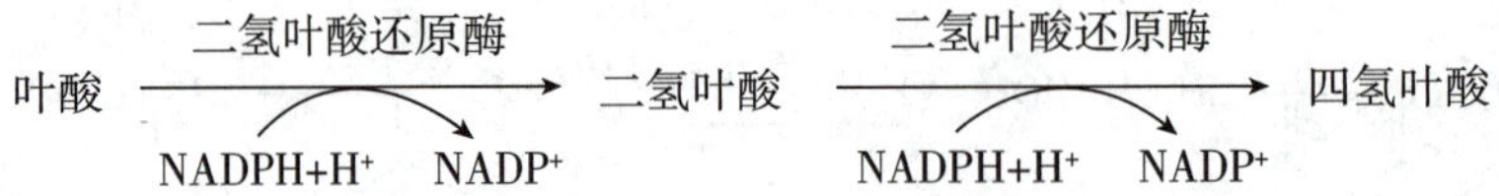

即学即练 8-4

答案解析

体内催化生成四氢叶酸的酶是____。

A. 二氢叶酸合成酶　　B. 二氢叶酸还原酶

C. HMG-CoA 合成酶　　D. HMG-CoA 还原酶

（三）一碳单位的来源和转换

体内能产生一碳单位的氨基酸主要有丝氨酸、甘氨酸、组氨酸和色氨酸，其中，丝氨酸是主要来

源。苏氨酸可转变为甘氨酸后产生一碳单位。一碳单位自氨基酸分解生成的同时即结合在 FH_4 的 N_5、N_{10}位上（图8－8）。

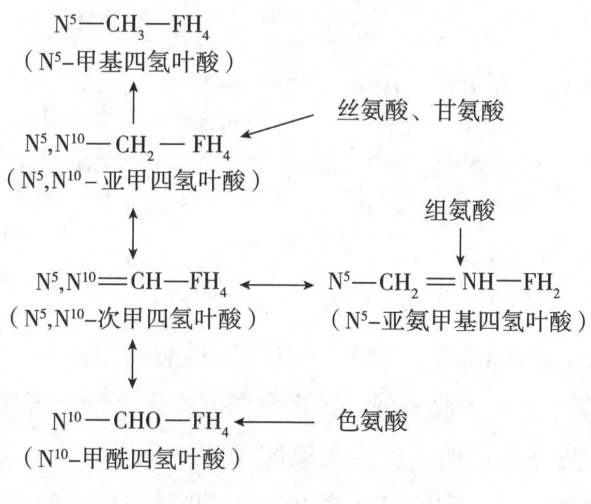

图8－8　一碳单位的来源和转换

（四）一碳单位的生理功能

一碳单位是合成嘌呤和嘧啶核苷酸的重要原料，是合成DNA与RNA的重要基础。因此一碳单位代谢与细胞增殖、胚胎发育密切相关。干扰一碳单位代谢的药物，能抑制细菌或肿瘤细胞增殖，如抗菌药物中的磺胺及增效剂（新诺明＋甲氧苄氨嘧啶），抗肿瘤药物中的甲氨蝶呤等。人体缺乏叶酸，一碳单位生成和转运障碍，核酸合成受阻，骨髓造血细胞增殖减慢，导致巨幼细胞贫血。孕早期缺乏叶酸，胚胎细胞增殖发育受阻，可出现胎儿神经管畸形。

即学即练8－5

答案解析

一碳单位代谢的生理功能不包括____。

A. 一碳单位是合成嘌呤和嘧啶核苷酸的重要原料

B. 一碳单位是合成DNA与RNA的重要基础

C. 与细胞增殖、胚胎发育密切相关

D. 氧化分解供能

三、含硫氨基酸的代谢

含硫氨基酸包括蛋氨酸、半胱氨酸和胱氨酸。蛋氨酸可转变为半胱氨酸和胱氨酸，半胱氨酸和胱氨酸也可以互变，但两者均不能变为蛋氨酸。

（一）蛋氨酸的代谢

1. 蛋氨酸的转甲基作用　蛋氨酸分子中的S－甲基，可生成多种含有甲基的重要生理活性物质，如肾上腺素、肉碱、胆碱及肌酸等。蛋氨酸由腺苷转移酶催化与ATP反应，生成S－腺苷蛋氨酸（S－adenosyl methionine，SAM），SAM是体内最重要的甲基直接供体，SAM的甲基称为活性甲基，通过各种转甲基作用，生成多种甲基化合物。

$$\text{蛋氨酸} + \text{ATP} \xrightarrow[\text{PPi+Pi}]{\text{腺苷转移酶}} \text{S-腺苷蛋氨酸}$$

蛋氨酸（COOH—CHNH$_2$—CH$_2$—CH$_2$—S—CH$_3$） ATP（Ⓟ~Ⓟ~Ⓟ—CH$_2$—核糖—A） S-腺苷蛋氨酸（COOH—CHNH$_2$—CH$_2$—CH$_2$—$^+$S(CH$_3$)—CH$_2$—核糖—A）

2. 蛋氨酸循环 蛋氨酸生成 SAM 后，SAM 在甲基转移酶的作用下，甲基转移生成甲基化合物，SAM 变为 S－腺苷同型半胱氨酸，后者脱去腺苷，生成同型半胱氨酸，再接受 N^5—CH_3—FH_4提供的甲基（辅酶是甲基 B_{12}），重新生成蛋氨酸，称为蛋氨酸循环（图 8－9）。蛋氨酸循环的生理意义是由 N^5—CH_3—FH_4供给甲基合成蛋氨酸，再以 SAM 为直接甲基供体，广泛的进行体内甲基化反应。

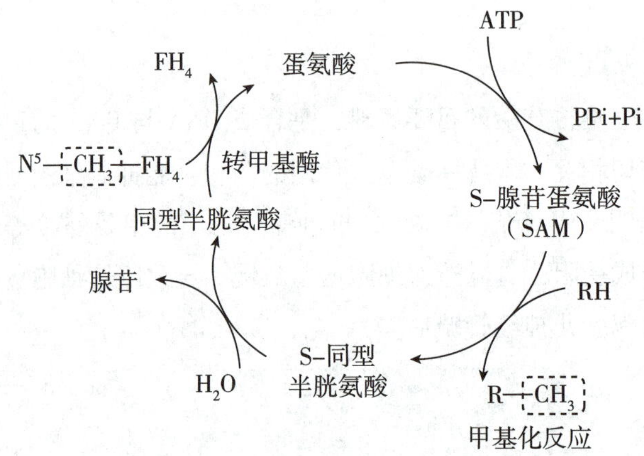

图 8－9 蛋氨酸循环

N^5—CH_3—FH_4转甲基酶的辅酶是甲基 B_{12}，当维生素 B_{12}缺乏时，甲基不能转移给同型半胱氨酸，影响了 FH_4的再生。此外，维生素 B_{12}缺乏还会引起血中同型半胱氨酸升高，高同型半胱氨酸血症可能是动脉粥样硬化发病的独立危险因子，具有重要的病理意义。

3. 参与肌酸合成 肌酸以甘氨酸、精氨酸为原料，接受 SAM 的甲基而合成，主要存在于肌肉和脑组织中。由肌酸激酶（CK）催化，肌酸接受 ATP 的高能磷酸基团生成磷酸肌酸，磷酸肌酸是心肌、骨骼肌和脑中储能的形式。

（二）半胱氨酸和胱氨酸的代谢

1. 半胱氨酸和胱氨酸的互变 半胱氨酸含有巯基（—SH），胱氨酸含有二硫键（—S—S—），两者可以相互转变。

$$2\ \text{HS—CH}_2\text{—CHNH}_2\text{—COOH} \underset{+2H}{\overset{-2H}{\rightleftharpoons}} \text{HOOC—CHNH}_2\text{—CH}_2\text{—S—S—CH}_2\text{—CHNH}_2\text{—COOH}$$

半胱氨酸　　　　胱氨酸

许多蛋白质中两个半胱氨酸残基之间形成二硫键，对维持蛋白质的分子结构具有重要作用。体内许多重要的酶，如琥珀酸脱氢酶、乳酸脱氢酶等活性与半胱氨酸的巯基有关，称为巯基酶。有些毒物如重金属盐，芥子气等，能与酶分子中的巯基结合而抑制此类酶的活性。

2. 半胱氨酸转变为牛磺酸　半胱氨酸可生成牛磺酸，牛磺酸是结合胆汁酸的组成成分之一。

$$\underset{\text{半胱氨酸}}{\begin{matrix}CH_2SH\\|\\CHNH_2\\|\\COOH\end{matrix}} \xrightarrow{3(O)} \underset{\text{磺基丙氨酸}}{\begin{matrix}CH_2-SO_3H\\|\\CHNH_2\\|\\COOH\end{matrix}} \xrightarrow[\searrow CO_2]{\text{磺基丙氨酸脱羧酶}} \underset{\text{牛磺酸}}{\begin{matrix}CH_2-SO_3H\\|\\CH_2NH_2\end{matrix}}$$

四、芳香族氨基酸的代谢

体内的芳香族氨基酸包括苯丙氨酸、酪氨酸和色氨酸。

（一）苯丙氨酸的代谢

苯丙氨酸的主要代谢途径是生成酪氨酸，由苯丙氨酸羟化酶催化，反应不可逆。当基因缺陷致苯丙氨酸羟化酶缺乏时，苯丙氨酸不能转变成酪氨酸，而大量地进行转氨基，生成苯丙酮酸，苯丙酮酸在血液中蓄积，由尿排出，尿液中出现大量苯丙酮酸，称为苯丙酮尿症（phenyl ketonuria，PKU）。苯丙酮酸对中枢神经系统有毒性，导致脑发育障碍，患儿智力低下。本病为常染色体隐性遗传病，目前已实现基因治疗。

（二）酪氨酸的代谢

酪氨酸在体内可转变为多种生物活性物质（图 8－10）。

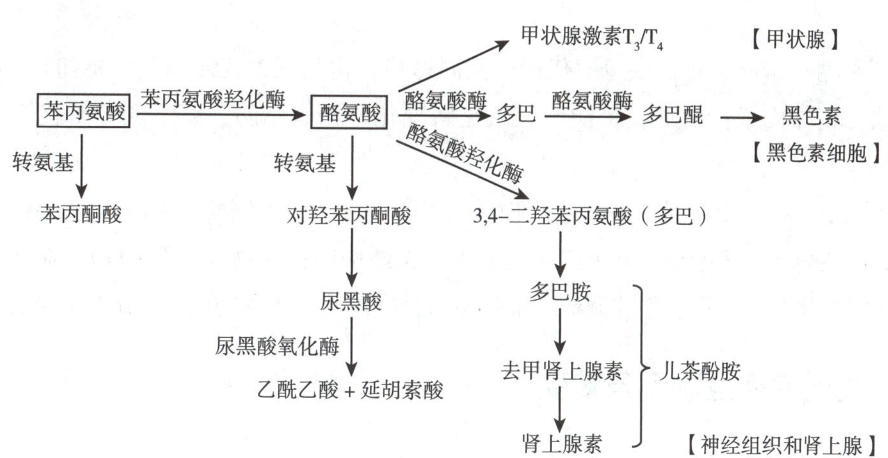

图 8－10　苯丙氨酸与酪氨酸代谢

1. 生成甲状腺素　在甲状腺内，酪氨酸逐步碘化，生成三碘甲腺原氨酸（T_3）和四碘甲腺原氨酸（T_4），两者合称甲状腺素。临床测定 T_3、T_4是诊断甲状腺功能的主要指标。

2. 生成儿茶酚胺　在肾上腺髓质和神经组织，酪氨酸经酪氨酸羟化酶作用生成多巴，多巴进而脱羧生成多巴胺，多巴胺羟化生成去甲肾上腺素，后者经甲基化反应生成肾上腺素，多巴胺、去甲肾上腺素和肾上腺素三者统称儿茶酚胺，酪氨酸羟化酶是关键酶。儿茶酚胺是体内重要的神经递质或激素。帕金森病患者脑内多巴胺生成减少。

3. 生成黑色素 在黑色素细胞内，酪氨酸由酪氨酸酶催化，生成多巴，再经氧化、脱羧后，聚合生成黑色素。先天性缺乏酪氨酸酶，黑色素合成障碍，患者皮肤毛发色浅或为白色，称白化病。

4. 氧化分解 酪氨酸转氨基生成对羟苯丙酮酸，后者脱羧生成尿黑酸，再经尿黑酸氧化酶等催化，逐步分解为延胡索酸和乙酰乙酸，可继续氧化分解供能，也可以转变为葡萄糖和酮体。因此，苯丙酮酸和酪氨酸属于生糖兼生酮氨基酸。当尿黑酸氧化酶缺陷时，尿黑酸分解受阻，出现尿黑酸尿症（表8－3）。

表8－3 先天性氨基酸代谢缺陷病

疾病名称	涉及的氨基酸代谢	缺陷的酶
苯丙酮尿症	苯丙氨酸	苯丙氨酸羟化酶
白化病	酪氨酸	酪氨酸酶
尿黑酸尿症	酪氨酸	尿黑酸氧化酶

（三）色氨酸的代谢

色氨酸经脱羧生成5－HT，经分解可提供一碳单位，经转氨基代谢可产生丙酮酸与乙酰乙酰CoA，所以色氨酸属于生糖兼生酮氨基酸。此外，色氨酸还可以产生少量的烟酸，这是体内合成维生素的特例，但其合成量很少，不能满足机体需要。

PPT

第四节 物质代谢之间的联系

一、物质代谢具有整体性

体内糖、脂质、蛋白质的代谢在组织细胞内同时进行，不是彼此孤立的，而是相互联系和转变，构成一个整体。

三羧酸循环是糖、脂质、蛋白质分解代谢的共同途径，也是三大代谢的联系枢纽。ATP是体内能量储存的共同形式，是体内最主要的直接能源。氧化磷酸化是糖、脂肪、氨基酸分解代谢中生成ATP的主要方式。

三大物质代谢中，有许多共同的中间代谢物，如乙酰辅酶A、丙酮酸、草酰乙酸、α－酮戊二酸、琥珀酸、延胡索酸、磷酸二羟丙酮等，其中乙酰辅酶A是枢纽中间代谢物（图8－11）。血液和组织细胞内，是各种代谢物共同的代谢池。通过整体调节分解代谢与合成代谢，体内物质的来源与去路处于动态平衡。

二、物质代谢的相互联系与转变

通过共同中间代谢物，糖、脂质和氨基酸之间可以代谢转变。

糖分解代谢产生大量乙酰辅酶A，乙酰辅酶A是合成胆固醇、脂肪酸的原料。糖酵解的中间产物磷酸二羟丙酮可转变为甘油，故葡萄糖可转变为脂肪。葡萄糖分解提供多种α－酮酸，例如草酰乙酸、α－酮戊二酸等，利用转氨基作用，分别合成天冬氨酸、谷氨酸等非必需氨基酸。

脂肪动员生成甘油和脂肪酸。甘油可进行糖异生；脂肪酸分解生成乙酰辅酶A，乙酰辅酶A不能转变为葡萄糖。

氨基酸分解为α－酮酸，继续代谢生成乙酰辅酶A，可合成脂肪和胆固醇。除了生酮氨基酸赖氨酸和亮氨酸，其他大多数氨基酸均可转变为糖。例如，丙氨酸经转氨基生成丙酮酸，后者可糖异生为葡萄糖，也可继续代谢为乙酰辅酶 A，通过三羧酸循环彻底氧化分解。

蛋白质的合成原料包含必需氨基酸和非必需氨基酸，糖、脂肪均不能转变为必需氨基酸，故糖、脂肪均不能转变为蛋白质。

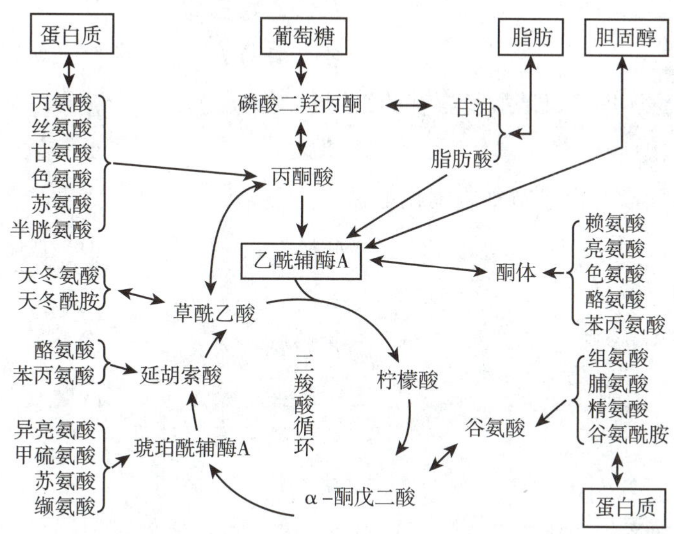

图 8-11　糖、脂质和蛋白质分解代谢的联系

答案解析

目标检测

一、名词解释

必需氨基酸　蛋白质的互补作用　转氨基作用　一碳单位

二、填空题

1. 氨基酸脱氨基作用的方式有＿＿＿＿＿＿、＿＿＿＿＿＿、＿＿＿＿＿＿。
2. 氨基转移酶的辅酶有＿＿＿＿＿＿和＿＿＿＿＿＿，含有维生素＿＿＿＿＿＿。氨基酸脱羧酶的辅酶是＿＿＿＿＿＿。氨基酸脱羧基生成＿＿＿＿＿＿和＿＿＿＿＿＿。
3. 血氨的主要来源是＿＿＿＿＿，主要去路是＿＿＿＿＿。
4. 合成尿素可清除＿＿分子氨，一个来自＿＿＿＿＿，另一个来自＿＿＿＿＿提供的氨基。
5. 一碳单位在＿＿＿＿＿分解代谢中产生，载体为＿＿＿＿＿，一碳单位是合成＿＿＿＿＿的重要原料。

三、选择题

【A 型题】

1. 衡量蛋白质营养价值的关键因素是（　　）。

A. 氨基酸的种类　　B. 非必需氨基酸的种类

C. 必需氨基酸的数量　　D. 必需氨基酸的种类、数量和比例

2. 将谷类和豆类食品混合食用可提高蛋白质营养价值，其原理是（　　）。

A. 蛋白质的腐败作用　　B. 提升蛋白质的含量

C. 促进蛋白质酶的消化作用　　D. 蛋白质的互补作用

3. 体内氨基酸分解代谢的主要途径是（　　）。

A. 脱氨基作用　B. 脱羧基作用　C. 分解为一碳单位　D. 生成核苷酸

4. 体内大部分器官氨基酸脱氨基作用的主要方式是（　　）。

A. 转氨基　B. 氧化脱氨基

C. 嘌呤核苷酸循环　D. 转氨酶与 *L* - 谷氨酸脱氢酶联合脱氨基

5. 主要通过嘌呤核苷酸循环进行氨基酸脱氨基的组织是（　　）。

A. 肌肉　B. 肝脏　C. 肾脏　D. 脑

6. 血清中 ALT 活性明显增高，提示有细胞损伤的器官主要是（　　）。

A. 心肌　B. 骨骼肌　C. 肝脏　D. 小肠

7. 体内 AST 活性最高的组织是（　　）。

A. 肝　B. 心肌　C. 骨骼肌　D. 肾

8. 尿素合成过程是（　　）。

A. 鸟氨酸循环　B. 丙氨酸 - 葡萄糖循环

C. 三羧酸循环　D. 嘌呤核苷酸循环

9. 肝性脑病患者发生氨中毒的生化机制是（　　）。

A. 肠道吸收氨过量　B. 氨基酸在体内分解代谢增强

C. 合成谷氨酰胺减少　D. 肝功能损伤导致尿素合成障碍

10. 一碳单位代谢将氨基酸代谢与（　　）联系起来。

A. 生物氧化　B. 核苷酸代谢　C. 脂类代谢　D. 糖代谢

【B 型题】

[第 11 ~ 13 题选项]

A. 谷氨酸　B. 丝氨酸　C. 亮氨酸　D. 酪氨酸

E. 天冬氨酸

11. 脱氨基后生成 α - 酮戊二酸的是（　　）。

12. 一碳单位的主要来源是（　　）。

13. 代谢生成多巴胺、去甲肾上腺素和肾上腺素的氨基酸是（　　）。

[第 14 ~ 16 题选项]

A. 组胺　B. GABA　C. 5 - HT　D. 甲状腺素

E. 牛磺酸

14. 体内谷氨酸脱羧可生成（　　）。

15. 体内色氨酸脱羧可生成（　　）。

16. 体内组氨酸脱羧可生成（　　）。

[第 17 ~ 20 题选项]

A. 白化病　B. 苯丙酮尿症　C. 尿黑酸尿症　D. 帕金森病

E. 蚕豆病

17. 苯丙氨酸羟化酶缺陷导致的疾病是（　　）。

18. 酪氨酸酶缺陷导致的疾病是（　　）。

19. 尿黑酸氧化酶缺陷导致的疾病是（　　）。

20. 多巴胺生成减少导致的疾病是（　　）。

【X 型题】

21. 下列属于必需氨基酸的是（　　）。

A. 色氨酸　　B. 天冬氨酸　　C. 亮氨酸　　D. 苯丙氨酸

22. 氨基酸脱氨基作用的产物有（　　）。

A. CO_2　　B. 胺　　C. 氨　　D. α－酮酸

23. α－酮酸的去路有（　　）。

A. 氧化分解　　B. 转变为葡萄糖或酮体

C. 合成必需氨基酸　　D. 合成非必需氨基酸

24. 血氨的来源包括（　　）。

A. 氨基酸脱氨基作用产生的氨　　B. 肠道吸收的氨

C. 肾小管谷氨酰胺产生的氨　　D. 氨基酸脱羧基作用产氨

25. 下列属于一碳单位的有（　　）。

A. CO_2　　B. $—CH_2OH$　　C. $—CH_2—$　　D. —CHO

四、简答题

1. 体内氨基酸脱氨基作用有哪些方式，主要的酶分别有哪些？
2. 简述血氨的来源和去路。

书网融合……

知识回顾

微课 1

微课 2

习题

第九章 核酸代谢与蛋白质的生物合成

学习引导

市面上营养品种类繁多，就核酸而言，它到底是不是人体必需的营养品呢？病毒进攻人体的主要目的是掠夺人体的细胞工厂，利用人体细胞的养分来繁殖自身。终其一生，病毒最想做一件事就是复制，那什么是复制呢？抗结核药利福平通过与 RNA 聚合酶结合，阻断细菌 RNA 转录的过程，抑制细菌生长，那什么是转录呢？机体在不同发育阶段会有不同的特征，是什么控制着这一切呢？是谁在扮演生命功能的执行者呢？带着这些问题，我们进入接下来的新章节学习。

本章主要介绍核酸的分解代谢、核酸和蛋白质的生物合成以及药物对核酸代谢和蛋白质合成的影响。

学习目标

1. **掌握** 尿酸与痛风症的关系；DNA 半保留复制和转录的概念；蛋白质生物合成中三种 RNA 的作用；遗传密码的概念及特点。

2. **熟悉** DNA 损伤的概念、类型及修复方式；DNA 复制、RNA 转录及蛋白质生物合成的基本过程。

3. **了解** 嘌呤、嘧啶核苷酸从头合成途径的原料、特点；核酸代谢的基本途径；蛋白质合成后的加工与修饰。

核酸几乎存在于所有生命个体中，其最基本组成单位是核苷酸（nucleotide）。人体内核苷酸可来自食物核酸的消化吸收，核酸的消化主要在小肠中进行，在胰液和肠液中各种水解酶的作用下，核酸被逐步水解。由于体内核酸主要是由机体细胞自身合成，因此不属于营养必需物质。核苷酸的代谢障碍已被证实与很多遗传、代谢性疾病有关。核苷酸类似物作为抗代谢药物已被临床广泛应用。

除少数病毒外，DNA 是遗传的主要物质基础，基因是 DNA 分子的片段，通过基因的复制、转录和翻译，将遗传物质代代相传，由 DNA 决定蛋白质的一级结构，蛋白质作为生命功能的执行者。1958 年，F. Crick 把上述遗传信息的传递方式归纳为中心法则（the central dogma）。后来，1970 年 H. Temin 发现反转录现象后对中心法则的内容进行了补充和修正（图 9-1）。

$$\text{复制}\circlearrowright \text{DNA} \underset{\text{逆转录}}{\overset{\text{转录}}{\rightleftharpoons}} \text{复制}\circlearrowright \text{RNA} \xrightarrow{\text{翻译}} \text{蛋白质}$$

图 9-1 遗传信息传递的中心法则极其补充

第一节　核酸的分解代谢与核苷酸的生物合成

一、核酸的水解

食物中的核酸多以核蛋白的形式存在。进入消化道后，在胃酸或小肠中蛋白酶作用下，分解成核酸和蛋白质，继而在各种酶作用下，水解成碱基、戊糖和磷酸（图9－2）。这些产物又进一步被利用或氧化分解为代谢产物排出体外。各级水解产物均可被小肠黏膜细胞吸收，由门静脉进入肝脏。戊糖可被重新利用参与体内糖代谢，嘌呤和嘧啶碱将被进一步分解排出体外。因此，食物来源的核酸不是人体健康所必须的营养物质，体内核酸主要由机体细胞自身合成。

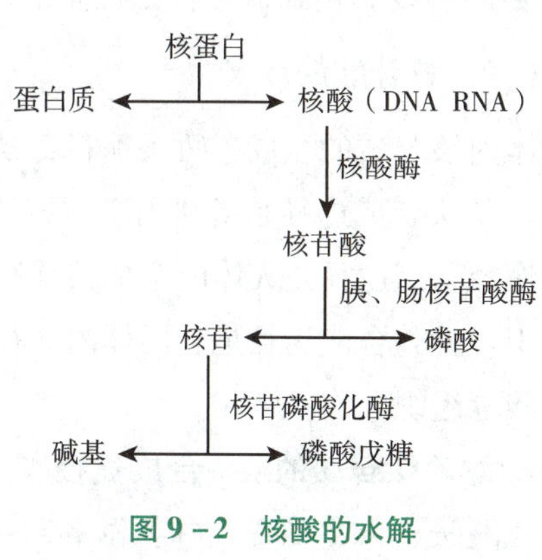

图9－2　核酸的水解

二、核苷酸的分解与合成

（一）核苷酸的分解 微课1

1. 嘌呤核苷酸的分解　嘌呤核苷酸首先水解为嘌呤碱基、戊糖和磷酸。其中的腺嘌呤核苷酸与鸟嘌呤核苷酸在人类和灵长类动物体内分解的最终产物是尿酸（uric acid）。尿酸仍具有嘌呤环，通过肾脏的泌尿，最终随尿液排出体外。血尿酸正常范围为0.12～0.36mmol/L，尿酸的水溶性较差，当血中尿酸含量超过0.48mmol/L时，尿酸盐结晶沉积于关节、软组织、软骨和肾等处，最终导致关节炎、尿路结石及肾疾病等，称为痛风症。临床上常用的治疗痛风症的药物为别嘌呤醇，其结构与次黄嘌呤相似，可竞争性抑制黄嘌呤氧化酶，从而抑制尿酸的生成（图9－3）。

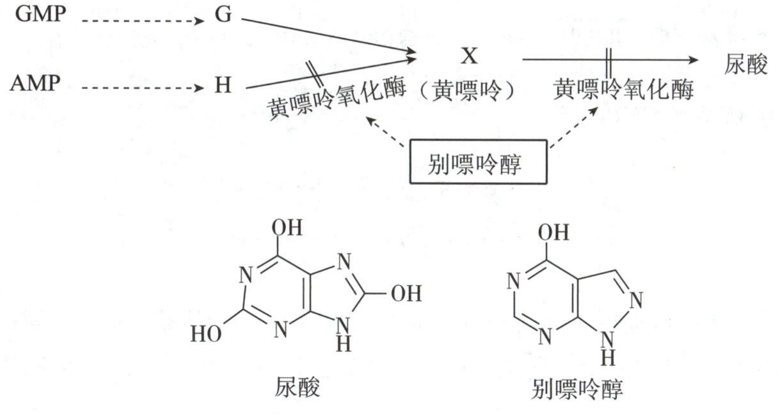

图9－3　嘌呤核苷酸的分解代谢

实例分析9－1

实例　患者，男，55岁，几个月前发现足趾关节疼痛，全身多处关节疼痛。体格检查发现：双足第一趾趾关节肿痛拒按。血液生化结果显示：尿酸0.74mmol/L。

讨论　1. 该患者所患何病？诊断依据是什么？

2. 理论上应该采取怎样的治疗措施？

2. 嘧啶核苷酸的分解 在核苷酸酶与核苷磷酸化酶的作用下，脱去磷酸与戊糖，剩余的嘧啶碱还可以进一步再分解，胞嘧啶脱氨基可转变为尿嘧啶，经还原、开环最终生成 NH_3、CO_2 及 β－丙氨酸；胸腺嘧啶则最终水解成 NH_3、CO_2 及 β－氨基异丁酸，尿中 β－氨基异丁酸的排泄多少可反映细胞及 DNA 破坏程度，白血病患者往往尿中排泄增多。

（二）核苷酸的合成

体内核苷酸的合成有两条途径：从头合成途径（de novo synthesis）和补救合成途径（salvage pathway）。从头合成途径是指利用磷酸核糖、氨基酸、一碳单位等简单物质，经过一系列酶促反应合成核苷酸的途径，该途径是人体内合成核苷酸的主要途径，从头合成的酶系主要分布在肝脏、小肠黏膜和胸腺等组织。补救合成途径是利用体内现存的核苷或碱基经过简单的反应合成核苷酸的途径，主要发生在骨髓、脑等组织。

1. 嘌呤核苷酸的从头合成途径 基本原料包括谷氨酰胺、天冬氨酸、甘氨酸、5－磷酸核糖、一碳单位和 CO_2，同位素示踪实验结果表明，合成嘌呤环的各元素来源分别是天冬氨酸、一碳单位（N^{10}—CHO—FH_4）、谷氨酰胺、CO_2 和甘氨酸（图 9－4）。合成嘌呤核苷酸所需的 5－磷酸核糖来自磷酸戊糖途径。

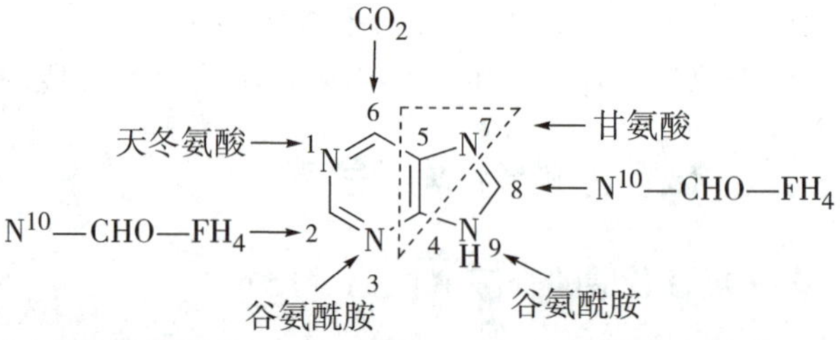

图 9－4 嘌呤环合成的原料

从头合成途径反应步骤比较复杂，可分为两个阶段：首先合成次黄嘌呤核苷酸（IMP），IMP 再转变为 AMP 和 GMP。

（1）IMP 的合成

R－5－P（5－磷酸核糖）—[ATP→AMP，PRPP合成酶]→ PP－1－R－5－P（5－磷酸核糖－1－焦磷酸）→→ IMP（次黄嘌呤核苷酸）

（2）IMP 转变为 AMP 和 GMP

IMP —[谷氨酰胺，ATP，NAD^+]→ GMP

IMP —[天冬氨酸，GTP]→ AMP

2. 嘌呤核苷酸的补救合成途径 体内补救合成有两种方式，过程相对简单，消耗能量也少。

（1）利用游离的嘌呤碱与 PRPP（磷酸核糖焦磷酸）经磷酸核糖转移酶作用生成核苷酸

腺嘌呤＋PRPP —[腺嘌呤磷酸核糖转移酶（APRT）]→ AMP＋PPi

次黄嘌呤＋PRPP —[次黄嘌呤鸟嘌呤磷酸核糖转移酶（HGPRT）]→ IMP＋PPi

鸟嘌呤＋PRPP —[次黄嘌呤鸟嘌呤磷酸核糖转移酶（HGPRT）]→ GMP＋PPi

（2）利用游离的腺嘌呤核苷经腺苷激酶催化作用生成 AMP

腺嘌呤核苷 —[腺苷激酶，ATP→ADP]→ AMP

知识链接

自毁容貌症

自毁容貌症，在临床上也被称为 Lesh – Nyhan 综合征。患者临床表现为神经异常及尿酸升高，1 岁后可出现手足抽动，肌肉痉挛，发生咬自己嘴唇、手指、足趾等等自残行为。此病属于 X 染色体隐性遗传病，由于先天基因缺陷导致次黄嘌呤鸟嘌呤磷酸核糖转移酶（HGPRT）缺失，致使脑内核酸合成障碍，影响脑细胞生长发育。同时由于 HGPRT 缺失，致使次黄嘌呤和鸟嘌呤不能转变为 IMP 和 GMP，而是降解为尿酸，因此该病还伴有高尿酸血症。

近年来，我国出台了一系列利好政策，旨在进一步改善罕见病的诊疗现状，在全国范围内对罕见病和特定类别重症疾病进行诊断和治疗，并主导先进医疗技术的全面推广。这体现了我国政府关爱民众，体现了社会主义大家庭的温暖真情，展现了中华民族同舟共济、守望相助的家国情怀。

3. 嘧啶核苷酸的从头合成　在肝中，首先合成嘧啶环，再与磷酸核糖相连，形成 UMP。嘧啶环比嘌呤环结构简单，因此从头合成途径中所需原料较少，主要包括：谷氨酰胺、天冬氨酸、CO_2 和 5 – 磷酸核糖，由 ATP 供能（图 9 – 5）。

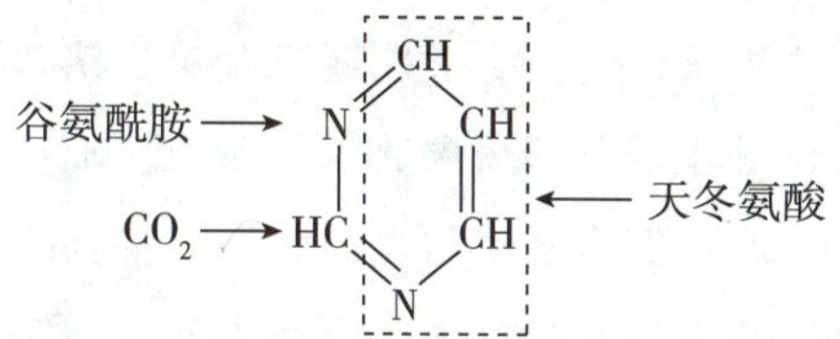

图 9 – 5　嘧啶环合成的原料

（1）UMP 的合成

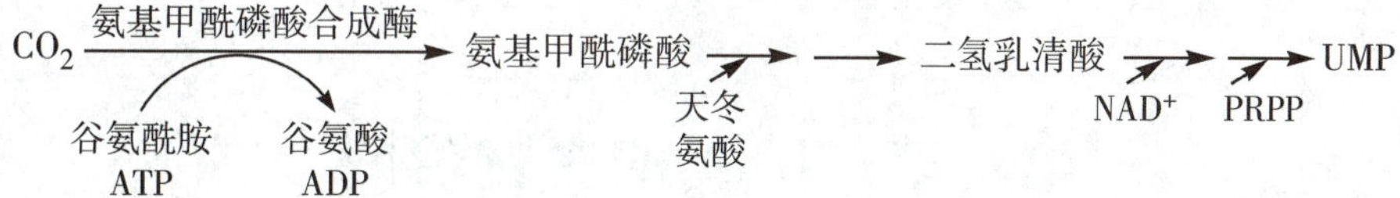

（2）胞嘧啶核苷酸的合成　胞嘧啶核苷酸不是由 UMP 直接转变而来，而是从三磷酸的 UTP 进行氨基化而完成。UMP 在激酶的连续作用下生成 UTP，UTP 在 CTP 合成酶的催化下，由谷氨酰胺提供氨基，消耗 1 分子 ATP，UTP 从谷氨酰胺接受氨基形成 CTP。

$$\text{UMP} \longrightarrow \text{UDP} \longrightarrow \text{UTP} \xrightarrow[\text{谷氨酰胺 ATP}\ \rightarrow\ \text{谷氨酸 ADP}]{\text{CTP合成酶}} \text{CTP}$$

4. 嘧啶核苷酸的补救合成　与嘌呤核苷酸的补救途径类似，嘧啶核苷酸的补救途径也是利用游离的嘧啶核苷或嘧啶碱，经过简单的反应，催化生成相应的嘧啶核苷酸。

5. 脱氧核苷酸的合成

（1）脱氧核苷二磷酸的合成　除脱氧胸腺嘧啶核苷酸（dTMP）外，体内的脱氧核糖核苷酸均是由相应的核糖核苷酸还原而成。这种还原作用是由核苷酸还原酶催化，在核苷二磷酸水平上进行的。生成的脱氧核苷二磷酸（dNDP）可再经激酶作用磷酸化成脱氧核苷三磷酸（dNTP），其总反应式如下：

$$\text{NDP} \xrightarrow[\text{NADPH+H}^+\ \rightarrow\ \text{NADP}^+]{\text{核苷酸还原酶}} \text{dNDP} \xrightarrow[\text{ATP}\ \rightarrow\ \text{ADP}]{\text{核苷二磷酸激酶}} \text{dNTP}$$

（2）dTMP 的合成　dTMP 是由 dUMP 经甲基化生成。dUMP 可由 dCMP 加水脱氨或 dUDP 水解生成。

$$dCMP \xrightarrow[H_2O \quad NH_3]{dCMP脱氨酶} dUMP \xrightarrow[N^5,N^{10}—CH_2—FH_4 \quad FH_2]{胸苷酸合成酶} dTMP$$

知识链接

抗代谢物作用机理与抗肿瘤的副作用

抗代谢物主要是指某些嘌呤、嘧啶、氨基酸、核苷和叶酸的类似物。如 5－氟尿嘧啶（5－FU）、甲氨蝶呤（MTX）等，它们主要以竞争性抑制方式干扰、阻断核苷酸合成代谢，或以假乱真掺入核酸，阻止核酸及蛋白质的生物合成。这些核苷酸代谢类似物不仅是研究生化代谢途径的工具，也是治疗某些疾病的有效药物。

肿瘤细胞生长代谢旺盛，摄取的抗代谢物较多，因此肿瘤细胞更易被阻碍或杀伤，同时体内代谢旺盛的组织细胞，如骨髓造血细胞、消化道上皮细胞、毛囊细胞等也受到抗代谢物的影响，机体会出现相应的副作用，如白细胞、红细胞、血小板减少，厌食、恶心、呕吐，脱发等症状。

目前国内自主研发的特效抗癌药还比较少，大多依赖进口满足临床需求。希望同学们认真学习专业的知识，进入研发中心，协助研发新药，让中国不再只依靠其他国家，而是拥有自主知识产权的新药，发挥自己的最大力量为中国的抗癌事业做出贡献。

第二节　DNA 的生物合成

PPT

DNA 是遗传的物质基础，其分子中含有大量的遗传信息，DNA 生物合成主要包括 DNA 复制、逆转录合成 DNA 和 DNA 的修复合成。

实例分析 9－2

实例　俗语说“龙生龙，凤生凤。老鼠的儿子会打洞”。

讨论　1. 这句俗语反映了一种什么生物学现象？

2. 其背后的机制是什么？

3. 该生物学现象有什么意义？

答案解析

一、DNA 的复制

（一）DNA 的复制特征

DNA 复制是 DNA 生物合成的主要方式，DNA 复制的主要特征包括：半保留复制、双向复制、半不连续复制和高保真复制。

1. 半保留复制　亲代 DNA 的双螺旋结构松解，两条链之间的氢键断裂，两条链分开，然后分别以两条链为模板，通过碱基配对，合成其互补链，形成了两个子代 DNA 分子，每个子代双链 DNA 分子中一条链来自亲代 DNA，另一条链是新合成的。这种 DNA 生物合成方式称为半保留复制。该复制方式是

1958 年 Meselson 和 Stahl 利用氮标记技术在大肠埃希菌（*E. coli*）中首次证实。

2. 双向复制 DNA 复制时，在起始点处局部双链解开成两股，各自作为模板，子链沿模板延长，解开的两股单链和未解开的双螺旋形成的“Y”字形结构，称为复制叉（replication fork）。DNA 合成时总是从复制起始点开始，形成两个复制叉，随后相背而行，这种复制方式称为双向复制。

3. 半不连续复制 DNA 复制时，与复制叉方向一致的链，其合成是连续的，称为领头链或前导链（leading strand）；另一条的合成方向与复制叉移动方向相反，称为随从链（lagging strand），随从链在合成过程中需要模板 DNA 解开足够的长度才能合成一段新链，所以会形成多个不连续的 DNA 片段，被称为冈崎片段。

知识链接

冈崎片段

冈崎片段（Okazaki fragment）是 20 世纪 60 年代两位日本分子生物学家，名古屋大学的一对校友夫妇冈崎令治及其夫人冈田恒子共同发现的，为纪念冈崎令治夫妇的功绩，名古屋大学设立有冈崎令治·恒子奖。冈崎片段是指相对较短的 DNA 核苷酸序列，其合成是不连续的，随后通过 DNA 连接酶连接在一起，形成 DNA 复制过程中的随从链。不同类型的生物，其冈崎片段的长度不同，一般为几百到数千个核苷酸，如大肠埃希菌中冈崎片段为 1000～2000 个核苷酸，而真核生物冈崎片段的长度为 100～200 个核苷酸。

在生化领域中有许多科学家曾获得过诺贝尔奖，为人类的科研事业发展做出了巨大的贡献。未来国家的科技进步都寄托在同学们身上，科学的未知领域远远超出已知的领域，所以要努力学习，立下宏伟的志向，为国家为人类的科技进步做出贡献。

4. 高保真复制 DNA 复制生成的子代 DNA 与亲代 DNA 的碱基序列一致，称为高保真性。

（二）DNA 的复制体系

DNA 复制需要亲代 DNA（模板）、四种脱氧核苷三磷酸（原料）、引物、多种酶和蛋白质因子。参与 DNA 复制的酶类和蛋白质因子及其作用见表 9－1。

表 9－1 参与 DNA 复制的酶类和蛋白质因子及其作用

酶和蛋白质因子	作用
解螺旋酶	辨认起始位点，利用 ATP 分解供给能量打开 DNA 双链之间的氢键
单链 DNA 结合蛋白	与解开的单链 DNA 结合，维持打开的模板处于单链状态；避免核酸内切酶对单链 DNA 的水解
拓扑异构酶	松弛复制过程形成的 DNA 超螺旋，理顺 DNA 链
引物酶	以相应复制起始部位的 DNA 链为模板，按碱基互补配对原则，催化短片段 RNA（引物）的合成
DNA 聚合酶	以 DNA 为模板，根据碱基配对原则，催化 dNTP 加到 RNA 引物的 3′－OH 末端形成磷酸二酯键连接，依此逐个催化使合成的 DNA 链逐渐延长，延长方向是 5′→3′（原核生物中，DNA 聚合酶均有 5′→3′聚合酶活性，但不同类型作用也不相同，其中 DNA 聚合酶Ⅰ主要参与修复合成、切除引物、填补空隙；DNA 聚合酶Ⅱ参与 DNA 损伤的应急状态修复；DNA 聚合酶Ⅲ主要催化 DNA 链延长）
DNA 连接酶	催化相邻的 DNA 片段以 3′,5′－磷酸二酯键相连接

（三）DNA 复制的过程

主要以原核生物 *E. coli* 的 DNA 复制过程为例。

1. 复制起始 DNA 在复制时，由 DNA 解螺旋酶解开双链，单链 DNA 结合蛋白（SSB）结合到已解开的 DNA 单链上，保证其不再恢复成双链结构，引物酶结合在 DNA 单链的模板起始处，催化合成一段长度约 20 个核苷酸左右的短链 RNA 引物，形成了包括 DNA 起始复制区域、解螺旋酶、引物酶和单链 DNA 结合蛋白等蛋白质因子的复合体结构，称为引发体。随着 RNA 引物的合成，DNA 聚合酶加入，形成复制叉，复制进入延长阶段。

2. DNA 链的延长 复制叉附近，在 DNA 聚合酶Ⅲ的催化下，从 RNA 引物的 3′-OH 端开始，分别以解开的两条 DNA 单链为模板，按碱基互补配对原则，四种 dNTP 逐个以 dNMP 形式加入引物或延长中的子链上，各自合成一条与 DNA 模板链互补的 DNA 新链。两条链的复制方向均为 5′→3′，领头链合成方向与复制叉移动方向相同，沿 5′→3′方向连续合成；随从链合成方向与复制叉移动方向相反为不连续合成。在延长过程中，拓扑异构酶可防止位于复制叉前方的 DNA 打结。

3. 复制终止 DNA 复制终止主要过程包括切除引物、填补空缺和连接切口。DNA 聚合酶Ⅰ切除 RNA 引物并催化空缺处的 DNA 片段延长以填补空隙。DNA 连接酶催化两个相邻的冈崎片段之间形成磷酸二酯键，将冈崎片段连接完整。两条新合成的 DNA 子链，分别与其作为模板的母链形成两个完整的子代 DNA。DNA 复制过程见图 9-6。

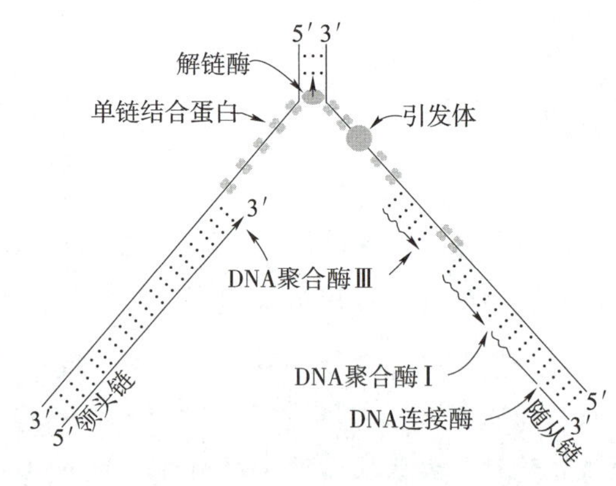

图 9-6 DNA 复制过程简图

实例分析 9-3

实例 新型冠状病毒肺炎疫情期间，穿戴防护服的医护人员对待检测人员进行新型冠状病毒咽试子标本采集，随后送至实验室进行核酸检测。

讨论 1. 假设待检测人员为阳性患者，理论上，其咽拭子标本中所含有的新型冠状病毒载量相当少，直接分离检测不切实际，应采取何种方法对其进行扩增？

2. 该方法的原理是什么？

答案解析

（四）聚合酶链式反应 微课 2

1. 聚合酶链式反应的概念 聚合酶链式反应（polymerase chain reaction，PCR）是指在 DNA 聚合酶催化下，以母链 DNA 为模板，以特定引物为延伸起点，通过变性、退火、延伸等步骤，在体外复制出与母链模板 DNA 互补的子链 DNA 的过程，是一项 DNA 体外合成放大技术，能快速特异地在体外扩增任何目的 DNA。具有特异性强、灵敏度高、操作简便、省时等特点。

2. 基本原理 1985 年，K. Mullis 等人建立了体外 DNA 扩增技术——聚合酶链式反应。其基本原理与体内 DNA 复制相似，在试管内完成了对特异 DNA 片段扩增的目的，由变性、退火、延伸三个步骤组成。①变性：94℃～95℃条件下，模板 DNA 双链解链为单链。②退火：将温度降至引物的 T_m 值以下，根据碱基互补配对原则，上下游引物与各自的模板链结合在一起。③延伸：温度为 72℃时，dNTP 按照模板链的序列加至引物的 3′-端，在 DNA 聚合酶存在的条件下，杂交链不断延伸，形成新的 DNA 双链。以上三个步骤每经过一个循环，PCR 产物都会以 2^n 的指数形式增长（图 9-7）。

3. 反应体系　①模板：来源较广泛，可以从细胞、细菌、病毒、考古标本等中进行DNA的提取作为模板。②引物：人工设计的两条分别于模板链上下游互补的寡核苷酸链，位于被扩增片段的两端，长度一般为16～30个核苷酸。③DNA聚合酶：Taq DNA聚合酶是目前应用最广泛的耐热DNA聚合酶，其最适反应温度为72℃。④dNTP：为dATP、dCTP、dTTP、dGTP的混合物，为PCR合成的原料物质。⑤缓冲液：为PCR反应提供合适的酸碱度和某些离子，一般含有10～50mmol/L Tris－HCl、50mmol/L KCl和适当浓度的Mg^{2+}。

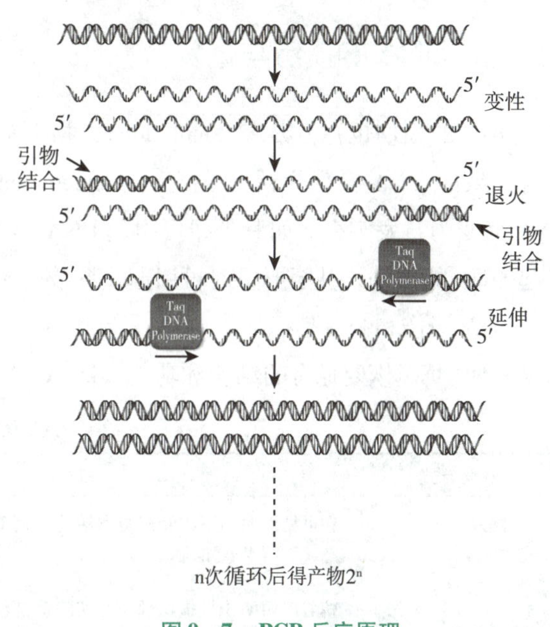

图9－7　PCR反应原理

4. 扩增参数　①温度：变性温度一般为95℃，使模板DNA双链完成打开。退火温度设定取决于引物的T_m值，通常低于引物T_m值5℃左右。延伸温度一般为72℃，在此温度下Taq DNA聚合酶活性较高，有利于DNA的复制。②时间：在第一次变性时应给予足够长时间，约5分钟，以使模板彻底变性，进入循环后的变性时间一般为30秒～1分钟，退火时间一般为30秒，延伸时间取决于扩增产物的长度，一般以每分钟1000个碱基的速度延伸。③循环次数：一般为20～40个循环。

5. 应用　PCR技术不仅可用于基因分离、克隆和核酸序列分析等基础研究，还可用于疾病的诊断等领域。①DNA的微量分析：1滴血液、1根毛发或1个细胞即可满足PCR检测需要，在病毒检测、基因诊断及法医鉴定中有广阔应用前景。②目的基因克隆：在基因工程中，可利用PCR获得目的基因。③基因的定点突变：将待诱变的碱基设计在引物中，利用这种方法可以改变蛋白质中特定的氨基酸。

二、逆转录

逆转录是DNA合成的一种特殊形式，所谓逆转录是指以RNA为模板合成双链DNA的过程，催化逆转录过程的酶称为逆转录酶（reverse transcriptase）。逆转录酶主要有三种功能：①以RNA为模板，合成一条与RNA模板互补的DNA单链，这条单链称为互补DNA（cDNA），cDNA与RNA形成DNA－RNA杂化双链；②逆转录酶具有核糖核酸酶的活性，能专一的水解RNA－DNA杂交分子中的RNA；③以新合成的cDNA为模板，合成另一条DNA互补链。逆转录过程见图9－8。

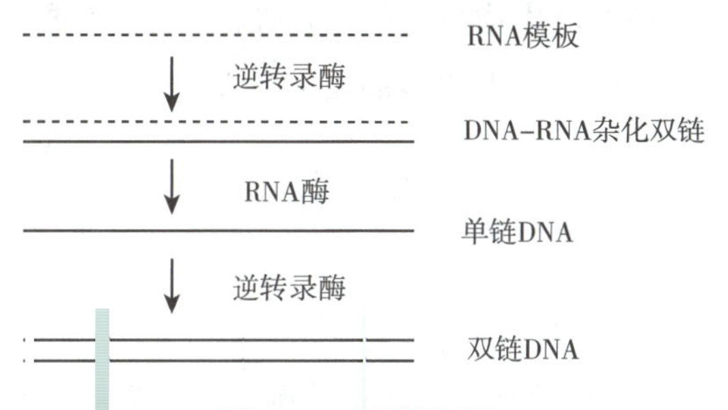

图9－8　逆转录过程

逆转录酶存在于所有致癌RNA病毒中，当病毒侵入细胞后，在宿主细胞中以病毒RNA为模板合成DNA，并整合到宿主细胞的DNA中。逆转录病毒基因组中都含有癌基因，如果由于某种因素激活了癌基因可使宿主细胞转化为癌细胞，引起宿主细胞癌变。

三、DNA 的损伤与修复

DNA 的损伤也称为突变（mutation），指 DNA 分子中碱基序列和结构的改变。理化因素和外源 DNA 整合导致的 DNA 突变为诱发突变（induced mutation），DNA 复制过程中由于错误或不明原因导致的 DNA 突变为自发突变。如紫外线可引起 DNA 链上相邻的两个嘧啶碱基发生共价结合，生成嘧啶二聚体，引起 DNA 的损伤，甚至严重时可引起皮肤癌。

DNA 损伤和修复是细胞内 DNA 复制中并存的过程。在一定条件下，生物体能使其 DNA 的损伤得到修复，使 DNA 恢复原有的结构和功能。DNA 损伤的修复主要类型和机制见表 9－2。

表 9－2 DNA 损伤的修复主要类型和机制

修复方式	机制
直接修复（光修复）	在可见光照射下，光修复酶活化，使 DNA 分子中由于紫外线作用生成的嘧啶二聚体分解为原来的非聚合状态，DNA 恢复正常
切除修复	核酸内切酶识别损伤部位并切除该部位 DNA 单链片段，在 DNA 聚合酶作用下，以另一条互补的 DNA 单链为模板，按 5′→3′方向修复合成 DNA。然后，在 DNA 连接酶的作用下，修补缺口
重组修复	大面积损伤时，利用健康的母链对应部分与缺口进行交换，填补缺口形成完整的 DNA 子链。母链出现的缺口以另一条子链 DNA 为模板经 DNA 聚合酶和 DNA 连接酶完成修补
SOS 修复（错误倾向修复）	DNA 受到严重损伤、细胞处于危急状态时所诱导的一种 DNA 修复方式，但会留下较多的错误

即学即练

答案解析

将 1 个完全被放射性标记的 DNA 分子置于无放射性标记的环境中复制三代后，所产生的全部 DNA 分子中，有放射性标记的 DNA 分子有____个。

A. 2　　B. 4　　C. 6　　D. 8

PPT

第三节 RNA 的生物合成

RNA 的生物合成有转录和复制两种方式。以 DNA 为模板合成 RNA 的过程称为转录（transcription）。转录是 RNA 生物合成的最主要方式。

一、RNA 的转录

（一）转录体系

转录体系包括：DNA 模板，原料 NTP，RNA 聚合酶及某些蛋白质因子和无机盐离子如 Mg^{2+}、Zn^{2+}。

1. 模板 所谓基因组是指生物体所有遗传物质的总和。在基因组中，能转录出 RNA 的 DNA 区段被称为结构基因（structural gene）。在结构基因的 DNA 双链中，只有一条链可以作为转录模板，称为模板链（template strand），与其互补的另一条链称为编码链（coding strand），转录的这种选择性称为不对称转录（图 9－9）。

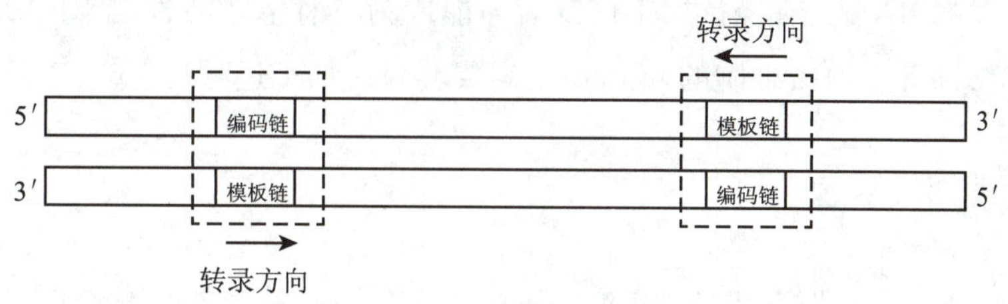

图 9-9　同一条染色体上不同基因转录的方向及其模板

2. 原料　四种核糖核苷酸（ATP、CTP、GTP、UTP）为合成 RNA 链的原料，此外还需 Mg^{2+}、Zn^{2+}。

3. 参与转录的酶　RNA 聚合酶为主要参与酶。原核生物 RNA 聚合酶只有一种，由含四个亚基的核心酶（两个 α 亚基、一个 β 亚基和一个 β′亚基）和一个 σ 因子组成的五聚体（$\alpha_2\beta\beta'\sigma$）。其中 σ 因子负责辨认转录起始点。核心酶可催化 NTP 按模板的指引合成 RNA。

（二）RNA 转录过程

转录过程分为起始、延长和终止三个阶段。

1. 转录起始　转录是从 DNA 分子转录起始点上游的特定部位开始的，这个部位具有特殊的核苷酸序列，称为启动子，RNA 聚合酶的 σ 因子能辨认启动子的 -35 区碱基序列，促进 RNA 聚合酶结合到启动子上，DNA 双链在 -10 区局部解链，形成开放的转录复合物（open transcription complex）。随后，根据 DNA 模板上核苷酸的序列，按碱基互补配对原则，从转录起始点开始转录。无论是原核生物还是真核生物，新合成的头一个核苷酸多为嘌呤核苷酸 GMP 或 AMP，以 GMP 常见。

在真核生物，转录起始点除启动子外，还有其他的转录调控序列。

2. 转录延长　转录起始复合物形成后，σ 亚基脱落，导致核心酶构象改变，有利于沿 DNA 模板链从 3′→5′方向移动，同时按照碱基互补配对原则，与 DNA 模板链碱基序列互补的 NMP 逐一进入反应体系，与前一个 NMP 的 3′-OH 末端形成磷酸二酯键，使 RNA 链按 5′→3′方向不断延长。新合成的 RNA 链通过氢键与 DNA 模板链杂交。但 RNA-DNA 杂交双链之间的氢键不太牢固，随着 RNA 的延长，新合成的 RNA 链的 5′-末端逐渐与模板分离，已被转录的 DNA 模板链又与编码链重新形成双螺旋结构。转录的延长如图 9-10 所示。

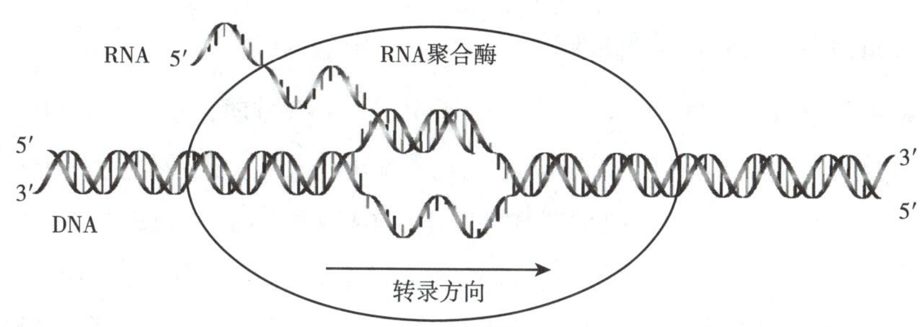

图 9-10　转录延长

3. 转录终止　当核心酶滑行到转录终止部位，遇到终止信号时，便不能前进，转录产物 RNA 链停止延长并从转录复合物上脱落下来，转录即终止。按是否依赖 ρ 因子分为两类。当 ρ 因子在终止部位与 RNA 链结合后，迫使 RNA 聚合酶停在终止部位不能继续前移，继而脱落，此为依赖 ρ 因子的转录终止。另有一种为转录终止位点处有一些特殊碱基序列，被转录后自行形成发夹结构，进而迫使 RNA 聚合酶停止作用，RNA 合成终止。

真核生物转录生成的RNA只有经过加工修饰后才能成为具有生物活性的RNA，加工过程主要包括剪切、剪接、添加和修饰等。原核细胞的mRNA不需要转录后加工过程。

二、RNA的复制

RNA的复制是以RNA为模板合成新的RNA分子的过程，此方式常见于病毒。例如新型冠状病毒、流感病毒、噬菌体等。RNA病毒的基因组RNA在病毒蛋白质的合成中具有mRNA的功能。它们在宿主细胞中以病毒的单链RNA为模板，由催化RNA复制的酶催化合成RNA，这种RNA合成方式称为RNA复制（RNA replication）。RNA复制的化学反应过程、机制与DNA依赖的RNA合成是相似的，合成的方向也是一样的。RNA复制酶缺乏校对活性，使得RNA复制的错误率较高。RNA复制酶一般对宿主细胞RNA不进行复制，只对病毒的RNA起作用。

PPT

第四节　蛋白质的生物合成

实例分析9－4

实例　毛毛虫长大后变成了蝴蝶，其生物学性状发生了巨大的变化，但它们的基因组却是一样的。

讨论　生命功能的执行者应该是DNA还是蛋白质呢？

答案解析

一、蛋白质生物合成体系

蛋白质的生物合成（protein biosynthesis）也被称为翻译（translation），合成原料为21种氨基酸、mRNA、tRNA、核糖体、能量物质、酶及一系列因子等。

（一）mRNA是蛋白质生物合成的直接模板

mRNA是蛋白质生物合成的直接模板。mRNA分子上沿5′→3′方向，从AUG开始每三个相邻的核苷酸组成一组，形成三联体，代表一种氨基酸或其他与翻译相关的信息，称为一个遗传密码（genetic codon）或密码子（codon）。mRNA中的四种碱基可以组成64种密码子（表9－3）。其中AUG既编码肽链中的蛋氨酸（原核生物中代表甲酰蛋氨酸），又作为肽链合成的起始信号，因此AUG称为起始密码子；另外UAA、UAG不编码任何氨基酸，只作为肽链合成终止的信号，称为终止密码子，又称无意义密码子，而UGA既是终止密码子，同时也是硒半胱氨酸密码子。即62个密码子编码蛋白质的21种氨基酸，称为有意义密码子。

遗传密码具有如下特点：

1. 连续性　相邻的两个密码子之间没有任何特殊符号加以分隔，即翻译时读码从mRNA的起始密码子AUG开始，按5′→3′的方向逐一阅读，直至终止密码子。若在读码框中间出现碱基插入或缺失就会使此后的读码产生错译，造成移码突变，引起下游氨基酸排列的错误。

表 9-3　遗传密码表

第一位碱基（5′）	第二位 U	第二位 C	第二位 A	第二位 G	第三位碱基（3′）
U	UUU 苯丙氨酸	UCU 丝氨酸	UAU 酪氨酸	UGU 半胱氨酸	U
	UUC 苯丙氨酸	UCC 丝氨酸	UAC 酪氨酸	UGC 半胱氨酸	C
	UUA 亮氨酸	UCA 丝氨酸	UAA 终止密码子	* UGA 终止密码子	A
	UUG 亮氨酸	UCG 丝氨酸	UAG 终止密码子	UGG 色氨酸	G
C	CUU 亮氨酸	CCU 脯氨酸	CAU 组氨酸	CGU 精氨酸	U
	CUC 亮氨酸	CCC 脯氨酸	CAC 组氨酸	CGC 精氨酸	C
	CUA 亮氨酸	CCA 脯氨酸	CAA 谷氨酰胺	CGA 精氨酸	A
	CUG 亮氨酸	CCG 脯氨酸	CAG 谷氨酰胺	CGG 精氨酸	G
A	AUU 异亮氨酸	ACU 苏氨酸	AAU 天冬酰胺	AGU 丝氨酸	U
	AUC 异亮氨酸	ACC 苏氨酸	AAC 天冬酰胺	AGC 丝氨酸	C
	AUA 异亮氨酸	ACA 苏氨酸	AAA 赖氨酸	AGA 精氨酸	A
	* AUG 蛋氨酸	ACG 苏氨酸	AAG 赖氨酸	AGG 精氨酸	G
G	GUU 缬氨酸	GCU 丙氨酸	GAU 天冬氨酸	GGU 甘氨酸	U
	GUC 缬氨酸	GCC 丙氨酸	GAC 天冬氨酸	GGC 甘氨酸	C
	GUA 缬氨酸	GCA 丙氨酸	GAA 谷氨酸	GGA 甘氨酸	A
	GUG 缬氨酸	GCG 丙氨酸	GAG 谷氨酸	GGG 甘氨酸	G

注：* AUG 既是蛋氨酸密码子，也是起始密码子；* UGA 既是终止密码子，也是硒半胱氨酸密码子。

2. 方向性　mRNA 上密码子的排列有一定方向，起始密码子位于 5′-端，终止密码子位于 3′-端，mRNA 阅读框架中从 5′-端到 3′-端排列的核苷酸顺序决定了翻译出来的氨基酸顺序。

3. 简并性　21 种编码氨基酸中除色氨酸、甲硫氨酸、硒半胱氨酸各有一个密码子外，其余氨基酸都有 2～6 个密码子，多个密码子编码一种氨基酸的现象被称为密码子的简并性。其中密码子的专一性主要由前两个碱基决定，第三个碱基发生突变一般不会影响翻译时氨基酸的序列。遗传密码的简并性有利于保持遗传稳定性，减少有害突变。

4. 通用性　从简单的病毒到人类几乎都共用一套遗传密码，这一特征称为遗传密码的通用性。但线粒体和叶绿体所使用的遗传密码与"通用密码"有差别。例如人线粒体中，UGA 不是终止密码子，而是色氨酸的密码子，AGA、AGG 不是精氨酸的密码子，而是终止密码子，加上通用密码中的 UAA 和 UAG，线粒体中共有四组终止密码子。

5. 摆动性　密码子的翻译通过与 tRNA 的反密码子配对而实现，但这种配对有时并不严格遵循 Watson-Crick 碱基互补配对原则，出现摆动，这一现象称为遗传密码的摆动性（wobble）。例如，反密码子第一位碱基为次黄嘌呤（I），可与密码子第三位的 A、G 或 U 配对。

（二）tRNA 是氨基酸的运载工具及蛋白质生物合成的适配器

tRNA 分子有两个重要功能部位，一个是氨基酸臂，其 3′-端 CCA-OH 可与氨基酸分子通过共价键结合，将氨基酸由胞液转移到核糖体上；另一个是反密码环，其中的反密码子与 mRNA 分子中的密码子靠碱基互补配对原则而形成氢键，达到相互识别的目的（图 9-11）。

（三）rRNA 与核糖体

rRNA 与几十种蛋白质组成的复合体被称为核糖体（ribosome），旧称核蛋白体，是蛋白质合成的场所，由大、小两个亚基构成，有两个重要功能位点：结合氨基酰-tRNA 的氨基酰位（aminoacyl site）

称 A 位；结合肽酰基 - tRNA 并能给出肽酰基的肽酰位（peptidyl site）称 P 位，起始蛋氨酰 - tRNA 也结合在此部位。

除此之外，蛋白质生物合成需要多种酶类参与，如氨基酰 - tRNA 合成酶、转肽酶、转位酶等；在合成的各阶段需要多种蛋白因子，如起始因子、延长因子、终止因子或释放因子等；还需要能量物质 ATP 和 GTP，以及 Mg^{2+} 和 K^+ 等多种无机离子。

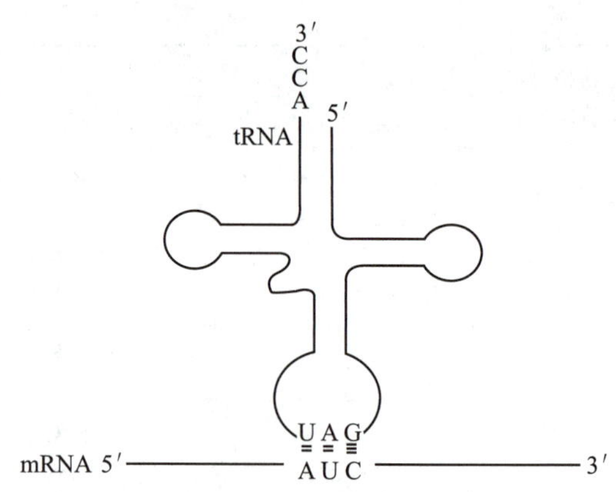

图 9 - 11　密码子和反密码子的相互作用

二、蛋白质的生物合成过程

蛋白质生物合成过程分为两个阶段：氨基酸的活化与转运、核糖体循环。

（一）氨基酸的活化与转运

氨基酸的活化是指氨基酸与特异的 tRNA 在氨基酰 - tRNA 合成酶的作用下，通过 ATP 供能，形成氨基酰 - tRNA 的过程。反应式如下：

$$\text{氨基酸} + \text{tRNA} \xrightarrow[\text{ATP} \curvearrowright^{Mg^{2+}} \text{AMP} + \text{PPi}]{\text{氨基酰-tRNA合成酶}} \text{氨基酰-tRNA}$$

转运起始氨基酸的 tRNA 称为起始 tRNA，由于起始密码子 AUG 代表甲硫氨酸，故起始密码子 tRNA 为 $tRNA^{Met}$。在原核生物中，起始 tRNA 携带的甲硫氨酸被甲酰化，形成 *N* - 甲酰甲硫氨酰 - tRNA，用“fMet - $tRNA^{fMet}$”表示。

肽链延伸过程中起作用的 tRNA 称为延伸 tRNA。原核生物携带甲硫氨酸的延伸 tRNA 表示为 Met - $tRNA^{Met}$，书写其他氨基酰 - tRNA 时开头三字母为氨基酸缩写，加上转运这一氨基酸的 tRNA，如 Gly - $tRNA^{Gly}$ 等。

（二）核糖体循环

核糖体循环包括多肽链合成的起始、延伸和终止三个阶段。具体步骤在原核生物和真核生物中有所不同，现以原核生物为例分述如下：

1. 起始　肽链合成的起始阶段是指模板 mRNA 和起始氨基酰 - tRNA 分别与核糖体结合形成翻译起始复合物（translation initiation complex）的过程，该过程还需 GTP、起始因子（initiation factor，IF）和 Mg^{2+} 参与（图 9 - 12）。

（1）核糖体大小亚基分离　IF - 1、IF - 3 与核糖体大、小亚基结合，促进大、小亚基分离，并防止亚基重新聚合。

（2）mRNA 在小亚基定位结合　在 mRNA 起始密码子的上游 8 ~ 13 个核苷酸处，有一段 4 ~ 9 个核苷酸组成的富含嘌呤核苷酸的序列，以 AGGA 为核心，它可与核糖体小亚基中的 16S rRNA 3′ - 端富含嘧啶的序列（UCCU）互补，使得 mRNA 从起始密码子处开始指导翻译。mRNA 分子的这一序列特征由 J. Shine 和 L. Dalgarno 发现，故称为 SD 序列（Shine - Dalgarno sequence），也称为核糖体结合位点（ribosome binding site，RBS）。

（3）fMet - tRNA^{fMet}的结合　fMet - tRNA^{fMet}、IF - 2 和 GTP 结合形成复合体，识别并结合 mRNA 的起始密码子 AUG 处，促进 mRNA 的准确就位。

（4）核糖体大亚基结合　fMet - tRNA^{fMet}、mRNA 和小亚基结合后，核糖体大亚基与之结合，同时 IF 释放，结合起始密码子 AUG 的 fMet - tRNA^{fMet}占据 P 位，A 位空缺。

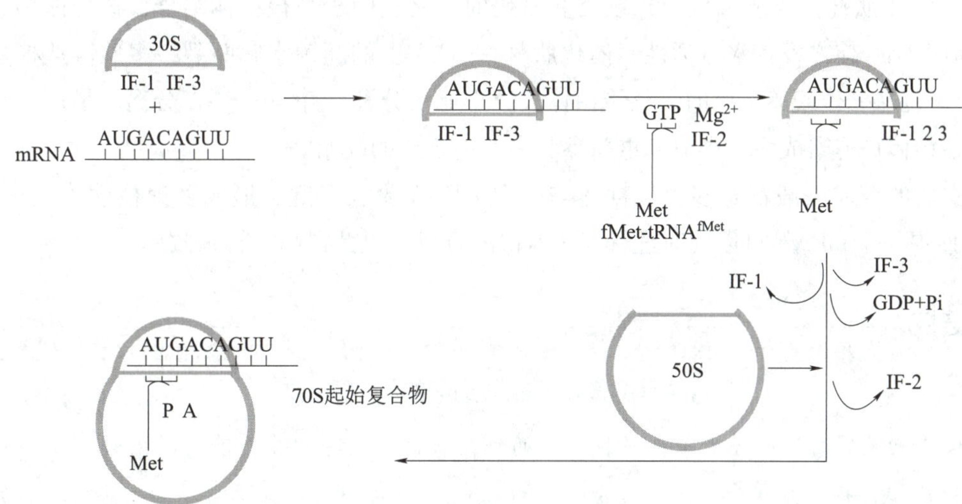

图 9 - 12　肽链合成的起始阶段

2. 延长　肽链合成的延长阶段是指在翻译起始复合物的基础上，各种氨基酰 - tRNA 按 mRNA 上密码子的顺序在核糖体上入座，所携带的氨基酸依次以肽键缩合形成新生肽链的过程。此阶段由进位、转肽、移位三个步骤循环进行直至肽链合成终止（图 9 - 13）。

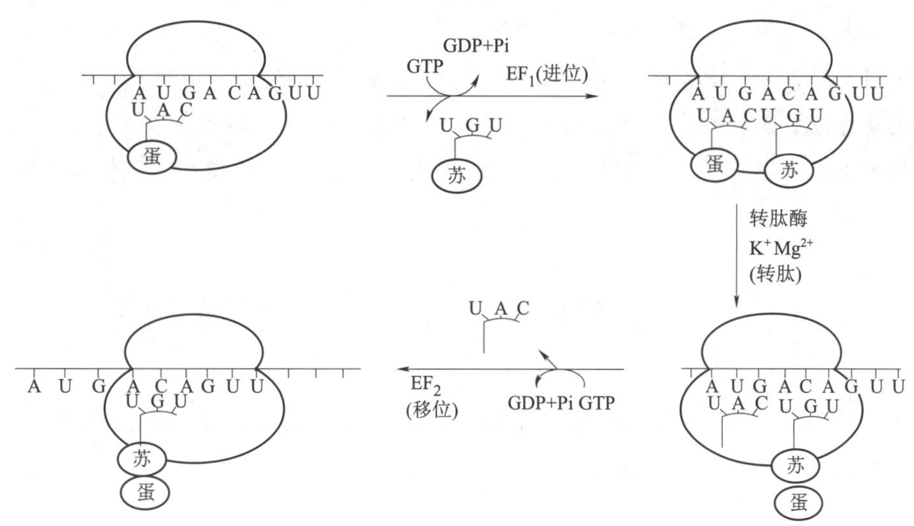

图 9 - 13　肽链合成的延长阶段

（1）进位　又称注册，在延长因子、GTP 等参与下，氨基酰 - tRNA 按照 mRNA 的指引识别并进入核糖体 A 位，并与之结合。

（2）转肽　在转肽酶催化下，P 位上起始蛋氨酰 - tRNA 的蛋氨酰基或肽酰 - tRNA 的肽酰基转移到 A 位，并与 A 位的氨基酰 - tRNA 的 α - 氨基之间形成肽键连接，此时 P 位上脱去蛋氨酰基或肽酰基的 tRNA 从核蛋白体的 P 位上脱落下来。

（3）移位　转位酶/GTP 复合物与核糖体结合，GTP 水解供能，使核糖体沿 mRNA 向 3′ - 端移动一个密码子的距离，使肽酰 - tRNA 从 A 位移到 P 位。此时空出来的 A 位又对应着 mRNA 的下一个密码，依次又可进入下一个核糖体循环的进位、转肽、移位。每循环一次多肽链增加一个氨基酸残基。如此反复进行，多肽链按 mRNA 上密码顺序不断从 N 端向 C 端增加氨基酸，使多肽链延长。

3. 终止　当多肽链合成至 A 位上出现终止密码时，终止因子与核糖体结合，核糖体构象改变，终止因子与转肽酶结合使之发挥水解活性，催化肽酰 - tRNA 上的酯键水解断裂，多肽链从核蛋白体中释放出来，tRNA 也从 P 位脱落。此时，核蛋白体大、小亚基分开，并与 mRNA 分离。最后，在起始因子的作用下，核糖体可解聚成大、小亚基重新参与多肽链合成的起始。

胞内蛋白质的合成一般都是多个核糖体与一个 mRNA 聚在一起，形成多聚核糖体（polyribosome，polysome）。使得一条 mRNA 可以同时进行多条肽链的合成，以此提高了转录效率。

知识链接

抗生素的作用机制与细菌的蛋白质合成

抑制或破坏细菌蛋白质的合成是许多抗生素的作用机制。有些抗生素能特异地作用于原核生物的核糖体蛋白质和 RNA，抑制细菌蛋白质的合成，导致细菌生长的抑制甚至死亡。如土霉素、金霉素等能抑制氨酰基 - tRNA 与原核生物的核糖体结合，抑制细菌的蛋白质合成；氯霉素、林可霉素、红霉素能与原核生物的核糖体大亚基结合，抑制转肽酶的活性，阻断翻译的延长过程；嘌呤霉素是酪氨酰 - tRNA 的类似物，通过核糖体 A 位参入至肽链的羧基末端位置，致使多肽在成熟前就释放，可有效抑制原核和真核生物的蛋白质合成。

抗生素虽然能够为人类健康保驾护航，但如果滥用，会带来很多的危害。其一可能导致细菌产生耐药性，如果任由不断地滥用，可能导致细菌对所有的抗生素耐药，人类有可能进入后抗生素时代，医生面对耐药的细菌将无药可用；其二有可能导致抗生素不良反应的发生；其三造成医疗资源和费用的浪费。因此，我们要合理使用抗生素，遵医嘱使用不同级别的抗生素，响应国家提出的“健康中国”理念，不断为实现“两个一百年”奋斗目标、实现中华民族伟大复兴的中国梦打下坚实健康基础。

第五节　药物对核酸代谢和蛋白合成的影响

PPT

许多物质可干扰肿瘤、病毒和有害细菌的 DNA、RNA 和蛋白质的生物合成，已被广泛用于抗病毒、抗细菌及抗肿瘤的治疗，或用于科学研究。

一、干扰核苷酸合成的药物

此类药物的结构与核苷酸合成代谢底物或中间产物结构类似，主要有三类。

（一）氨基酸类似物

如重氮乙酰丝氨酸（氮丝氨酸）可干扰核苷酸合成时对谷氨酰胺的利用，因而被用作抗肿瘤药物，主要用于治疗急性白血病。

（二）叶酸类似物

四氢叶酸作为一碳单位的载体参与核苷酸的合成，叶酸类似物如甲氨蝶呤通过竞争二氢叶酸还原酶抑制胞内四氢叶酸的合成，导致核苷酸合成抑制，是常用的抗肿瘤药物。

（三）碱基和核苷类似物

此类药物直接抑制核苷酸合成中的有关酶类或掺入核酸分子中形成异常的 DNA 或 RNA，从而影响核酸功能。如6－巯基嘌呤、5－氟尿嘧啶、5－碘尿嘧啶、阿糖胞苷和环胞苷等常用作抗肿瘤和抗病毒药物。

二、影响核酸合成的药物

此类药物能与 DNA 结合，使 DNA 失去模板功能，从而抑制复制或转录。主要有三类。

（一）烷化剂

如氮芥、白消安、环磷酰胺、氮丙啶等，能使鸟嘌呤、腺嘌呤和胞嘧啶的 N_7 烷化，导致复制时错配，甚至造成 DNA 链断裂。正常情况下这些烷化剂有致癌毒性。目前利用生物工程技术生产的一些烷化剂可作为抗肿瘤药物，对正常细胞毒性低。

（二）嵌合剂

此类药物能嵌入 DNA 分子内部，形成非共价结合，影响 DNA 复制和转录。如某些抗生素类（阿霉素、柔红霉素、丝裂霉素、放线菌素 D、光辉霉素等）都可用作抗肿瘤药物。例如阿霉素能嵌入 DNA 碱基对之间，阻止转录过程，抑制 RNA 合成，也阻止 DNA 复制，属周期非特异性药物。临床抗瘤谱广，疗效高，可用于多种肿瘤的联合化疗，如乳腺癌、卵巢癌、胃癌、肝癌等。

分子生物学中用于检测 DNA 的荧光试剂——溴化乙锭也属于嵌合剂，有致癌毒性。

（三）作用于聚合酶的药物

此类药物直接作用于 DNA 聚合酶或 RNA 聚合酶，如利福霉素及其衍生物利福平能特异性抑制某些细菌 RNA 聚合酶活性，抑制转录过程。

三、抑制蛋白质生物合成的抗生素

由某些真菌、细菌等微生物代谢产生的抗生素，可阻断细菌蛋白质合成而抑制细菌的生长和繁殖，对宿主无毒性的抗生素可用于预防和治疗人、动物和植物的感染性疾病。此类抗生素较多，如氯霉素、红霉素、土霉素、卡那霉素、链霉素等都能直接抑制蛋白质的生物合成，但作用点不同，见表9－4。

表9－4　抗生素对蛋白质生物合成的抑制作用

抗生素	作用机制
金霉素、土霉素	与小亚基结合，抑制起始氨基酰－tRNA 与小亚基结合
链霉素、巴龙霉素、新霉素	与小亚基结合，改变构象引起读码错误，抑制起始
红霉素、林可霉素、氯霉素	与大亚基结合，抑制转肽酶，阻断肽链延长
大观霉素	与小亚基结合，阻止转位
伊短菌素	与原核及真核小亚基结合，阻碍翻译起始复合物的形成
放线菌酮	与真核大亚基结合，抑制转肽酶，阻断肽链延长
嘌呤霉素	使肽酰基转移到它的氨基上，肽链脱落

实训项目

任务　聚合酶链式反应（PCR 反应）

【实训目的】

通过实训，掌握 PCR 扩增技术的原理和扩增目的基因的操作方法，及琼脂糖电泳检测技术。了解 PCR 技术的注意事项和 PCR 仪器的使用。

【实训原理】

PCR 技术是在模板 DNA、引物和四种脱氧核糖核苷酸存在下，依赖于 DNA 聚合酶的酶促合成反应。DNA 聚合酶以变性的单链 DNA 为模板，通过两条人工合成的寡核苷酸引物分别与单链 DNA 模板中的一段互补序列结合，形成部分双链。在适宜的温度和环境下，DNA 聚合酶将脱氧单核苷酸加到引物 3′-OH末端，并以此为起始点，沿模板 3′→5′方向延伸，合成一条新的 DNA 互补链。类似于 DNA 的天然复制过程，其特异性依赖于与靶序列两端互补的寡核苷酸引物。

PCR 由变性——退火——延伸三个基本反应步骤构成：

①模板 DNA 的高温变性：模板 DNA 经加热至约 93℃一定时间后，使模板 DNA 双链或经 PCR 扩增形成的双链 DNA 解离，使之成为单链，以便它与引物结合，为下轮反应作准备。

②模板 DNA 与引物的低温退火（复性）：模板 DNA 经加热变性成单链后，温度降至约 55℃，引物与模板 DNA 单链的互补序列配对结合。

③引物的适温延伸：DNA 模板——引物结合物在 Taq DNA 聚合酶的作用下，以 dNTP 为反应原料，靶序列为模板，按碱基配对与半保留复制原理，合成一条新的与模板 DNA 链互补的半保留复制链。重复循环变性——退火——延伸三过程，就可获得更多的“半保留复制链”，而且这种新链又可成为下次循环的模板。每完成一个循环需 2~4 分钟，2~3 小时就能将待扩目的基因扩增放大几百万倍。

【试剂和器材】

1. 试剂

（1）模板 DNA　模板 DNA 量应适量，普通 PCR 反应体系中模板量一般为 50~100ng。

（2）引物　反应所需引物为两条寡核苷酸引物，长度为 18~30 核苷酸。本实验扩增的是人表皮生长因子受体基因（EGFR）的第 19 号外显子区域。上游引物序列为：5′-GCAGCATGTGGCACCATCTC-3′，下游引物序列为 5′-AGAGCCATGGACCCCCACAC-3′，扩增片段的长度为 197bp。

（3）脱氧核苷三磷酸（dNTP）　四种 dNTP 在 PCR 反应体系中的终浓度一般为 200μmol/L 左右，浓度过高影响反应特异性，浓度过低影响 PCR 扩增效率。

（4）PCR 反应缓冲液　商品化的 PCR 缓冲液一般以高倍浓缩配制。缓冲液的作用是保证反应体系的弱碱性和最适 pH 及提供 Mg^{2+}，使 Taq DNA 聚合酶发挥最大酶促作用。

（5）琼脂糖、电泳缓冲液（0.5×TBE）、Golden view、上样缓冲液、DNA 相对分子质量参照物等。

2. 器材　PCR 扩增仪；电泳仪；水平电泳槽；凝胶板及梳子；微量加样器 10μl、100μl、1000μl；微波炉；台式离心机；涡旋仪；紫外观察仪等。

【实训方法和步骤】

1. 取 PCR 反应管配制 PCR 反应体系，反应体系配制见表 9-5（每管），整个操作过程都应在冰上进行：

表 9－5　PCR 反应体系配制

成分	体积（μl）
ddH_2O	37.75
Reaction Buffer	5
dNTPs	4
引物 F	1
引物 R	1
Taq DNA 聚合酶	0.25
模板	1
总体积	50

2. PCR 循环条件同见表 9－6。

表 9－6　PCR 循环条件

温度	时间	循环数
94℃	3min	1 Cycle
94℃	30s	
56℃	30s	30 Cycle
72℃	2min30s	
72℃	5min	1 Cycle

3. 琼脂糖凝胶电泳

（1）制备 1.5% 琼脂糖凝胶　称取 1.5g 琼脂糖置于锥形瓶中，加入 100ml 自购的 TAE 缓冲液，微波炉加热至琼脂糖完全溶解，加入 10μl 自购的 Golden view 摇匀，备用。

（2）胶板制备　将制胶槽清洗干净晾干，插上梳子，组装好后，缓缓倒入适量的上述凝胶液，等待凝胶完全凝固，垂直小心拔下梳子，将其放入电泳槽中，加入 TAE 缓冲液没过胶孔。

（3）加样　将 PCR 扩增产物与自购的 DNA 上样缓冲液按照试剂说明书的比例进行混合，用 10μl 微量加样器分别将样品加入到凝胶的上样孔中，注意力度，勿破坏样品孔周围凝胶面。

（4）电泳　将电泳槽按规定连通电泳仪的正负极，设置电压 100 伏，当观察后溴酚蓝移动到距离胶板下沿约 1cm 处停止，将凝胶直接放在紫外箱中观察结果，或将其置于凝胶成像系统下进行观察后拍照，记录。

【温馨提示】

1. PCR 反应非常灵敏，操作应尽量在无菌操作台中进行。
2. 吸头、离心管应高压灭菌，每次吸头用毕应更换，不要相互污染试剂。
3. PCR 反应整个操作应在冰上进行。
4. 试剂使用前，应短促离心 10 秒，然后再打开管盖，以防手套污染试剂及管壁上的试剂污染吸头侧面。

【实训思考】

1. PCR 反应原理及反应体系设定？
2. T_m 值的定义及意义？

答案解析

目标检测

一、名词解释

半保留复制　结构基因　密码子　氨基酸的活化　编码链　翻译

二、填空题

1. 食物中的核酸多以核蛋白的形式存在。进入消化道后，在胃酸或小肠中蛋白酶作用下，分解成__________和__________。
2. 腺嘌呤与鸟嘌呤在人类和灵长类动物体内分解的最终产物是__________。
3. DNA 复制体系除了引物、多种酶和蛋白质因子外，还包括模板及原料，其中的模板为__________、原料为__________。
4. 转录过程包括__________、__________和__________三个阶段。
5. 密码子的特点包括：__________、__________、__________、__________、__________。

三、选择题

【A 型题】

1. 某 DNA 片段碱基顺序为 5′－ACTAGTCAG－3′，转录后 RNA 上相应的碱基顺序为（　　）。
   A. 5′－TGATCAGTC－3′　　B. 5′－UGAUCAGUC－3′
   C. 5′－CUGACUAGU－3′　　D. 5′－CTGACTAGT－3′
2. 参与转录的酶是（　　）。
   A. RNA 聚合酶　　B. DNA 聚合酶
   C. 引物酶　　D. DNA 连接酶
3. tRNA 的作用是（　　）。
   A. 把一个氨基酸连到另一个氨基酸上　　B. 将 mRNA 连到 rRNA 上
   C. 作为多肽链合成的模板　　D. 把氨基酸带到 mRNA 的特定位置上
4. 下列关于遗传密码的描述哪一项是错误的（　　）。
   A. 密码阅读有方向性　　B. 遗传密码有简并性
   C. 一种氨基酸只能有一种密码子　　D. 遗传密码有通用性
5. 需要以 RNA 为引物的过程是（　　）。
   A. DNA 复制　　B. 转录　　C. 反转录　　D. 翻译
6. 蛋白质生物合成的方向是（　　）。
   A. 从 C 端到 N 端　　B. 从 N 端到 C 端
   C. 定点双向进行　　D. 从 C 端、N 端同时进行
7. 属于叶酸类似物抗代谢药物的是（　　）。
   A. 别嘌呤醇　　B. 甲氨蝶呤　　C. 阿糖胞苷　　D. 5－氟尿嘧啶
8. 下列药物干扰核苷酸合成的是（　　）。
   A. 6－巯嘌呤　　B. 丝裂霉素 C
   C. 氯霉素　　D. 苯丁酸氮芥

9. 常用的抗肿瘤药物中直接与 DNA 结合并阻止复制的药物是（　　）。

A. 放线菌素 D　　B. 博来霉素　　C. 5－氟尿嘧啶　　D. 甲氨蝶呤

【B 型题】

［第 10～12 题选项］

A. UAA　　B. AUG　　C. UGG　　D. UCG　　E. UAC

10. 起始密码子是（　　）。

11. 代表甲硫氨酸的密码子是（　　）。

12. 终止密码子是（　　）。

［第 13～16 题选项］

A. 翻译　　B. 复制　　C. 转录　　D. 逆转录　　E. 突变

13. 以 RNA 为模板合成 DNA 的过程是（　　）。

14. 以 RNA 为模板合成蛋白质的过程是（　　）。

15. 以 DNA 为模板合成 RNA 的过程是（　　）。

16. 以 DNA 为模板合成 DNA 的过程是（　　）。

【X 型题】

17. 尿酸是下列哪种化合物分解的最终产物（　　）。

A. AMP　　B. UMP　　C. IMP　　D. GMP

18. DNA 复制的特点有（　　）。

A. 半保留复制　　B. 连续复制　　C. 需合成 DNA 引物　　D. 半不连续性

19. RNA 生物合成的物质体系包括（　　）。

A. DNA 模板　　B. 原料 NTP　　C. RNA 聚合酶　　D. 以上都不对

20. 将 DNA 核苷酸顺序的信息转变为氨基酸顺序的过程包括（　　）。

A. 逆转录　　B. 转录　　C. 翻译　　D. 翻译后修饰

21. 在蛋白质的生物合成中，下面哪些说法正确（　　）。

A. 核酸内切酶水解 DNA　　B. tRNA 携带氨基酸

C. mRNA 起模板作用　　D. 核糖体是合成场所

四、简答题

1. 试比较 DNA 复制与 RNA 转录有何异同。

2. 在蛋白质生物合成中，各种 RNA 起什么作用。

书网融合……

知识回顾

微课 1

微课 2

习题

第十章 肝胆生化

学习引导

肝是人体最大的实质性器官，也是人体最大的腺体。肝的功能十分复杂，是体内大部分物质代谢的场所，被誉为“人体的化工厂”。常言道：“喝酒伤肝”，体内乙醇如何代谢，为什么会“伤肝”呢？2003年，一款含绿茶成分的减肥产品Exolise退市，原因是绿茶中的“儿茶素”可能会引起肝损伤，这是为什么呢？我们常见肝炎患者表现出恶心厌油、皮肤黏膜黄染，这又与肝脏代谢有什么关联呢？

本章将围绕肝脏功能，重点介绍肝的生物转化、肝内的胆汁酸代谢以及胆色素代谢。

学习目标

1. **掌握** 生物转化的概念和特点；胆汁酸的肠－肝循环和生理功能。
2. **熟悉** 非营养物质的来源；生物转化类型；血清胆红素与黄疸。
3. **了解** 胆汁酸的生成；胆红素的生成、运输和转化。

肝脏参与体内大部分物质的代谢过程。肝脏有肝动脉和门静脉双重血液供应系统，肝动脉为肝细胞提供充足的氧气，门静脉为肝细胞提供丰富的营养物质。此外，肝脏有肝静脉和胆道双重输出系统，肝静脉将肝细胞代谢产物运出肝组织，注入下腔静脉。胆道系统将肝细胞分泌的胆汁收集、储存，排入肠道，并排出体内的脂溶性物质及其代谢产物。肝脏含有丰富的血窦、细胞器和酶系，不但在糖、脂类、蛋白质、维生素、激素五大物质代谢中发挥重要作用，还参与非营养物质的生物转化、胆汁酸代谢和胆色素代谢，是人体内物质代谢的枢纽，对生命活动具有重要意义。

有关肝脏在糖、脂类、蛋白质等物质代谢中的作用，在前面章节已有叙述，本章仅阐述肝脏在生物转化、胆汁酸和胆色素代谢中的作用。

第一节 肝脏的生物转化作用

微课1

PPT

实例分析 10－1

实例 人们在酒桌上推杯换盏时，发现有的人千杯不醉，有的人不胜杯酌，有的人碰酒就脸红。

讨论 1. 乙醇在体内如何代谢？

2. 喝酒为什么会脸红？

答案解析

一、生物转化作用概念

非营养物质是指既不能构建组织细胞，也不能提供能源，有些还对人体有一定生物效应或潜在的毒性作用。根据来源可分为内源性和外源性两大类：内源性非营养物质包括激素、神经递质等体内生理活性物质，以及氨、胺和胆色素等代谢终产物；外源性非营养物质包括由外界进入体内的各种化学物质，如药物、毒物、食品添加剂、色素等。

机体将一些因极性或水溶性较低而不容易排泄的非营养物质进行化学转变，增加其极性或水溶性，使其容易随胆汁或尿液排出体外的过程称为生物转化（biotransformation）。能够进行生物转化的器官有肝、肾、胃、肠、肺、皮肤及胎盘等，肝脏因其含有丰富的生物转化酶类，成为体内生物转化的主要器官。

二、生物转化的意义

一些具有生物效应或潜在毒性的非营养物质对机体造成极大的威胁。生物转化的意义在于通过对非营养物质进行生物转化，降低或灭活其生物学活性，增加其极性，使之容易随胆汁或尿液排出，从而保护机体的正常生命活动。肝脏是药物代谢重要的器官，肝内丰富的肝药酶参与药物的生物转化。多数药物通过肝脏生物转化后毒性降低利于排泄，部分药物经肝脏生物转化后获得药理活性，发挥治疗作用。

三、生物转化反应的主要类型

生物转化反应包含多种化学反应类型。肝内生物转化主要有氧化、还原、水解和结合 4 种反应类型。其中氧化、还原、水解为第一相反应，结合为第二相反应。

答案解析

即学即练 10－1

不参与肝脏生物转化的反应有____。

A. 结合反应　　B. 水解反应　　C. 还原反应　　D. 脱羧反应

（一）第一相反应——氧化、还原、水解反应

进入体内的许多物质，比如大多数的药物、毒物等，在肝细胞经过生物转化的第一相反应，将其非极性基团转化为极性基团，水溶性增强，从而排出体外。

1. 氧化反应　氧化反应是第一相反应中最主要的反应类型。肝细胞的微粒体、线粒体和胞质含有多种氧化酶系或脱氢酶系，可以催化不同类型的氧化反应。

（1）单加氧酶系　单加氧酶系存在肝细胞的微粒体，是氧化外源性非营养物质最重要的酶。它催化多种药物和毒物生成羟基化合物或环氧化合物，使其水溶性增强而排泄；也参与体内许多重要物质如维生素 D_3、胆汁酸和类固醇激素的羟化过程。

$$RH + O_2 + NADPH + H^+ \xrightarrow{\text{单加氧酶}} ROH + NADP^+ + H_2O$$

（2）单胺氧化酶系　单胺氧化酶系存在肝细胞线粒体中，属于黄素酶类。从肠道吸收的腐败产物（如精胺、组胺、酪胺、尸胺等）和体内生成的生理活性物质（如 5－羟色胺、儿茶酚胺类等），均可在此酶系催化下进行氧化脱氨基反应生成相应的醛，后者进一步氧化为酸。

$$RCH_2NH_2 + O_2 + H_2O \xrightarrow{\text{单胺氧化酶}} RCHO + NH_3 + H_2O_2$$

（3）脱氢酶系　主要有醇脱氢酶和醛脱氢酶两种，以 NAD^+ 为辅酶，存在于肝细胞的胞质和微粒体中，可催化醇氧化成醛、醛氧化成酸。

$$RCH_2OH \xrightarrow[NAD^+ \to NADH+H^+]{\text{醇脱氢酶}} RCHO \xrightarrow[NAD^+ + H_2O \to NADH+H^+]{\text{醛脱氢酶}} RCOOH$$

知识链接

“致命的邂逅”

双硫仑样反应（disulfiram－like reaction）又称酒醉貌反应，是指双硫仑抑制乙醛脱氢酶活性，从而使乙醇正常代谢受阻，致使饮用少量乙醇也可引起乙醛中毒的反应。临床上头孢类药物与乙醇（或含乙醇的药品）合用而导致双硫仑样反应时有发生。正常情况下，乙醇在体内被醇脱氢酶氧化成乙醛，乙醛再被醛脱氢酶氧化生成乙酸。头孢类药物不可逆抑制醛脱氢酶活性，导致体内乙醛累积引起中毒反应。因此，在口服或注射头孢类药物后，短时间内应尽可能避免饮酒，最好也不要食用含有乙醇的食品或者药物，也不能使用乙醇进行皮肤消毒或者擦洗降温，以避免发生双硫仑样反应。

2. 还原反应　肝细胞微粒体内含有硝基还原酶和偶氮还原酶，以 NADPH 或 NADH 为辅酶。它催化硝基化合物（食品防腐剂、杀虫剂等）和偶氮化合物（食品色素、药物等）还原成相应的胺类，然后可进一步生成酸。

$$C_6H_5NO_2 \xrightarrow[-H_2O]{+2H} C_6H_5NO \underset{-2H}{\overset{+2H}{\rightleftharpoons}} C_6H_5NHOH \xrightarrow[-H_2O]{+2H} C_6H_5NH_2$$

硝基苯　亚硝基苯　苯胲　苯胺

$$O_2N\text{-}C_6H_4\text{-}CH(OH)\text{-}CH(CH_2OH)\text{-}NH\text{-}CO\text{-}CHCl_2 \xrightarrow[\text{肝微粒体}]{\text{硝基还原酶}} H_2N\text{-}C_6H_4\text{-}CH(OH)\text{-}CH(CH_2OH)\text{-}NH\text{-}CO\text{-}CHCl_2$$

氯霉素　氨基氯霉素（失活）

3. 水解反应　肝细胞胞液和内质网中含有酯酶、酰胺酶、糖苷酶等多种水解酶，可分别催化酯类、酰胺类和糖苷类化合物水解，以降低或消除其生物活性。例如镇痛药物乙酰水杨酸（阿司匹林）通过水解作用而失活。这些水解产物通常还需进一步反应，以利于排泄。

$$C_6H_4(OCOCH_3)COOH \xrightarrow{\text{酯酶}} C_6H_4(OH)COOH + CH_3COOH$$

乙酰水杨酸　水杨酸　乙酸

（二）第二相反应——结合反应

许多物质经第一相反应即可排出体外，但也有些物质经过第一相反应后水溶性和极性改变不大，还须进行结合反应，即进一步与葡萄糖醛酸、硫酸等极性更强的物质结合，以增加极性易于排出体外。结合反应是体内最重要、最普遍的生物转化方式，可在肝细胞的微粒体、胞质和线粒体内进行。

凡含有羟基、巯基、氨基、羧基的激素、药物和毒物等，均可与极性较强的葡萄糖醛酸、硫酸、谷胱甘肽、甘氨酸等发生结合反应或进行酰基化和甲基化反应，极性增强同时降低毒性。其中以葡萄糖醛酸、硫酸和酰基的结合反应最为普遍。

1. 葡萄糖醛酸结合反应　葡萄糖醛酸结合反应是非营养性物质最重要、最普遍的生物转化方式。肝细胞微粒体中的葡萄糖醛酸基转移酶，催化尿苷二磷酸葡萄糖醛酸（UDPGA）的葡萄糖醛酸基转移到醇、酚、胺、羧酸类化合物的羟基、羧基及氨基上，生成葡萄糖醛酸苷。苯甲酸、胆红素、类固醇激素、吗啡和苯巴比妥类药物等数千种亲脂非营养性物质均在肝与葡萄糖醛酸结合进行转化而排泄。

葡萄糖醛酸基转移酶
UDPGA　UDP
苯甲酸　　苯甲酰β-葡萄糖醛酸苷

答案解析

即学即练 10-2

生物转化中最常见的一种结合物是____。

A. 乙酰基　　B. 葡萄糖醛酸　　C. 甲基　　D. 硫酸

2. 硫酸结合反应　肝细胞的硫酸转移酶催化 3′-磷酸腺苷-5′-磷酸硫酸（PAPS）的硫酸基转移到醇、酚或芳香胺类物质上，生成硫酸酯类化合物。类固醇类激素、对乙酰氨基酚和沙丁胺醇等药物均可与硫酸结合而增加其水溶性。

雌酮 +PAPS → 雌酮硫酸酯 +PAP

3. 乙酰基结合反应　肝细胞内的乙酰基转移酶催化乙酰辅酶 A 的乙酰基转移给苯胺、磺胺类药物、抗结核药物异烟肼等芳香族胺类化合物，生成相应的乙酰化衍生物而失活。其中磺胺类药物乙酰化反应后，水溶性降低，会引起尿结石。因此在服用此类药物后可增加饮水以便于随尿排出。

异烟肼 + $CH_3CO\sim SCoA$（乙酰辅酶A）→ 乙酰异烟肼 + CoASH（辅酶A）

4. 甲基结合反应 肝细胞的甲基转移酶，以 S－腺苷蛋氨酸（SAM）为甲基供体，催化含有氨基、羟基、巯基的药物和生物活性物质的甲基化而灭活。如儿茶酚胺、5－羟色胺、组胺和尼克酰胺等通过甲基化而失去生物活性。

$$\text{尼克酰胺} + \text{S-腺苷甲硫氨酸} \longrightarrow N\text{-甲基尼克酰胺} + \text{S-腺苷同型半胱氨酸}$$

四、生物转化的特点

（一）连续性

许多物质的生物转化反应非常复杂。一种物质有时需要连续进行几种反应类型才能达到生物转化目的，这就是生物转化的连续性。如乙酰水杨酸被水解为水杨酸后，需要再经结合反应才能排出体外。

（二）多样性

多样性是指同一种或同一类物质可进行不同类型的生物转化反应，产生不同的产物。如乙酰水杨酸既可经过水解反应进行生物转化，又可与葡萄糖醛酸或甘氨酸进行结合反应，所以，服用乙酰水杨酸的病人尿中可出现多种生物转化的产物。

（三）解毒与致毒双重性

大多数物质经生物转化后，毒性减弱或消失，但有少数物质经生物转化后反而具有毒性或毒性增强。如香烟中所含的 3,4－苯并芘无直接致癌作用，但经过生物转化生成的 7,8－二氢二醇－9,10－环氧化物却具有致癌性。因此，生物转化的结果具有解毒与致毒双重性。有些药物如环磷酰胺、水合氯醛和大黄等，经过生物转化后才具有药理活性。

五、影响生物转化作用的因素

肝的生物转化作用受年龄、性别、药物、肝脏疾病、营养状况、遗传等多种因素的影响。

1. 年龄 新生儿生物转化酶发育不全，对药物及毒物的转化能力不足，易发生药物及毒素中毒等。老年人因器官退化，对氨基比林、保泰松等的药物转化能力降低，用药后药效较强，副作用较大。

2. 性别 一般女性体内的醇脱氢酶活性常高于男性，女性对乙醇的代谢处理能力比男性强。氨基比林在女性体内半衰期是 10.3 小时，而男性则需要 13.4 小时，说明女性对氨基比林的转化能力比男性强。

3. 药物 某些药物或毒物可诱导转化酶的合成，使肝脏的生物转化能力增强，称为药物代谢酶的诱导。例如，长期服用苯巴比妥，可诱导肝微粒体单加氧酶系的合成，从而使机体对苯巴比妥类催眠药产生耐药性。同时，由于单加氧酶特异性较差，可利用诱导作用增强药物代谢和解毒，如用苯巴比妥治疗地高辛中毒。苯巴比妥还可诱导肝微粒体 UDP－葡萄糖醛酸转移酶的合成，故临床上用来治疗新生儿黄疸；另一方面由于多种物质在体内转化代谢常由同一酶系催化，同时服用多种药物时，可出现竞争同一酶系而相互抑制其生物转化作用。临床用药时应加以注意，如保泰松可抑制双香豆素的代谢，同时服用时，双香豆素的抗凝作用加强，易发生出血现象。

4. 疾病　肝实质性病变时，微粒体中单加氧酶系和UDP－葡萄糖醛酸转移酶活性显著降低，加上肝血流量的减少，病人对许多药物及毒物的摄取、转化发生障碍，易积蓄中毒，故肝病患者用药要特别慎重。

5. 营养状况　蛋白质、维生素C、B_2、A、E的营养状况都可影响微粒体混合功能氧化酶的活力。在动物实验中如蛋白质供给不足，则微粒体酶活力降低。当维生素C缺乏时，苯胺的羟化反应减弱。缺乏维生素B_2，可使偶氮化合物还原酶活力降低，增强致癌物奶油黄的致癌作用。

6. 遗传　遗传因素也可明显影响生物转化酶的活性。遗传变异可引起不同个体之间生物转化酶分子结构的差异或合成量的差异。

知识链接

细胞色素氧化酶450

细胞色素氧化酶450（CYP450）主要分布于肝脏微粒体，是药物代谢最重要的酶系，负责超过80%药物代谢。其中CYP1A2、CYP2C9、CYP2C19、CYP2D6、CYP2E1和CYP3A4是CYP450最主要的六种亚型。研究发现药物通过诱导CYP450表达或抑制CYP450活性，影响药物代谢或诱发药物－药物相互作用，从而影响药物临床疗效。目前，已建立基于CYP450体外药物筛选平台，用于筛检CYP450透明（无CYP诱导或抑制活性）的新药，对降低新药研发成本及避免临床药物相互作用具有重要意义。

第二节　胆汁与胆汁酸的代谢

PPT

一、胆汁

胆汁（bile）是由肝细胞分泌的带有苦涩味的有色液体。胆汁可由胆道系统进入胆囊储存，经胆总管流入十二指肠，促进食物的消化和吸收。正常成年人每天分泌胆汁300～700ml。胆汁分为肝胆汁和胆囊胆汁，肝胆汁由肝细胞分泌，呈橙黄色，透明澄清；胆囊胆汁是肝胆汁进入胆囊后，浓缩成的暗褐色不透明黏稠液。

胆汁的主要固体成分是胆汁酸盐，占总固体物质的一半以上，除此之外还有胆色素、卵磷脂、黏蛋白、脂肪酸、胆固醇、无机盐等成分。胆汁中除胆汁酸盐与脂类的消化和吸收有关外，其余大多为排泄物。

二、胆汁酸代谢

胆汁酸是胆汁中的主要成分之一，是脂类消化吸收所必需的物质，也是胆固醇通过胆汁排泄的必需形式，正常人每天合成和排泄胆固醇的总量，约有40%在肝内转变为胆汁酸，并随胆汁排入肠道。其代谢包括胆汁酸合成、排泌及肠－肝循环三个主要环节。

（一）胆汁酸分类

胆汁酸按来源可分为初级胆汁酸和次级胆汁酸两大类。在肝细胞内以胆固醇为原料合成的胆汁酸称为初级胆汁酸，包括胆酸和鹅脱氧胆酸。初级胆汁酸在肠道受细菌作用生成次级胆汁酸，包括脱氧胆酸和石胆酸。按结构可分为游离胆汁酸和结合胆汁酸。游离胆汁酸包括胆酸、鹅脱氧胆酸、脱氧胆酸和少量石胆酸，游离胆汁酸分别与甘氨酸或牛磺酸结合则生成结合胆汁酸，主要有甘氨胆酸、牛磺胆酸、甘氨鹅脱氧胆酸和牛磺鹅脱氧胆酸等。胆汁中初级胆汁酸和次级胆汁酸均以钠盐或钾盐形式存在，称为胆汁酸盐，简称胆盐。胆汁酸分类见表 10－1。

表 10－1　胆汁酸分类

胆汁酸分类	游离型	结合型
初级胆汁酸	胆酸、鹅脱氧胆酸	甘氨胆酸、甘氨鹅脱氧胆酸、牛磺胆酸、牛磺鹅脱氧胆酸
次级胆汁酸	脱氧胆酸、石胆酸	甘氨脱氧胆酸、牛磺脱氧胆酸

（二）胆汁酸代谢

1. 初级胆汁酸的生成　在肝细胞的微粒体和胞液中，胆固醇在胆固醇 7α－羟化酶的催化下生成 7α－羟胆固醇，然后经过氧化、还原、羟化、侧链氧化及断裂等多步反应，生成初级游离胆汁酸，即胆酸和鹅脱氧胆酸。胆固醇 7α－羟化酶是胆汁酸合成的限速酶，受胆汁酸浓度负反馈调节。口服消胆胺或纤维素多的食物能促进胆汁酸排泄，减少胆汁酸的重吸收，解除对胆固醇 7α－羟化酶的抑制，加速胆固醇转化为胆汁酸。

初级游离胆汁酸与甘氨酸或牛磺酸结合生成初级结合胆汁酸，并以胆汁酸钠盐或钾盐的形式随胆汁入肠。初级胆汁酸结构见图 10－1。

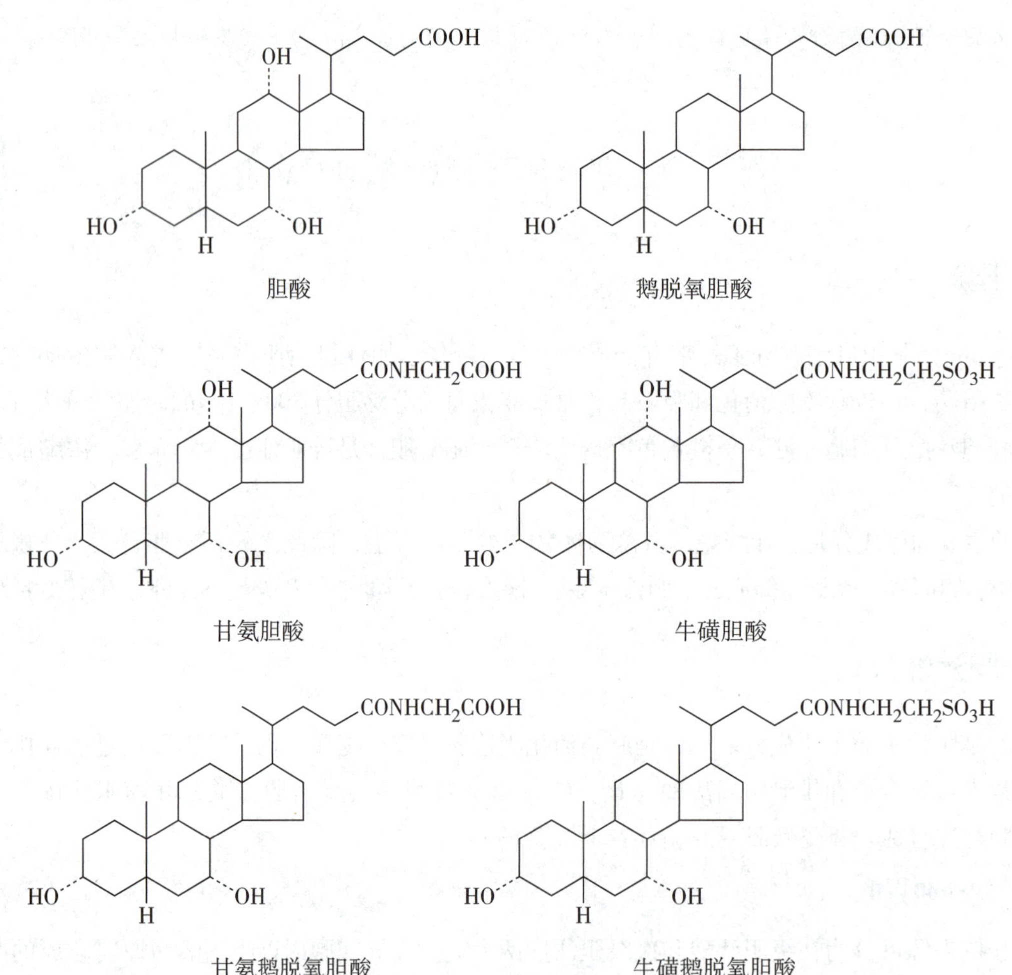

图 10－1　初级胆汁酸

2. 次级胆汁酸的生成 初级结合胆汁酸随胆汁经胆道系统进入肠道，在促进完脂类物质的消化吸收后，由肠菌酶催化，发生 7α－脱羟基反应生成次级游离胆汁酸，即脱氧胆酸、石胆酸。肠道中脱氧胆酸被重吸收回到肝脏，在肝脏脱氧胆酸与甘氨酸或牛磺酸结合生成次级结合胆汁酸，即甘氨脱氧胆酸和牛磺脱氧胆酸。而肠道中的石胆酸由于溶解度小，一般不被重吸收，直接随粪便排出体外。次级胆汁酸的结构见图 10－2。

脱氧胆酸　　石胆酸

甘氨脱氧胆酸　　牛磺脱氧胆酸

图 10－2　次级胆汁酸

3. 胆汁酸的肠－肝循环 进入肠道的各种胆汁酸（包括初级、次级、结合型和游离型）中 95% 以上可被肠道重吸收，其余的随粪便排出。由肠道重吸收的胆汁酸经门静脉重新入肝，在肝细胞内，游离胆汁酸与甘氨酸或牛磺酸重新结合成结合型胆汁酸，与重吸收及新合成的结合胆汁酸一起随胆汁再次排入肠道。这种胆汁酸在肝和肠之间的不断循环过程称为胆汁酸的肠－肝循环，见图 10－3。

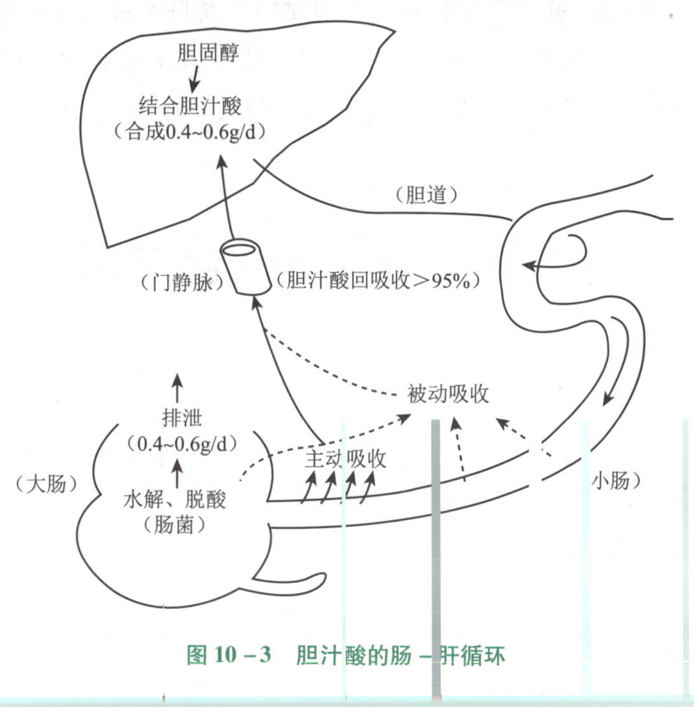

图 10－3　胆汁酸的肠－肝循环

胆汁酸的肠-肝循环具有重要的生理意义。尽管肝脏每天合成胆汁酸的量仅有0.4~0.6g，但是每天可进行6~12次肠-肝循环，从肠道吸收的胆汁酸总量可达12~32g，这样就满足了每天乳化脂类所需要16~32g胆汁酸的量。此外，胆汁酸的重吸收，使胆汁中的胆汁酸盐与胆固醇比例恒定，不易形成胆固醇结石。

三、胆汁酸的生理功能

（一）促进脂类的消化和吸收

胆汁酸分子内部既含有亲水性的羟基、羧基、磺酸基等，又含有疏水性的甲基和烃基。在立体构型上两类基团恰好位于环戊烷多氢菲核的两侧，构成亲水性和疏水性的两个侧面，能降低油和水两相之间的表面张力，使脂类乳化成3~10μm的细小微团，增大了脂肪酶和脂类的接触面积，促进脂类的消化吸收（图10-4）。

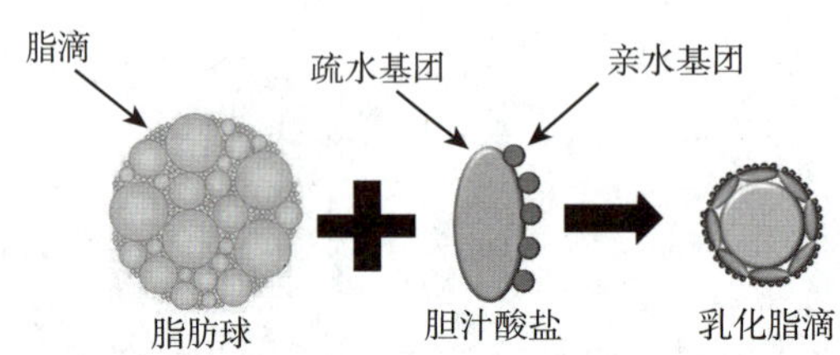

图10-4　乳化脂滴形成过程

（二）抑制胆固醇结石形成

人体约99%胆固醇随胆汁经肠道排出，由于胆固醇难溶于水，在浓缩后的胆囊胆汁中较易沉淀析出，形成胆固醇结石。胆汁中的胆汁酸盐和卵磷脂协同作用可使胆固醇等脂溶性物质以混合微团形式溶解于胆汁中，防止其在胆汁中沉淀析出而形成结石。若肝合成胆汁酸的能力下降，消化道丢失胆汁酸过多或肠-肝循环中摄取胆汁酸过少，以及排入胆汁中的胆固醇过多（高胆固醇血症病人），均可造成胆汁中胆汁酸、卵磷脂与胆固醇的比值下降（小于10∶1），易引起胆固醇析出沉淀，形成结石。

PPT

第三节　胆色素的代谢 微课2

实例分析10-2

实例　某新生儿，为其母第1胎，其母孕期无合并症，足月自然分娩，出生无窒息。生后母乳喂养，第2天出现黄疸，第4天加重。精神好，吸吮有力，大便黄，尿不黄。查体：除黄疸外无其他阳性体征。临床诊断：新生儿生理性黄疸。

讨论　1. 何谓黄疸？

2. 新生儿生理性黄疸产生原因？

答案解析

胆色素是血红素在体内分解代谢的主要产物，包括胆红素、胆绿素、胆素原和胆素等，除胆素原无色外，其他均有颜色，故统称为胆色素。

一、胆红素的生成

胆红素主要来源于衰老红细胞中血红蛋白的分解，占70%～80%，其余则来自肌红蛋白、细胞色素、过氧化氢酶和过氧化物酶等。正常成年人每天生成250～350mg胆红素。

红细胞的平均寿命约120天。衰老的红细胞在肝、脾、骨髓被单核吞噬系统细胞识别并吞噬破坏，释放出血红蛋白。血红蛋白继续分解为珠蛋白和血红素。其中血红素在微粒体的血红素加氧酶催化下生成胆绿素。胆绿素在胞液中被胆绿素还原酶还原成胆红素（图10－5）。由于体内胆绿素还原酶活性很高，生成的胆绿素几乎都被还原为胆红素，因此正常人体内无胆绿素堆积。

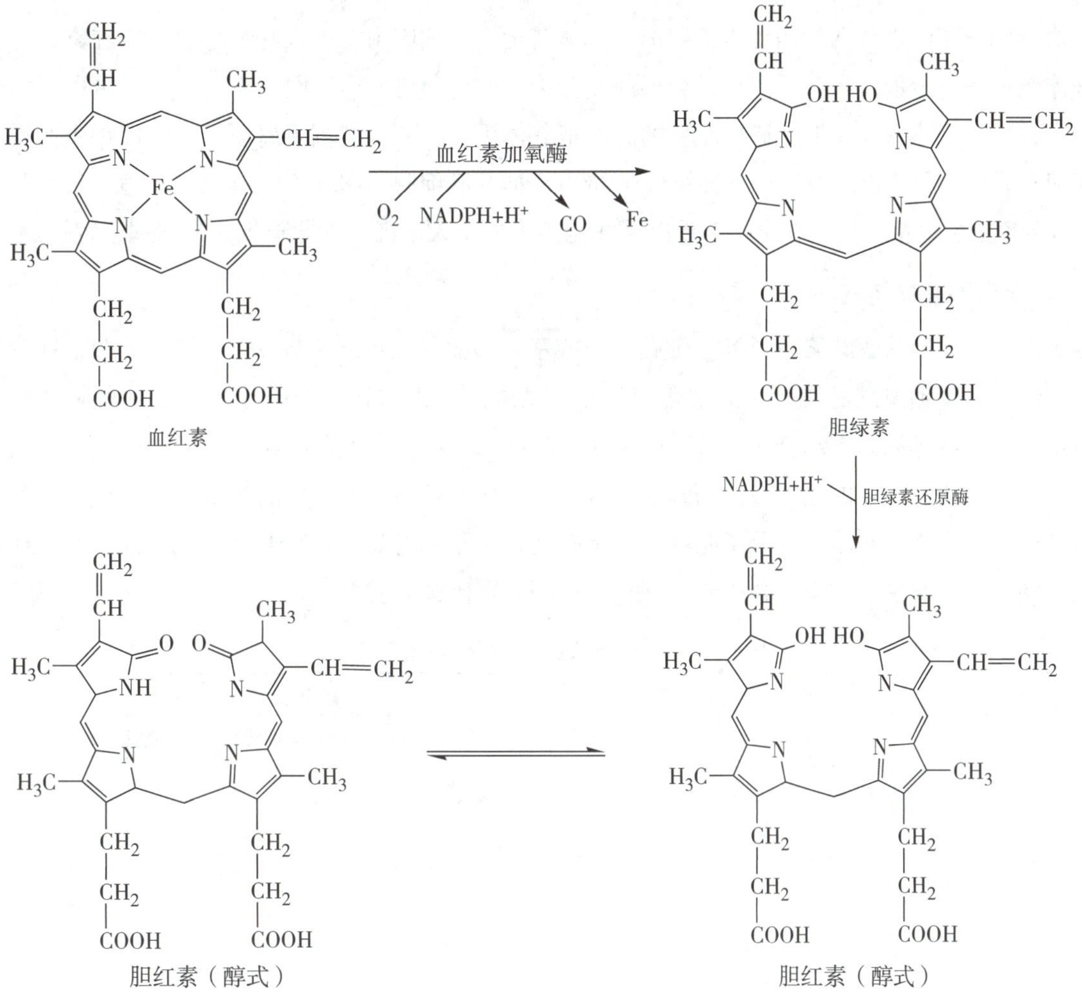

图10－5　胆红素的生成

二、胆红素在血液中的运输

游离胆红素进入血液后，在血浆内主要以胆红素－清蛋白复合体的形式存在并运输至肝。除清蛋白外，α_1－球蛋白也可与胆红素结合。亲水复合体的形成既增加了游离胆红素的溶解度，从而便于运输，又限制了游离胆红素自由通过各种生物膜的能力，使大量游离胆红素不能进入组织细胞而产生毒性作用。某些药物如磺胺类药物、抗生素、利尿剂等可竞争性地与清蛋白结合，干扰游离胆红素与清蛋白结合，因此高胆红素血症病人，尤其是新生儿黄疸要慎用此类药物。

血液中的胆红素－清蛋白，因未进入肝脏进行结合反应，故称为未结合胆红素或血胆红素或游离胆红素或间接胆红素。胆红素－清蛋白呈水溶性，分子量大，不能经肾小球滤过，故正常状态下尿中无未结合胆红素。

三、胆红素在肝内的转变

（一）肝细胞摄取胆红素

胆红素－清蛋白随血液运输到肝脏，在通过肝血窦时，胆红素与血窦表面肝细胞膜上的特异性受体结合，清蛋白与胆红素分离，胆红素被阴离子载体转运入肝细胞内。进入肝细胞后的胆红素，与胞浆中两种载体蛋白——Y 蛋白和 Z 蛋白相结合形成复合物，被运至滑面内质网。Y 蛋白比 Z 蛋白对胆红素的亲和力强，且含量丰富，是肝细胞内主要的胆红素载体蛋白。一些有机阴离子、脂溶性物质如类固醇物质、四溴酚磺酸钠（BSP）等可竞争性结合 Y 蛋白，抑制肝细胞对胆红素的摄取和运输。新生儿由于肝细胞内 Y、Z 蛋白含量不足，在出生 7 周以后才能接近成年人水平，因此新生儿易出现生理性黄疸。

（二）胆红素生物转化

运至滑面内质网的胆红素在 UDP－葡萄糖醛酸基转移酶的催化下，与 UDPG 提供的葡萄糖醛酸结合生成水溶性的葡萄糖醛酸胆红素，即结合胆红素。而未经肝细胞转化的胆红素，如游离胆红素、胆红素－清蛋白复合物等称为未结合胆红素。UDP－葡萄糖醛酸基转移酶是诱导酶，可被许多药物如苯巴比妥等诱导，以加快胆红素的生物转化而解毒。因此，临床上可用苯巴比妥消除新生儿生理性黄疸。由于胆红素分子中含有 2 个羧基，每分子胆红素可至多结合 2 分子葡萄糖醛酸生成主要结合产物胆红素葡萄糖醛酸二酯。结合胆红素和未结合胆红素理化性质的区别比较见表 10－2。

表 10－2　两种胆红素理化性质的比较

理化性质	结合胆红素	未结合胆红素
名称	肝胆红素、直接胆红素	血胆红素、间接胆红素、游离胆红素
水溶性	大	小
脂溶性	小	大
细胞毒性	小	大
与葡萄糖醛酸结合	结合	未结合
与重氮试剂反应	直接阳性	间接阳性
能否透过肾小球随尿排出	能	不能

（三）肝对胆红素排泄

由于毛细胆管内结合胆红素浓度远高于肝细胞内的浓度，肝细胞内结合胆红素以主动运输方式排到毛细胆管，并随胆汁排入肠道。该过程易发生障碍，使得结合胆红素反流入血，使血浆结合胆红素浓度升高。糖皮质激素、苯巴比妥等药物可促进结合胆红素排出，并诱导葡萄糖醛酸基转移酶生成促进胆红素与葡萄糖醛酸结合，可用于治疗高胆红素血症。

四、胆红素在肠中的转变

结合胆红素随胆汁排泄入肠道后，在回肠下段和结肠的肠菌作用下，脱去葡萄糖醛酸基，并逐步被还原成多种无色的胆素原族化合物，包括中胆素原、粪胆素原和尿胆素原，统称为胆素原。大部分胆素原随粪便排出体外，在肠道下段接触空气后氧化成棕黄色的粪胆素，这是粪便颜色的主要来源。正常人每天从粪便排出粪胆素原50～250mg。当胆道完全阻塞时，胆红素不能排入肠道形成胆素原及胆素，因此粪便呈现灰白色或陶土色，临床上称为陶土样便。新生儿肠菌稀少，胆红素不能分解呈蛋汤样粪便。

肠道中生成的胆素原有10%～20%被肠黏膜细胞重吸收经门静脉入肝，其中大部分再随胆汁排入肠道，形成胆素原的肠－肝循环。只有小部分胆素原进入体循环入肾并随尿排出，进入尿液中的胆素原称为尿胆素原，尿胆素原接触空气后被氧化成黄色的尿胆素，是尿液颜色的主要来源。临床上将尿胆素原、尿胆素和尿胆红素合称为尿三胆，是鉴别诊断黄疸类型的常用指标。胆色素代谢过程见图10－6。

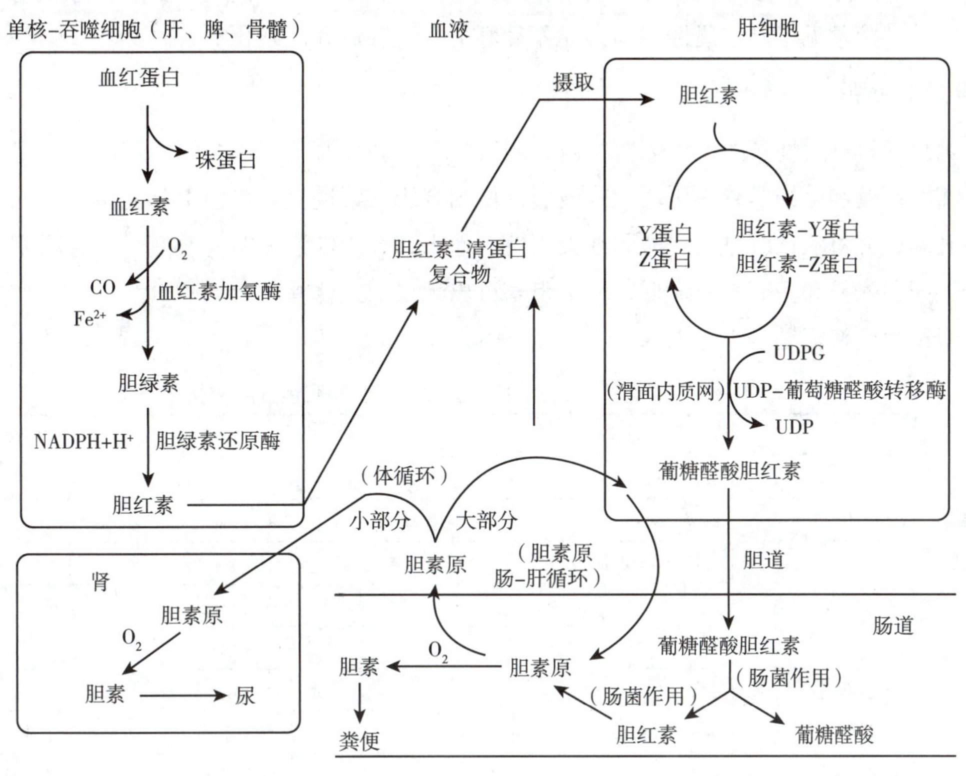

图10－6　胆色素代谢示意图

五、血清胆红素与黄疸

正常人血清胆红素总量为3.4～17.1μmol/L，其中80%为未结合胆红素，其余为结合胆红素。未结合胆红素是有毒的脂溶性物质，具有细胞毒性，容易与富含脂类的脑部基底核结合，造成胆红素脑病或核黄疸。胆红素为橙黄色物质，且对弹性蛋白具有较强的亲和力，所以当血清中胆红素含量过高时，可出现巩膜、皮肤及黏膜等组织（弹性蛋白含量较多）黄染，临床上称为黄疸。黄疸的程度与血清胆红素的浓度密切相关，当血清胆红素浓度超过34.2μmol/L，黄染明显，临床上称为显性黄疸。若血清胆红素浓度不超过34.2μmol/L，肉眼观察不到皮肤、巩膜等黄染现象，称为隐性黄疸。

临床上根据黄疸的发病原因不同，将黄疸分为三类。

(一)溶血性黄疸

溶血性黄疸又称肝前性黄疸，因蚕豆病、输血不当、某些药物、毒物及某些疾病（如恶性疟疾、过敏等）导致红细胞大量破坏，生成的胆红素过多，超过肝细胞摄取、转化和排泄能力而引起的黄疸。其特征为血清未结合胆红素明显增加，结合胆红素变化不大；尿胆红素阴性，尿胆素原增加，粪胆素原也增加，粪便和尿的颜色加深。

(二)肝细胞性黄疸

肝细胞性黄疸又称肝源性黄疸，是由于肝细胞功能受损，其摄取、转化和排泄胆红素能力降低所致的黄疸。一方面肝细胞不能将未结合胆红素完全摄取、转化为结合胆红素，造成血中未结合胆红素增多；另一方面由于肝细胞肿胀，压迫毛细胆管或致阻塞，而毛细胆管与肝血窦直接相通，引起部分结合胆红素反流入血，使血中结合胆红素增加。血中结合胆红素经肾小球滤过，引起尿胆红素阳性。肝细胞受损程度不同，引起尿胆素原变化不定。因结合胆红素进入肠道减少，而引起粪胆素原减少，粪便颜色变浅。肝细胞性黄疸常见于肝实质性疾病，如各种肝炎、肝肿瘤和肝硬化等。

(三)阻塞性黄疸

阻塞性黄疸又称肝后性黄疸，可因胆结石、胆管炎症、肿瘤及先天性胆管闭锁等疾病引起胆汁排泄通道受阻，使胆小管和毛细胆管内压增大或破裂，使结合胆红素逆流入血而引起的黄疸。此时血清结合胆红素明显升高，并可从肾脏排出，尿胆红素阳性，而未结合胆红素无明显改变；胆管阻塞使肠道胆素原生成减少，尿胆素原和粪胆素原降低，完全阻塞可出现白陶土色粪便。

三种类型黄疸的特征见表 10-3。

表 10-3　正常人和三类黄疸病人血、尿、粪胆色素的变化

指标		正常	溶血性黄疸	肝细胞性黄疸	阻塞性黄疸
血清胆红素	总量	<17.1μmol/L	>17.1μmol/L	>17.1μmol/L	>17.1μmol/L
	直接胆红素	极少	改变不显著	↑	↑↑
	间接胆红素	<17.1μmol/L	↑↑	↑	改变不显著
尿三胆	尿胆红素	-	-	++	++
	尿胆素原	少量	↑	不一定	↓
	尿胆素	少量	↑	不一定	↓
粪便	粪胆素原	40~280mg/24h	↑	↓或正常	↓或 -
	粪便颜色	正常	深	变浅或正常	变浅或白陶土色

实训项目

任务　胆红素氧化酶法测定血清总胆红素和结合胆红素

【实训目的】

掌握胆红素氧化酶法测定血清中胆红素和结合胆红素浓度的原理及测定方法。

【实训原理】

胆红素在 450nm 波长处有最大吸收峰，在胆红素氧化酶催化下胆红素氧化为胆绿素，胆绿素进一步

氧化生成淡紫色化合物。随着胆红素被氧化，450nm 波长处吸光度下降，下降程度与胆红素浓度呈正比。在不同 pH 条件下，胆红素氧化酶催化不同结构胆红素发生氧化反应。当 pH 8.2 时，总胆红素（包括结合胆红素和未结合胆红素）被氧化。因此，450nm 波长处吸光度的变化值反映了总胆红素含量；当 pH 4.5 时，未结合胆红素不被氧化，因此 450nm 波长处吸光度的变化值反映了结合胆红素含量。

【试剂和器材】

1. 试剂

（1）0.1mol/L Tris－HCl 缓冲液（pH 8.2）　称取 Tris－HCl 1.211g，胆酸钠 172.3mg，SDS 432.6mg，溶于约 90ml 蒸馏水中，室温下用 1mol/L HCl 调 pH 至 8.2，蒸馏水定容至 100ml。4℃冰箱保存。

（2）胆红素氧化酶　按说明书要求复溶，但复溶后冰箱保存不宜过长（约可保存 1 周），胆红素氧化酶贮存溶液的酶活性一般在数千至 10000～20000U/L，胆红素氧化酶工作液浓度按反应液中酶终浓度达 0.3～1.0U/ml 计算。

（3）0.12mol/L 邻苯二甲酸盐缓冲液（pH 4.5）　称取邻苯二甲酸氢钾 2.45g，溶于蒸馏水，用 1mol/L NaOH 调 pH 至 4.5，定容至 100ml。

（4）总胆红素标准液

1）稀释用血清配制　收集无溶血、无黄疸、无脂浊的新鲜血清，混合，必要时可用滤菌器过滤。取过滤后的血清 1ml，加入新鲜 0.154mmol/L NaCl 溶液 24ml，混合。在 414nm 波长处，1cm 光径，以 0.154mmol/L NaCl 溶液调零点，其吸光度应小于 0.100；在 450nm 波长处的吸光度应小于 0.04。

2）胆红素标准贮存液（171μmol/L）　准确称取胆红素 10mg，加入二甲亚砜 1ml，用玻璃棒搅拌，使成混悬液。加入 0.05mol/L $NaCO_3$溶液 2ml，待胆红素完全溶解后，移入 100ml 容量瓶中，以稀释用血清洗涤数次并入容量瓶中，缓慢加入 0.1mol/L HCl 2ml，边加边摇（轻轻摇动，以免产生气泡）。最后以稀释用血清定容。配制过程中应尽量避光，贮存容器用黑纸包裹，置 4℃冰箱 3 天内有效，但要求配后尽快作标准曲线。

（5）结合胆红素标准液　将二牛磺酸胆红素配于胆红素浓度可忽略不计的混合人血清中，或用冻干粉按说明书要求重建。配制后分装于聚丙烯管内，－70℃避光保存，可存放 6 个月。

2. 器材　试管 1.5cm×15cm，试管架；移液器 0.2ml、5ml；可见光分光光度计。

【实训方法和步骤】

（一）样品测定

按表 10－4、10－5 实施操作。

表 10－4　酶法测定总胆红素

加入物（ml）	测定空白管（UB）	测定管（U）	标准空白管（SB）	标准管（S）
血清	0.2	0.2	—	—
总胆红素标准液	—	—	0.2	0.2
Tris－HCl 缓冲液	4.0	4.0	4.0	4.0
去离子水	0.2	—	0.2	—
胆红素氧化酶工作液	—	0.2	—	0.2

混匀，37℃水浴 5 分钟，450nm 波长处测定各管吸光度（A_{450}），以去离子水调零。

表 10－5　酶法测定结合胆红素

加入物（ml）	测定空白管（UB）	测定管（U）	标准空白管（SB）	标准管（S）
血清	0.2	0.2	—	—
结合胆红素标准液	—	—	0.2	0.2
邻苯二甲酸盐缓冲液	4.0	4.0	4.0	4.0
去离子水	0.2	—	0.2	—
胆红素氧化酶工作液	—	0.2	—	0.2

混匀，37℃水浴 5 分钟，450 波长处测定各管吸光度（A_{450}），以去离子水调零。

（二）结果计算

$$总胆红素（\mu mol/L）=\frac{A_{UB}-A_{U}}{A_{SB}-A_{S}}\times C_{总胆红素标准液}$$

$$结合胆红素（\mu mol/L）=\frac{A_{UB}-A_{U}}{A_{SB}-A_{S}}\times C_{结合胆红素标准液}$$

（三）参考范围

血清总胆红素：3.4～17.1μmol/L；血清结合胆红素：0～3.4μmol/L。

【温馨提示】

1. 血液标本和标准液应避免阳光直照，防止胆红素的光氧化。胆红素对光的敏感度与温度有关，血标本应避光置冰箱保存。标本置冰箱保存可稳定 3 天，－70℃暗处保存，稳定 3 个月。

2. 胆红素氧化酶活性最适 pH 为 8.0～8.2，在 pH 7.3～9.0 之间酶活性的 pH 曲线变化幅度不大。当 pH 低于 4.0 时，血清样本易发生混浊，严重干扰测定结果。

3. 成人黄疸血清或肝素抗凝血浆，反应 15 分钟几乎均产生混浊而影响结果，应避免使用肝素抗凝。在磷酸盐缓冲液中加入尿素可防止混浊。

【实训思考】

1. 胆红素标本为何要进行避光保存？

2. 胆红素氧化酶法测定结合胆红素原理？

答案解析

一、名词解释

初级胆汁酸　　次级胆汁酸　　结合胆红素　　黄疸

二、选择题

【A 型题】

1. 不参与肝脏生物转化反应的是（　　）。

　A. 氧化反应　　B. 还原反应　　C. 分解反应　　D. 结合反应

2. 在肝脏胆红素生物转化的主要反应是（　　）。

　A. 与乙酰基结合　　B. 与硫酸结合

C. 与葡萄糖醛酸结合　　　　　　D. 与甲基结合

3. 生物转化作用最活跃的器官是（　　）。

A. 肾　　　　B. 肺　　　　C. 肝　　　　D. 皮肤

4. 胆汁中出现沉淀往往是由于（　　）。

A. 胆汁酸盐过多　　B. 胆固醇过多　　C. 磷脂酰胆碱过多　　D. 次级胆汁酸盐过多

5. 下列关于结合胆红素的叙述，错误的是（　　）。

A. 胆红素与葡萄糖醛酸结合　　　　B. 水溶性较大

C. 易透过生物膜　　　　D. 可通过肾脏随尿排出

【B 型题】

[第 6 ~ 8 题选项]

A. 胆素原　　　　B. 胆素

C. 葡萄糖醛酸胆红素　　　　D. 胆红素 - Y 蛋白

E. 胆红素 - 清蛋白复合体

6. 胆红素在血中的运输形式是（　　）。

7. 胆红素在肝细胞内的运输形式是（　　）。

8. 胆红素由肝排出的主要形式是（　　）。

[第 9 ~ 11 题选项]

A. 胆红素 - 清蛋白复合体　　　　B. 胆素原

C. 胆红素 - Z 蛋白　　　　D. 胆红素 - Y 蛋白

E. 葡萄糖醛酸胆红素

9. 正常条件下，能随尿液排出体外的胆色素是（　　）。

10. 从肝脏排到肠道的物质是（　　）。

11. 在肠道末端遇空气转变成胆素的物质是（　　）。

【X 型题】

12. 关于生物转化作用，下列说法正确的是（　　）。

A. 具有多样性和连续性的特点　　　　B. 常受年龄、性别、诱导物等因素影响

C. 有解毒与致毒的双重性　　　　D. 使非营养性物质极性降低，利于排泄

13. 属于生物转化第一相反应的是（　　）。

A. 还原　　　　B. 水解　　　　C. 结合　　　　D. 氧化

14. 影响生物转化的因素有（　　）。

A. 年龄　　　　B. 肝功能　　　　C. 性别　　　　D. 肾功能

15. 以下哪些属于结合型初级胆汁酸（　　）。

A. 鹅脱氧胆酸　　B. 甘氨胆酸　　C. 牛磺石胆酸　　D. 牛磺胆酸

16. 阻塞性黄疸可出现的现象有（　　）。

A. 血中未结合胆红素增加　　　　B. 血中结合胆红素增加

C. 尿中出现胆红素　　　　D. 尿胆素原增加

17. 胆色素包括（　　）。

A. 胆素　　　　B. 胆素原　　　　C. 胆红素　　　　D. 血红素

三、简答题

1. 何谓生物转化？有何特点？
2. 试解释阻塞性黄疸病人大便颜色变浅甚至呈陶土色的原因。

书网融合……

知识回顾

微课 1

微课 2

习题

第十一章 生物化学技术

学习引导

生产疫苗的技术和方法有很多种：灭活疫苗、重组疫苗、mRNA 基因疫苗、载体疫苗等等。那么疫苗是如何生产出来的呢？我国首次上市的新型冠状病毒疫苗是灭活疫苗，灭活疫苗的生产过程主要包括细胞培养、病毒原液培养、病毒的灭活、分离纯化、制剂等。其中分离纯化是非常重要的环节，要得到合格的疫苗需要哪些生物化学分离纯化技术呢？

本章主要介绍离心技术、膜分离技术、电泳技术、色谱技术、移液枪的使用及维护等常用的生物化学技术。

学习目标

1. **掌握** 离心技术、膜分离技术、电泳技术、色谱技术的基本概念、原理和方法。
2. **熟悉** 离心、超滤、区带电泳、分配色谱、凝胶色谱、离子交换色谱、亲和色谱等技术的操作。
3. **了解** 各类生物化学技术在药学领域中的应用。

生物化学是生命科学的重要组成部分，生物化学技术是研究生物化学基本理论最重要的方法。通过生物化学技术可以了解生化物质的本质，掌握其变化规律，并可以进一步对其进行深刻分析和研究。另外，通过生物化学技术还可以对生化物质进行分离、纯化，为将来从事药学及制药工作奠定基础。

第一节 离心技术

PPT

离心技术（centrifugal technique）是利用颗粒在作匀速圆周运动时受到一个向外的离心力而使物质分离的技术。离心技术不仅可以用来进行物质的分离纯化，还可用来测定物质颗粒的沉降系数、扩散系数、相对分子质量等参数，在生物制药研究和生产中应用比较广泛。

一、基本原理

离心技术是将含一种或多种悬浮颗粒的液相，放置于一个可旋转的圆形容器中，当容器高速旋转时，所有颗粒受到离心力的作用，使悬浮颗粒发生沉降、漂浮或悬浮，从而使某些颗粒达到浓缩或与其他颗粒分离的目的。离心时主要控制相对离心力。在同等条件下，相对离心力越大，分离效果越好。相对离心力与颗粒的相对分子质量、离心半径、离心机的转速等都有关系。离心机的转速越大、离心半径越大相对离心力就越大。

答案解析

即学即练 11－1

当一个粒子（生物大分子或细胞器）在高速旋转下，受到离心力作用时粒子会____。

A. 下沉　　B. 上浮　　C. 不动　　D. 均有可能

二、常用的离心方法

（一）差速离心法

差速离心法是利用不同的粒子在离心力场中沉降的差别，在同一离心条件下，沉降速度不同，通过不断增加相对离心力，使一个非均匀混合液内的大小、形状不同的粒子分步沉淀。操作过程中一般是在离心后用倾倒的办法把上清液与沉淀分开，然后将上清液加高转速离心，分离出第二部分沉淀，如此往复依次加高转速，逐级分离出所需要的物质。

由于差速离心的分辨率不高，沉淀系数在同一个数量级内的各种粒子不容易分开，实际操作中，常用于其他分离手段之前的粗制品提取，以相对纯化待分离物质。如用差速离心法分离已破碎的细胞各组分，见图 11－1。

（二）速率区带离心法

速率区带离心法是根据分离的粒子在梯度液中沉降速度的不同，使具有不同沉降速度的粒子处于不同的密度梯度层内分成一系列区带，达到彼此分离的目的。操作时，离心前先在离心管内装入密度梯度介质（如蔗糖、甘油、KBr、CsCl 等），再将待分离的样品铺在梯度液的顶部，最后一起离心。离心后在近旋转轴处的介质密度最小，离旋转轴最远处介质的密度最大，但最大介质密度必须小于样品中粒子的最小密度。梯度液在离心过程中以及离心完毕后，取样时起着支持介质和稳定剂的作用，避免因机械振动而引起已分层的粒子再混合。速率区带离心法过程如图 11－2 所示。

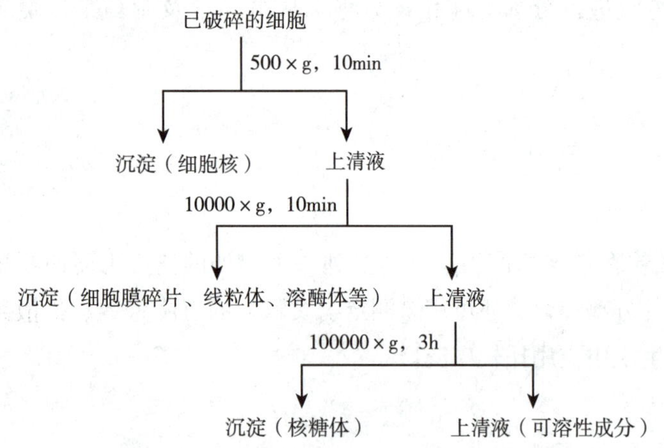

图 11－1　差速离心法分离已破碎的细胞组分

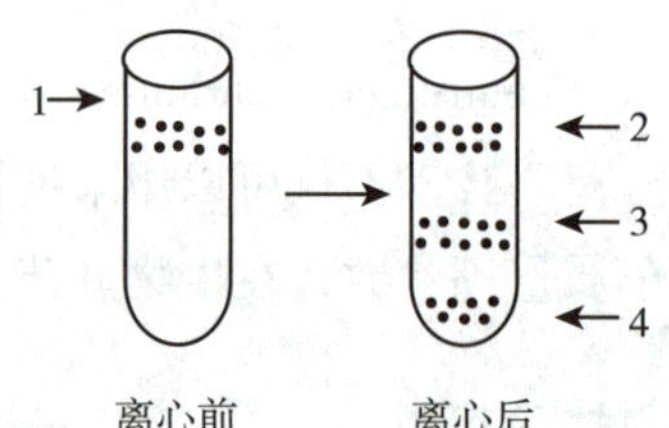

图 11－2　速率区带离心法示意图

1：样品；2：小颗粒；3：中等颗粒；4：大颗粒

速率区带离心时需严格控制离心时间，必须选择在密度最大的颗粒完全沉降前停止，又须使各组分行进足够长的距离在梯度中形成不连续的区带。本法适用于分离颗粒大小不同而密度相近的组分，如DNA与RNA混合物、核糖体亚单位与线粒体、溶酶体与过氧化物酶体等。

（三）等密度离心法

等密度离心法是在离心前预先配制介质的密度梯度，此种密度梯度液包含被分离样品中所有粒子的密度，待分离的样品铺在梯度液顶上或和梯度液先混合，离心开始后，当梯度液因离心力的作用，逐渐形成管底较浓而顶端较稀的密度梯度，与此同时原来分布均匀的粒子也发生重新分布，等密度离心法示意图见图11－3。当管底介质的密度大于粒子的密度时粒子上浮；在管顶处介质的密度小于粒子的密度时，则粒子沉降。最终粒子进入到一个它本身的密度位置，即介质的密度等于粒子的密度，此时沉降速度为零，粒子不再移动，粒子形成纯组分的区带，与样品粒子的密度有关，而与粒子的大小和其他参数无关，因此只要转速、温度不变，则延长离心时间也不能改变这些粒子的成带位置。

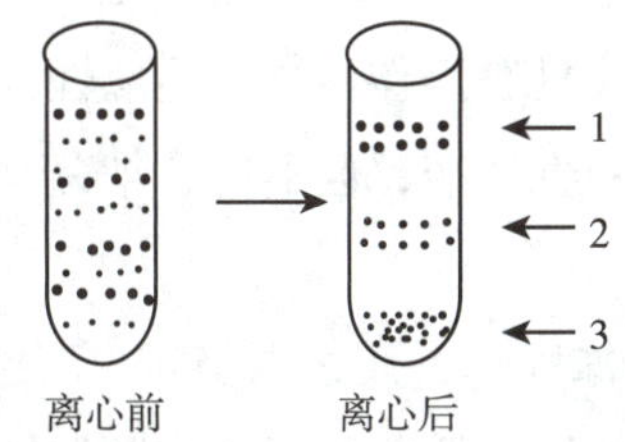

图11－3　等密度离心法示意图

1：密度小于介质的颗粒；2：密度等于介质的颗粒；3：密度大于介质的颗粒

本法可利用角度转子、水平转子及垂直管转子进行离心，转速常为3000～4000r/min，离心时间为20～72小时。本法在分离基因（DNA片段）及RNA中效果良好。重金属盐氯化铯（CsCl）是目前使用的最好的离心介质，它在离心场中可自行调节形成浓度梯度，并能保持稳定。

实例分析11－1

实例　线粒体是动物细胞的细胞器，具有双层膜结构，线粒体内含有大量氧化酶，可参与机体内有机物的氧化分解，并释放能量，常被称为细胞的“动力工厂”。线粒体是对各种损伤最为敏感的细胞器之一，在疾病研究上具有很重要的意义。

讨论　1. 从动植物组织中常用哪种技术分离线粒体？

2. 线粒体分离时需控制的相对离心力是多少？

答案解析

三、常用离心设备

1. 普通离心机　转速通常小于6000r/min，水冷或无冷却，可控时和调节转速。容量从1ml至数升。按大小可分为台式离心机和落地式离心机。普通台式离心机结构见图11－4。

2. 管式离心机　它是沉降式离心机，其转子半径较小，是一种转速高、分离效率也高的离心机。可用于液－液分离和固－液分离。该离心机适用于一般离心机难以分离而固形物含量＜1%的料液的分离。在发酵工程、酶工程及细胞工程中可用于从反应体系中分离菌体

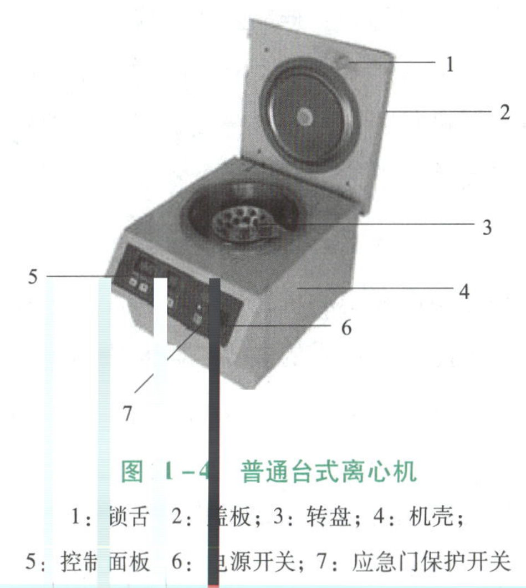

图11－4　普通台式离心机

1：锁舌　2：盖板；3：转盘；4：机壳；5：控制面板　6：电源开关；7：应急门保护开关

和细胞，也可用于从生物材料抽提液中收集少量蛋白质、酶、核酸及多糖，以及除去抽提液中的少量残渣。

3. 碟片式离心机 碟片式离心机按卸料方式的不同分为：人工卸料、自动间歇排料和喷嘴连续排料3种。前两种适合于悬浮液固形颗粒含量较少的场合。该离心机适用于细菌、酵母菌、放线菌等多种微生物细胞悬浮液及细胞碎片悬浮液的分离。它的生产能力较大，最大允许处理量达$300m^3/h$，一般用于大规模的分离过程。

4. 倾析式离心机 它靠离心力和螺旋的推进作用自动连续排渣，因而也称为螺旋卸料沉降离心机。其优点为：具有操作连续、适应性强、应用范围广、结构紧凑和维修方便等优点，特别适合于分离含固形物较多的悬浮液，但不适合细菌、酵母菌等微小微生物悬浮液的分离。发酵工业中常用于淀粉精制及菌体收获。

5. 冷冻高速、超速离心机 高速离心机结构复杂，除驱动马达及速度控制装置外，均具有制冷系统、温度控制装置，并配置有几种转子及各种不同离心管，可用于分离溶酶体、高尔基体、线粒体和微粒体等细胞器、生物大分子盐析沉淀物及细胞等。

超速离心机是指相对离心力在$100000 \times g$以上的离心设备，通常转速在60000r/min以上。此类离心机可分为制备离心机、分析离心机和制备兼分析离心机。常用于蛋白质、酶、核酸、多糖、细胞器的分离纯化及其沉降系数、相对分子质量、扩散系数的分析和构象变化的观察。

四、离心操作及注意事项

（一）离心操作

1. 样品准备 离心前须去除样品中的大颗粒及胶样不溶物。速度区带离心时，样品密度须低于梯度最小值，样品中须含有低浓度电解质（如0.2mol/L NaCl）可消除带相反电荷组分颗粒间互相吸引带来的不利影响（减小沉降速度和分辨率）。

样品还须加缓冲剂或其他保护剂，如巯基乙醇、EDTA、某些金属离子（Mg^{2+}、Ca^{2+}）、酶底物等。

2. 加样 加样方式有以下几种：顶部加样用于差速区带离心；底部加样用于漂浮差速区带离心；中部加样用于平衡等密度区带离心；混合加样用于平衡等密度区带离心。

差速区带离心：样品须少，应少于梯度总体积的5%。

3. 离心 严格按使用说明操作。样品离心管须严格配平（工业天平，±0.01g）。超速离心须在真空及低温进行，加减速要缓慢。变化剧烈会扰动梯度和区带，降低分辨率。

平衡等密度离心时，转速不能过高（导致CsCl结晶，破坏离心管，发生危险）。

（二）离心注意事项

高速与超速离心机属重要精密设备，其转速高，产生的离心力大，使用不当或缺乏定期的检修和保养，都可能产生严重的事故，因此使用离心机时必须严格遵守操作规程。

（1）确保选择的转子是合适的，并且很好地安装在转轴上。

（2）使用离心机时，必须事先在天平上平衡离心管（包含内容物）。离心管必须互相对称地放在转子中，使负载均匀地分布在转子的周围。

（3）确保选用合适的离心管：速度过高时离心管有可能会破裂。

（4）若要在低于室温的温度下离心，转子应该在使用前置于冰箱中或置于离心机的转子室内预冷。

（5）在离心机的转速达到设定的最大转速并运行平稳前不要离开。

第二节　膜分离技术

PPT

膜分离技术（membrane seperating method）是指用特制的膜作为选择障碍层，允许某些组分透过而保留混合物中其他组分，从而达到分离目的的技术。膜分离技术不仅广泛用于生化药物的分离和制备，而且在废水处理、海水淡化、人工肾研究等方面都发挥越来越重要的作用。

膜分离技术具有以下特点：高效节能、无污染；装置简单，操作方便；分离系数大，应用范围广；适合热敏物质的分离；工艺适应性强。

知识链接

人工肾

人工肾是一种替代肾脏功能的装置，是目前临床广泛应用、疗效显著的一种人工器官，主要用于治疗肾功能衰竭和尿毒症。工作原理为将血液引出体外，利用透析、过滤、吸附、膜分离等原理排除体内过剩的含氮化合物、新陈代谢产物或逾量药物等，调节电解质平衡，然后再将净化的血液引回体内。

目前人工肾的研究分两类：可穿戴式人工肾和可植入式人工肾。大连理工大学林炳承、罗勇研究团队利用微流控器官芯片技术，开发出了新一代的人工肾，仿生设计出肾的结构与功能，可以完整模拟整个血液净化过程，观察外源物质，譬如药物的肾代谢和消除过程。科技创新，为大学生做出了表率。

一、超滤 微课1

超滤（ultrafiltration）是在一定压力下，使用一种特制半透膜对混合溶液中不同溶质分子进行选择性滤过的分离方法。

（一）原理

超滤是一种筛分过程，超滤膜表面分布有一定大小和形状的孔，在一定压力作用下，含有大、小分子溶质的溶液流过超滤膜表面时，溶剂和小分子溶质透过膜，而大分子溶质被膜截留，从而使大小不同的分子分离。

（二）超滤膜

1. 超滤膜的构造　目前常用的超滤膜为'各向异性膜'，这类膜的正反两面结构不一致，分为两层。一层为具有一定孔径的多孔的功能层，厚度为0.1～1μm；另一层为空隙较大的海绵层或支持层，厚度约为0.1mm。功能层决定了膜的选择透过性，海绵层增大了膜的机械强度。各向异性膜不易堵塞，流速要比各向同性膜快数十倍。

根据使用要求，超滤膜可制成不同的形状和组合件，如平面膜、中空纤维膜、螺旋卷膜、组合式板膜、管状膜等。

答案解析

即学即练 11-2

超滤时常用的超滤膜为____。

A. 各向同性膜　B. 各向异性膜　C. 普通滤纸　D. 玻璃纸

2. 超滤膜的选择　商品超滤膜的选择必须注意以下几点：

（1）截留相对分子质量　超滤膜的孔径一般为 1～10nm，分子截留值是指阻留率达 90% 以上的最小被截留物质的相对分子质量。它表示了每种超滤膜所额定的截留溶质相对分子质量的范围，大于这个范围的溶质分子绝大多数不能通过该超滤膜。

（2）流动速率　通常用在一定压力下每分钟通过单位面积膜的液体量来表示。常用 $ml/(cm^2 \cdot min)$ 表示。膜的流速与孔径大小及膜的结构类别有关，各向异性膜流动速率快。

（3）其他因素　使用超滤技术时除考虑分子截留值和流速外，还应具有良好的机械性能，对化学试剂和热有一定的稳定性，在静压力的作用下，膜的通透性受溶质类型及浓度影响较小，抗污染能力强等。

（三）常见的超滤器

根据不同的使用目的，目前生产的超滤器可分为实验用超滤器和工业用超滤器。市售的大致有四种类型：管式、中空纤维式、螺旋卷式和组合板式。其中组合板式装置由于结构简单、适应性强、压力损失小、透过量大、清洗安装方便，目前较其他类型应用得广泛。但无论何种类型的膜装置，应具备的条件是：①具有尽可能大的有效过滤面积；②尽可能清除或减弱浓差极化现象；③为膜提供可靠的支撑装置；④密封情况下提供引出滤过液的路径；⑤操作方便，容易拆洗。

（四）影响超滤速度的因素

1. 浓差极化　在超滤过程中，外加压力迫使相对分子质量较小的溶质通过薄膜，而相对分子质量较大的溶质截留于膜表面形成凝胶层，产生阻塞作用，使超滤速度减慢，这种现象称为浓差极化。它是超滤速度的限速因素，克服浓差极化的主要措施有震动、搅拌、错流等，需根据实际情况灵活掌握。

2. 压力　超滤时应控制合适的压力，同时增大流速，这样可减小浓差极化层厚度，使溶质系数增大，而且通量也增大。

3. 膜的吸附　各种超滤膜对溶质分子均有不同程度的吸附能力。当溶质分子吸附在孔道壁上时，会影响孔道的有效直径，使截留率增大。此外，超滤时某些介质也可能影响膜的吸附能力，有时会使膜的吸附作用增大（如磷酸缓冲液）。

4. 超滤装置和操作条件　超滤装置包括膜或组合膜的构造、超滤器的结构及操作压力等，主要考虑有效过滤面积、防止极化的措施、操作压力和压力损失以及设备对物料黏度的限制等。

操作条件主要控制液体物料的温度、黏度、pH、离子强度等。通常升高温度可降低溶液黏度及减少凝胶的形成，溶质的溶解度也增加，因此可提高流率。另外，在 pH 和离子强度等方面，凡能降低膜的吸附或减少凝胶的形成倾向的，均能增加超滤的流率。

（五）超滤技术的应用

1. 浓缩和脱盐　用超滤方法对生物大分子进行浓缩或脱盐是最常见的应用，浓缩的效果随具体样品而异。蛋白质最终浓度可达 40%～50%。

2. 分级分离与纯化　根据被分离物质相对分子质量的大小不同，选择不同截留量的滤膜进行多次渗虑，可以将各组分分离和纯化，类似于分子筛。

二、微孔膜过滤技术

微孔膜过滤技术（microporous membrane filtration）简称微滤，又称“精密过滤”，主要用于分离亚微米级颗粒，是目前应用最广泛的一种分离分析微细颗粒和超净除菌的手段，也可用于超滤的预处理过程。

（一）原理

微孔膜过滤是以静压力为推动力，利用膜的筛分作用进行分离的过程，其分离机制与普通过滤类似，但其过滤精度较高，可截留 0.03～15μm 的微粒或有机大分子。

（二）微孔滤膜

微孔滤膜的种类主要有再生纤维素膜、纤维素酯膜、聚四氟乙烯膜、聚氯乙烯膜、超细玻璃纤维滤膜等。微孔滤膜孔径在 0.025～14μm 范围内，其中孔径为 0.45μm 的微孔滤膜应用最多，常用水的超净化处理、注射液的无菌检查等，也可用于制药车间、手术室等地方的空气净化。

（三）微孔滤膜过滤设备及操作

1. 设备　设备主要由滤器和其他附件组成，滤器是关键设备，它是由滤膜及其他附件构成的膜组件，如注射式滤器、平板滤器等。

2. 操作及注意事项

（1）滤膜的支持和滤器的密封　操作过程中应保持环境清洁，滤膜前后要密封，防止高压差下短路或泄露，要避免负压时因外界空气进入而引起污染。滤膜很薄，应选用软垫密封。滤膜强度差，应有特别支持体，如普通转孔板、金属细网等。另应选用边缘能平整密合的滤膜。

（2）过滤系统严密性的检查　严密性是保证过滤质量的关键操作，可用气泡点法（气泡－压力法）进行检查。

（3）滤膜的润湿　必须保证滤膜始终是润湿的，未润湿的滤膜会影响有效过滤面积及检测试验的准确性。

（4）过滤速度　微孔滤膜属于筛网型滤膜，模孔易被直径与孔径大小相近的颗粒阻塞。为防止阻塞，一般需经过预滤或其他预处理。另外，滤膜的有效面积、膜两侧压力差、孔径大小与均匀性、孔隙率、料液黏度、温度等因素对流速均有影响。

（5）过滤系统的清洗和消毒　凡是与滤液接触之处以及设备接口处皆应拆除清洗，清洗后必须消毒。

（6）串滤技术　又称叠滤技术，液体通过孔径自大至小相串接滤膜的过程称为串滤。第一层可用超细玻璃纤维滤膜，然后依次放置不同孔径的微孔滤膜，在两层微孔滤膜之间可放分布层。

（四）微孔膜过滤的应用

1. 在生物化学中的应用

（1）绝对过滤收集沉淀　不同孔径的微孔滤膜可用于过滤收集沉淀，应用于溶液的澄清和酶活力测定等。

（2）结合测定　在一定条件下硝酸纤维素酯滤膜及 MF－（混合）纤维素酯滤膜能结合蛋白质和单

链 DNA，但滤膜对蛋白质的结合与离子强度无关，而结合单链 DNA 与离子强度有关。

（3）其他应用　可用于蛋白质含量测定、核酸的测定、放射性标记物的超净。

2. 在制药工业中的应用　根据膜的性能，可进行药液中微粒及细菌的滤除、抗生素的无菌检验等应用，进行无菌检验比常规采样容量大、简便、灵敏度高，并可避免抗生素本身的抑菌作用。

三、其他膜分离技术

（一）透析

透析是利用半透膜将大分子溶液中的离子和小分子物质去掉的一种方法。其操作是将分子大小不同的混合物水溶液装入由半透膜制成的透析袋内，然后将透析袋口扎紧，浸入含有大量低离子强度的缓冲液或双蒸水中，依靠可透过物质浓度差的推动，使小分子物质自由地扩散透过半透膜孔进入透析外液中，大分子物质不能扩散透过膜孔而留在透析袋内，从而使混合溶液中不同大小的物质达到分离的目的。

透析常用于大分子溶液的脱盐和稀样品溶液的浓缩，也用于去除或分离小分子物质。

（二）反渗透

反渗透是在常压和环境温度下，溶剂在一定压力下（10～100atm）下通过一个多孔膜，收集渗透液，使溶液中的一个或几个组分在原液中富集的一种分离方法。

目前，反渗透技术应用于料液的分离、纯化和浓缩，纯化水的制备，海水的淡化等。

（三）纳滤

纳滤是指以孔径为纳米级的滤膜实现的过滤。其孔径介于反渗透膜和超滤膜之间，能够截留分子量为几百的物质。

纳滤适合于分离多价离子和相对分子质量在 500～2000 的微小有机或无机溶质。纳滤膜可用于多种抗生素的浓缩和纯化。

第三节　电泳技术

PPT

电泳是指溶解或悬浮于电解液中的带电荷的蛋白质、胶体、大分子或其他粒子，在电流作用下向其自身所带电荷相反的电极方向迁移。电泳法是指利用溶液中带有不同量电荷的离子，在外加电场中使供试品组分以不同的迁移速度向对应的电极移动，实现分离并通过适宜的检测方法记录或计算，达到测定目的的分析方法。

电泳技术已经成为生物化学、分子生物学、医学、药学等多种学科进行分析鉴定必不可少的一门技术。

一、区带电泳

区带电泳（zone electrophoresis）是指含有支持介质的电泳，带电荷的供试品在惰性支持介质中，在电场作用下，向其相反的电极方向按各自的速度进行泳动，使组分分离成狭窄的区带。

区带电泳法可选用不同的支持介质，并用适宜的检测方法记录供试品组分电泳区带图谱，以计算其含量（%）。

按支持介质的不同可分为：纸电泳法、醋酸纤维素薄膜电泳、琼脂糖凝胶电泳和聚丙烯酰胺凝胶电泳等。

（一）醋酸纤维素薄膜电泳

醋酸纤维素薄膜电泳是以醋酸纤维素薄膜为支持介质，介质孔径大，没有分子筛效应，主要凭借被分离组分中各组分所带电荷的差异进行分离，适用于血清蛋白、免疫球蛋白、脂蛋白、糖蛋白、类固醇激素及同工酶等的检测。

1. 仪器装置　醋酸纤维素薄膜电泳装置见图 11－5，由直流电源和电泳室两部分组成。常用的为水平式电泳室。电源为具有稳压器的直流电源，常压电泳一般为 100～500V，高压电泳一般为 500～10000V。

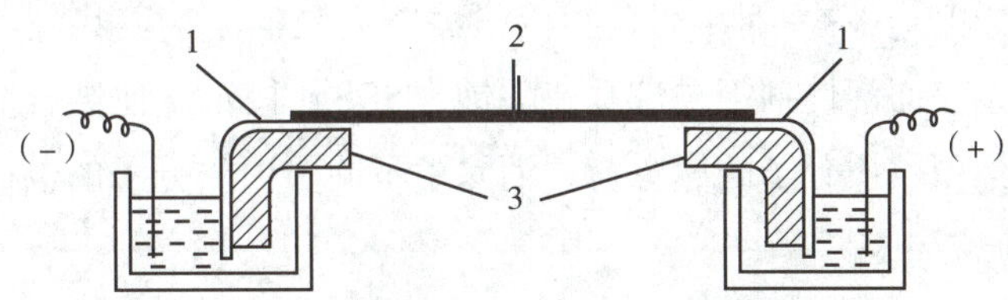

图 11－5　醋酸纤维素薄膜电泳装置示意图

1：滤纸桥；2：醋酸纤维素薄膜；3：电泳槽支架

2. 操作方法

（1）醋酸纤维素薄膜　将醋酸纤维素薄膜裁好（一般为 2cm×8cm），把无光泽面朝下，浸入巴比妥缓冲液（pH 6.8）中，待完全浸透，取出夹于滤纸中，轻轻吸去多余的缓冲液，将膜条无光泽面向上，置电泳槽架上，经滤纸桥浸入巴比妥缓冲液中。

（2）点样与电泳　于膜条上距负极端 2cm 处，条状滴加蛋白质含量为 5% 的供试品溶液 2～3μl，一般应在 10～12V/cm 稳压或 0.4～0.6mA/cm 稳流条件下电泳至区带距离 4～5cm 为宜（《中国药典》三部的生物制品一般采用稳流条件）。

人血白蛋白与免疫球蛋白类样品，在测定时取新鲜人血清作对照，电泳时间以白蛋白与免疫球蛋白之间的电泳展开距离约 2cm 为宜。

（3）染色　电泳后，取出膜条浸于氨基黑或丽春红染色液中，2～3 分钟后，用脱色液浸洗数次，直至脱去底色。

（4）透明　将漂洗干净的薄膜吹干，浸入透明液中浸泡 10～15 分钟，取出平铺在洁净的玻璃板上，干后即成透明的薄膜，可用于相对含量、纯度测量和做标本长期保存。

（5）含量测定　未经透明处理的醋酸纤维素薄膜电泳图可按各项下规定的方法测定，一般采用洗脱法或扫描法，测定各蛋白质组分的相对含量（%）。

人血白蛋白与免疫球蛋白类样品，以人血清作为对照，按峰面积计算各蛋白质组分的含量（%）。

（二）琼脂糖凝胶电泳法

以琼脂糖凝胶为支持介质的电泳法。除电荷效应外，还有分子筛效应，可根据被分离物质的形状和大小不同进行分离，大大提高了分辨率。本法适用于免疫复合物、核酸和核蛋白等的分离、鉴定与纯化。

1. 仪器装置　电泳室和直流电源，与醋酸纤维素薄膜电泳法相同。

2. 操作方法

（1）制胶　根据所需的琼脂糖凝胶的浓度，称取适量，先加少量水或缓冲液，迅速加热使琼脂糖溶胀完全，趁热将胶液涂布于玻板（2.5cm×7.5cm 或 4cm×9cm）上，厚度约 3mm，静置，待胶液凝固成无气泡的均匀薄层，即得。

（2）点样与电泳　将制好的胶板通过滤纸桥与缓冲液相连，或将琼脂糖凝胶板放入电泳槽中，加入浸过胶面约 1mm 的电泳缓冲液，在胶板负极端点样约 1μl。立即接通电源，在电压梯度为 30V/cm、电流强度 1～2mA/cm 的条件下，电泳约 20 分钟，关闭电源。

（3）染色与脱色　取下胶板，根据样品的性质选择不同的染色剂进行染色。用水洗去多余的染色液至背景无色为止。

（三）SDS－聚丙烯酰胺凝胶电泳

SDS－聚丙烯酰胺凝胶电泳法是一种变性的聚丙烯酰胺凝胶电泳法。其分离蛋白质的原理是根据大多数蛋白质都能与阴离子型表面活性剂十二烷基硫酸钠（SDS）按重量比结合成复合物，使蛋白质分子所带的负电荷远远超过天然蛋白质分子的净电荷，消除了不同蛋白质分子的电荷效应，使蛋白质按分子大小分离。

1. 仪器装置　恒压或恒流电源、垂直板电泳槽和制胶膜具。

2. 操作方法

（1）制备分离胶溶液　根据不同分子量的需求，制成不同的分离胶溶液，灌入模具内至一定的高度，加水封顶，室温下聚合（室温不同，聚合时间不同）。

（2）制备浓缩胶溶液　待分离胶溶液聚合后，用滤纸吸去上面的水层，再灌入浓缩胶溶液，插入样品梳，注意避免气泡出现。

（3）加样　待浓缩胶溶液聚合后小心拔出样品梳，将电极缓冲液注满电泳槽前后槽，在加样孔加入供试品溶液。

（4）电泳　垂直板电泳：恒压电泳，初始电压为 80V，进入分离胶时调至 150～200V，当溴酚蓝迁移至胶底，停止电泳。

（5）固定与染色　电泳完毕，取出胶条，置固定液中 30 分钟，取出胶条，置染色液中 1～2 小时，用脱色液脱色至凝胶背景透明后保存在保存液中。

答案解析

即学即练 11－3

凝胶电泳比一般电泳分辨率高是由于下列哪种效应____。

A. 浓缩效应　　B. 电荷效应　　C. 分子筛效应　　D. 黏度效应

二、其他电泳

（一）毛细管电泳法

毛细管电泳法又称高效毛细管电泳法（high performance capillary electrophoresis，HPCE），是指以弹性石英毛细管为分离通道，以高压直流电场为驱动力，根据供试品各组分淌度（单位电场强度下的迁移速度）和（或）分配行为的差异而实现分离的一种分析方法。它兼有 CE 的高速、高分辨率和 HPLC 的高效率，广泛应用于离子型生物大分子的分析、DNA 序列和 DNA 合成中产物纯度的测定、单个细胞和病毒的分析、中性化合物的分析等。

HPCE 具有高效、快速、分离模式多，选择自由度大、分析对象广，具有“万能”分析功能、自动化程度高、样品用量少、无污染等优点。主要缺点为制备能力低、要求检测器灵敏度高、填充柱需要专门的技术、管壁对样品的作用容易被放大、需控制电渗现象等。

（二）等电聚焦电泳法

等电聚焦（isoelectric focusing，IEF）是一种高分辨率的蛋白质分离和分析技术。它是利用蛋白质分子或其他两性电解质分子具有不同的等电点，从而在一个稳定、连续、线性的 pH 梯度中得到分离。

等电聚焦分辨率高、重复性好、样品容量大，只需要一般电泳设备，操作简单快捷，应用较广泛。

PPT

第四节　色谱技术

色谱分离技术是目前广泛应用于物质的分离纯化、分析鉴定最重要的方法之一，已经成为分离无机化合物、有机化合物及生物大分子等不可缺少的重要手段。

色谱的分类非常多，按分离机理可以分为常用的吸附色谱、分配色谱、凝胶色谱（排阻色谱）、离子交换色谱、亲和色谱等。

实例分析 11-2

实例　某混合液中含有谷氨酸、天冬氨酸、谷氨酰胺、丙氨酸等 4 种氨基酸，把该混合液点样于某滤纸一端，放入含展开剂和显色剂的展开缸内，当展开剂前沿线距滤纸末端 1cm 时，取出滤纸，用铅笔标记前沿线，并吹干，即看到几个斑点。

答案解析

讨论　1. 这种分离纯化氨基酸的方法是什么？

2. 常用的色谱分离技术有哪些？

一、分配色谱

分配色谱（partition chromatography）是被分离组分在固定相和流动相中不断发生吸附和解吸附的作用，在移动的过程中物质在两相之间进行分配。是利用被分离物质在两相中分配系数的差异而进行分离的方法。

知识链接

分配系数

分配系数（K）是指分配平衡后，组分在固定相与流动相中的浓度之比。K 与组分、固定相、流动相及温度有关。K 值越大的组分随展开剂移动的速度越慢。若组分固定，则展开剂的极性越强，K 值越小，即极性强的展开剂的洗脱能力越强，推进组分向前移动的速度越快。

分配色谱常用的载体有纸、硅胶、硅藻土、硅镁型吸附剂与纤维素粉等。

纸色谱是典型的分配色谱，系统简单，操作方便。另外还有薄层色谱、气相色谱和液相色谱等技术。

（一）纸色谱

1. 原理 纸色谱是以纸为载体，以纸上所含水分或其他物质为固定相，用展开剂进行展开的分配色谱法。

2. 仪器与材料

（1）展开容器 通常为具有磨口玻璃盖的圆形或长方形玻璃缸，能密闭。用于下行法时，盖上有孔，可插入分液漏斗，用以加入展开剂。

（2）点样器 常用具支架的微量注射器（平口）或定量毛细管（无毛刺）。

（3）色谱滤纸 质地均匀平整，具有一定的机械强度，不含影响展开效果的杂质，也不与显色剂起作用。

3. 操作

（1）下行法 将供试品溶解于适宜的溶剂中制成一定浓度的溶液。用微量注射器或定量毛细管吸取溶液，点样于点样基线上，一次点样不超过10μl。点样量过大时，溶液宜分次点加，每次点加后待其自然干燥或温热气流吹干，样点直径2~4mm，点间距为1.5~2.0cm，样点通常为圆形。

将点样后的色谱滤纸的点样端放入溶剂槽内并用玻棒压住，使色谱滤纸通过槽侧玻璃支持棒自然下垂，点样基线在压纸棒下数厘米处。展开前，展缸内用各品种项下规定的溶剂的蒸汽使之饱和。然后小心添加展开剂至溶剂槽内，使色谱滤纸的上端浸没在展开剂中。展开剂经毛细管作用沿色谱滤纸移动进行展开，展开过程中避免色谱滤纸受强光照射，展开至规定的距离后，取出色谱滤纸，标明展开剂前沿位置，待展开剂挥发后，按规定方法检测色谱斑点。

（2）上行法 点样方法同下行法。展开缸内加入展开剂适量，放置待展开剂蒸汽饱和后，再下降悬钩，使色谱滤纸浸入展开剂约1cm，展开剂经毛细管作用沿色谱滤纸上升，除另规定外，一般展开15cm后，取出晾干，按规定方法检测。

（二）高效液相色谱

高效液相色谱是采用高压输液泵将规定的流动相泵入装有填充剂的色谱柱，对供试品进行分离测定的色谱方法。注入的供试品，由流动相带入色谱柱内，各组分在柱内被分离，并进入检测器检测，由积分仪或数据处理系统记录和处理色谱信号。

1. 仪器组成和色谱条件 高效液相色谱仪由高压输液泵、进样器、色谱柱、检测器、积分仪或数据处理系统组成。色谱柱内径一般为2.1~4.6mm，填充剂粒径为2~10μm。

（1）色谱柱 常见的有反相色谱柱、正相色谱柱、离子交换色谱柱、手性分离色谱柱等。其中反相色谱柱最为常用，以键合非极性基团的载体为填充剂填充而成的色谱柱。常见的载体有硅胶、聚合物复合硅胶和聚合物等；常用的填充剂有十八烷基硅烷键合硅胶、辛基硅烷键合硅胶和苯基硅烷键合硅胶等。

色谱柱的内径与长度，填充剂的形状、粒径与粒径分布、孔径、表面积、键合基团的表面覆盖度、载体表面基团残留量，填充的致密与均匀程度等均影响色谱柱的性能，应根据被分离物质的性质来选择合适的色谱柱。

知识链接

硅 胶

硅胶是一种粒状多孔的二氧化硅水合物，属非晶态物质，外表呈透明或乳白色。硅胶化学性质稳

定，是一种安全性高、吸附能力强的吸附材料。常用作干燥剂、柱色谱和薄层色谱的吸附剂。近年来在医药、食品、工业等领域都有广泛应用。

(2) 检测器　最常用的检测器为紫外 - 可见分光检测器，包括二极管阵列检测器，其他常见的检测器有荧光检测器、蒸发光散射检测器、电雾式检测器、示差折光检测器、电化学检测器和质谱检测器等。

不同的检测器，对流动相的要求不同。紫外 - 可见分光检测器所用流动相应符合《中国药典》紫外 - 可见分光光度法（通则 0401）项下对溶剂的要求；采用低波长检测时，还应考虑有机溶剂的截止使用波长。蒸发光散射检测器、电雾式检测器和质谱检测器不得使用含不挥发性成分的流动相。

(3) 流动相　反相色谱系统的流动相常用甲醇 - 水系统或乙腈 - 水系统，用紫外末端波长检测时，宜选用乙腈 - 水系统。流动相中如需使用缓冲溶液，应尽可能使用低浓度缓冲盐。用十八烷基硅烷键合硅胶色谱柱时，流动相中有机溶剂一般应不低于 5%，否则易导致柱效下降、色谱系统不稳定。

流动相注入液相色谱仪的方式（又称洗脱方式）可分为两种：一种是等度洗脱，另一种是梯度洗脱。用梯度洗脱分离时，梯度洗脱程序通常以表格的形式在品种项下规定，其中包括运行时间和流动相在不同时间的成分比例。

(4) 色谱参数调整　品种正文项下规定的色谱条件（参数），除填充剂种类、流动相组分、检测器类型不得改变外，其余如色谱柱内径与长度、填充剂粒径、流动相流速、流动相组分比例、柱温、进样量、检测器灵敏度等，均可适当调整。

2. 色谱相关参数

(1) 色谱柱的理论板数（n）　用于评价色谱柱的效能。由于不同物质在同一色谱柱上的色谱行为不同，采用理论板数作为衡量色谱柱效能的指标时，应指明测定物质，一般为待测物质或内标物质的理论板数。

(2) 分离度（R）　用于评价待测物质与被分离物质之间的分离程度，是衡量色谱系统分离效能的关键指标。可以通过测定待测物质与已知杂质的分离度，也可以通过测定待测 物质与某一指标性成分（内标物质或其他难分离物质）的分离度，或将供试品或对照品用适当的方法降解，通过测定待测物质与某一降解产物的分离度，对色谱系统分离效能进行评价与调整。

(3) 灵敏度　用于评价色谱系统检测微量物质的能力，通常以信噪比（S/N）来表示。建立方法时，可通过测定一系列不同浓度的供试品或对照品溶液来测定信噪比。定量测定时，信噪比应不小于 10；定性测定时，信噪比应不小于 3。

(4) 拖尾因子（T）　用于评价色谱峰的对称性。以峰高作定量参数时，除另有规定外，T 值应在 0.95 ~ 1.05 之间。

(5) 重复性　用于评价色谱系统连续进样时响应值的重复性能。除另有规定外，通常取各品种项下的对照品溶液，连续进样 5 次，其峰面积测量值（或内标比值或其校正因子）的相对标准偏差应不大于 2.0%。

3. 高效液相色谱检测法的应用

(1) 定性分析　利用已知对照品的信息对未知成分或物质进行定性分析。主要方法有 3 种：利用保留时间定性、利用光谱相似度定性、利用质谱检测器提供的质谱信息定性。

（2）定量分析　可测定待检品种中各物质的相对含量。主要方法有：内标法、外标法、加校正因子的主成分自身对照法、不加校正因子的主成分自身对照法、面积归一化法等。

二、凝胶色谱

凝胶色谱（gel chromatography）是指混合物随流动相流经装有凝胶作为固定相的色谱柱时，混合物因分子大小不同而被分离的技术。因整个分离过程与过滤相似也称凝胶过滤，又由于物质在分离过程中的阻滞减速现象，也称排阻色谱或分子筛色谱。

（一）原理

凝胶色谱介质是一种在球内部具有大孔网状结构的凝胶微粒，当含有各种物质的样品溶液缓慢流经凝胶色谱柱时，各物质在柱内同时进行着两种不同的运动：垂直向下的移动和无定向的扩散运动。每种物质的分子大小和形状各不相同，在合适的凝胶柱中，大分子物质由于直径较大，不易进入凝胶颗粒的网孔，而只能分布于凝胶颗粒间隙，所以向下移动的速度较快，先被分离出；小分子物质除了可以在凝胶颗粒间隙中扩散之外，还可以进入凝胶孔内，故向下移动的速度较慢，后分离出。这样样品中分子大小不同的物质按顺序流出柱外而得到分离，其原理如图 11－6。

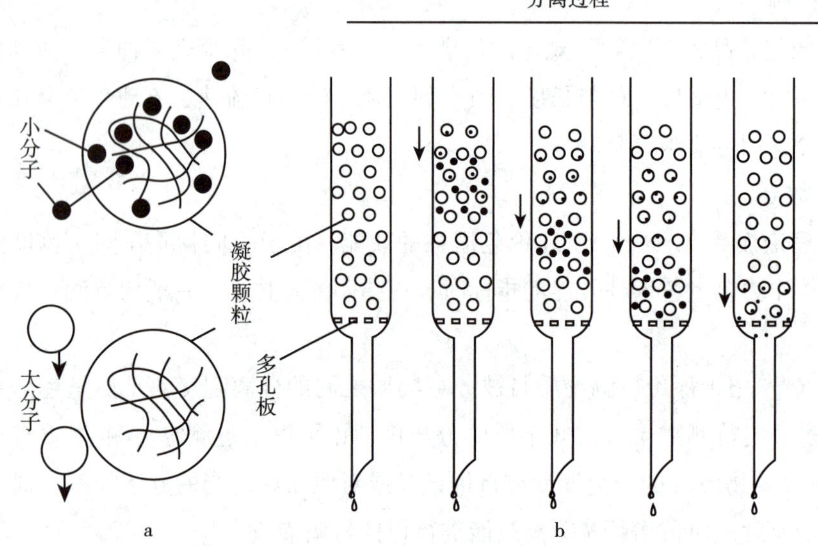

图 11－6　凝胶色谱分离原理示意图

a：表示球形分子和凝胶颗粒网状结构；b：分子在凝胶层析柱内的分离过程

答案解析

即学即练 11－4

分子在经过凝胶色谱柱时除了有垂直向下的运动，还有____。

A. 定向的扩散运动　　B. 无定向的扩散运动

C. 高速旋转运动　　D. 低速旋转运动

（二）凝胶色谱介质的种类

目前，常用的凝胶色谱介质主要有：葡聚糖凝胶、聚丙烯酰胺凝胶、琼脂糖凝胶和多孔玻璃微球等。

1. 葡聚糖凝胶　是目前凝胶色谱中最常用的凝胶。是由多聚葡聚糖与环氧氯丙烷交联而成，其孔

径大小可以通过调节葡聚糖与交联剂的配比及反应条件来控制，交联度越大，孔径越小。

2. 聚丙烯酰胺凝胶　是一种全化学合成的人工凝胶，它由单体丙烯酰胺合成线状多聚物，再与交联剂次甲基双丙烯酰胺通过自由基引发聚合反应形成聚丙烯酰胺，聚合过程中可适当控制单体用量和交联剂的比例，从而得到不同类型和不同特征的聚丙酰胺凝胶。

3. 琼脂糖凝胶　是来源于一种海藻多糖琼脂，是一种天然凝胶，主要用于分离相对分子质量400kD以上的生物大分子。但其化学稳定性较差，一般只能在pH 4 ~9 范围内使用。

4. 多孔玻璃微球　常见的有钠玻璃、硼玻璃和铅玻璃等。多孔玻璃微球的优点是化学稳定性高、强度大，能在高压下操作，并获得好的流速，重复性好。缺点是因有大量的硅羟基存在，对糖类、蛋白质等物质有吸附作用。常用聚乙烯二醇浸泡加以钝化后使用。

 **知识链接**

凝胶介质的相关参数

1. 排阻极限　又称排阻限，是指不能扩散进入凝胶颗粒内部的最小溶质分子的相对分子质量，即能有效地分离一定形状样品物质分子相对分子质量的最大极限，一种物质分子若其相对分子质量大于排阻极限而不能进入网孔内部，则不能有效地分离。

2. 分级分离范围　是指某种凝胶容许溶质相对分子质量在多大范围内能得到线性分离。

3. 得水率　指1g干凝胶吸收水分的克数。

4. 床体积　为1g干胶吸水膨胀后所得的最后体积。

（三）凝胶色谱的操作

1. 凝胶的选择和预处理　凝胶色谱效果的好坏，关键性的因素是根据样品的性质和种类选择合适的凝胶。凝胶在使用前必须溶胀，使干凝胶充分吸收溶剂介质，并达到平衡，体积不再涨大为止。

2. 凝胶柱的装填　装柱是极为关键的一个操作步骤。避免装柱过程中产生气流、形成界面以及装填不均匀等现象。一般应将色谱柱垂直安装，在柱底部出口和各接口处事先通入洗脱剂去除气泡，而后将配制成适当黏稠度的凝胶悬浮液一次倾入色谱柱内，开启柱下面的出口开关，流出液体，使凝胶自然下沉。在进胶过程中，要控制流速稳定，胶下沉须连续、均匀。

3. 加样　凝胶色谱的上样量与床体积有关，分级分离时上样量一般为床体积的1% ~5%，组别分离时样品用量可以增加。加样时通常采用直接法，样品加完后，打开出口，让样品慢慢渗入凝胶内，距床面1mm时，关闭下出口，用少量相同洗脱液清洗表面几次，使样品尽可能全部进入凝胶内（尽可能不稀释样品），之后接通恒压洗脱瓶开始分离。

4. 洗脱与收集　洗脱时要控制适当的流速。洗脱液应与平衡液一致，否则会使凝胶体积发生改变，影响分离效果。洗脱液的收集多采用部分收集器，并用记录仪观察和分析流出物的分离情况，得到洗脱图谱。

5. 凝胶柱的再生　凝胶柱在合理使用的情况下一般无需再生即可多次重复使用。凝胶柱如遇到长期使用而板结或被不溶物污染及发生严重吸附时则需要再生。对板结凝胶柱，最简单的处理方法是反冲。不溶物和严重吸附的凝胶柱，必须将凝胶出柱，反复漂洗后再用稀酸、稀碱或其他溶剂浸泡处理。

三、离子交换色谱 微课2

离子交换色谱（ion exchange chromatography）是根据溶液中各种带电颗粒与离子交换剂之间结合力的差异而进行分离的技术。

（一）原理

当溶液中存在 A、B 两种或两种以上的离子，并通过离子交换色谱柱时，原来吸附在离子交换介质上的离子与溶液中高浓度的 A、B 离子发生交换作用，脱离离子交换介质，游离在流动相中，并随流动相流出。A、B 两种离子在同一溶液中溶解度不同、所带电荷不同，因此在色谱柱内洗脱时的迁移速度就不同，从起始原点至 A、B 两离子的色谱峰间的距离逐渐加大，最终完全分离。

（二）离子交换剂

离子交换剂主要由惰性的不溶性载体、功能基团和平衡离子组成。

载体是由高分子化合物聚合而成的球形颗粒或多糖类化合物交联而成的球形颗粒。一般应具有良好的亲水性、水不溶性、较好的化学稳定性或较多的容易被活化剂活化的基团。

平衡离子带正电荷的为阳离子交换剂，平衡离子带负电荷的为阴离子交换剂，离子交换剂是一类具有活性基团的荷电固相颗粒。

阴（阳）离子交换现象可用下式表示：

阳离子交换反应：

$$R{-}SO_3^-X^+ + Y^+ \rightleftharpoons R{-}SO_3^-Y^+ + X^+$$

阴离子交换反应：

$$R{-}\overset{\displaystyle CH_3}{\underset{\displaystyle CH_3}{N}}{-}H^+A^- + B^- \rightleftharpoons R{-}\overset{\displaystyle CH_3}{\underset{\displaystyle CH_3}{N}}{-}H^+B^- + A^-$$

式中，R 表示阴（阳）离子交换剂中大分子聚合物的主体结构（载体）；$—SO_3^-$、$—N(CH_3)_2H^+$ 为离子交换剂中的功能基团；X^+、A^- 为平衡离子；Y^+、B^- 为交换离子。

强酸型阳离子交换剂的功能基团有：磺酸（$—SO_3H$）和甲基磺酸（$—CH_2SO_3H$）；弱酸型阳离子交换剂的功能基团有：羧基（—COOH）；强碱型阴离子交换剂的功能基团有：季铵盐［$—N(CH_3)_2H^+$］；弱碱型阴离子交换剂的功能基团有：伯、仲、叔氨基（$—NH_2$、—NHR、$—NR_2$）。

答案解析

即学即练 11－5

含季铵盐的离子交换剂为____。

A. 强酸型阳离子交换剂 B. 弱酸型阳离子交换剂

C. 强碱型阴离子交换剂 D. 弱碱型阴离子交换剂

（三）离子交换色谱操作

1. 离子交换剂的选择 离子交换剂种类很多，实际应用中，应根据具体情况考虑下列因素：被分

离物质带电性质；相对分子质量大小；被分离物质所处的环境，即环境中是否有其他离子存在；被分离物质的物理化学性质等。一般情况下，酸性物质用阴离子交换剂分离，碱性物质用阳离子交换剂分离。

2. 装柱及加样

（1）柱的装填及平衡　选择合适的色谱柱，若用碱式（或酸式）滴定管代替，管底部应先用玻璃纤维填塞。将溶胀或已转型的离子交换剂与起始缓冲液混合成浆状物均匀装柱。装填过程中为防止产生气泡和分层，装柱时可先加1/3（*V*/*V*）的水，而后靠水的浮力加入树脂或其他交换剂，使其均匀缓慢地沉降。装柱完毕后，用水或缓冲液平衡到所需条件，如特定的pH、离子强度等，进一步对着光检查，观察填充是否均匀，若均匀即可上样。

（2）加样　被分离物质的分离效果好坏与加样量及样品浓度有关，样品用量又取决于所选离子交换剂的交换容量。一般控制样品用量为交换容量的10%～20%，可获得较好的分辨率。

（3）洗脱与收集　加样后，用足够量的起始缓冲液洗柱，以除去未吸附的物质，而后再进行洗脱。离子交换色谱的洗脱方式多采用梯度洗脱和阶段洗脱。洗脱液常用部分收集器收集，根据实验目的每管收集相同毫升数，并用记录仪观察和分析流出物的分离情况，得到洗脱图谱。

（4）树脂的再生　对使用后的树脂首先要去杂，即用大量水冲洗，以去除树脂表面和孔隙内部物理吸附的各种杂质。然后再用酸、碱处理除去与功能基团结合的杂质，使其恢复原有的静电吸附能力。树脂去杂后，为了发挥其交换性能，还要对树脂进行转型，即按照使用要求赋予平衡离子的过程。

四、亲和色谱

亲和色谱（affinity chromatography）是根据流动相中的生物大分子与固定相表面偶联的特异性配基发生亲和作用，有选择吸附溶液中的溶质而进行的分离方法。它是在一种特制的具有专一性吸附能力的吸附剂上进行的色谱分离技术。

在生物体内许多生物大分子具有与其结构相对应的专一分子可逆结合的特性，如酶与底物或抑制剂、抗体与抗原、激素与其受体、RNA与其互补的DNA等。这种结合往往是专一的，而且是可逆的，生物分子间的这种能力称为亲和力。亲和色谱方法就是利用分子间这种亲和吸附和解析的原理建立和发展起来的。

由于亲和色谱中使用的亲和吸附剂亲和力大、专一性强，因此只要通过较简单的步骤，即可达到预期的分离效果。

（一）原理

利用亲和色谱技术分离某一生物大分子时，首先必须寻找能被该分子识别和可逆结合的生物专一性物质，此物质称为配基。其次要把配基结合到色谱介质，此色谱介质称为载体。最后把固定化配基填充在色谱柱内做成亲和柱，使欲分离的物质混合物流经亲和柱。混合物中只有能与配基专一性结合形成络合物的分子被吸附，不能被结合的杂质则直接流出，通过更换洗脱液的方法，促使被吸附物从配基上解吸下柱，从而获得亲和物。亲和色谱的基本过程如图11－7。

（二）亲和介质的制备

1. 配基的选择　在亲和色谱中，分离生物大分子的配基必须具备下列条件。

（1）配基必须有适当的化学基团能与活化剂的活化基团发生偶联作用，以便使载体得到较高的偶联率，偶联后不致影响配基和被分离生物大分子的专一结合特性。

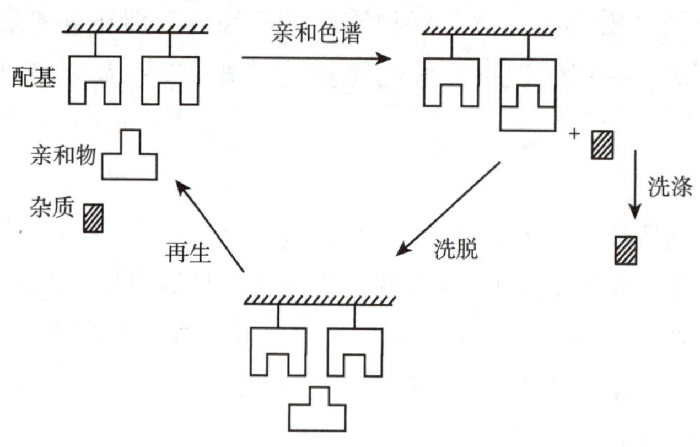

图 11-7 亲和色谱基本过程示意图

（2）配基必须能与被分离物质容易发生亲和作用，且专一性要强，以便更有效地分离目标产物。

（3）配基与生物大分子结合后，在一定条件下能够被解吸附，且不破坏生物大分子的生物活性和理化性质。

（4）若分离物质是生物分子，尽量选择相对分子质量较大的化合物作为配基，以减少在分离过程中的空间阻碍。

2. 载体的选择 亲和色谱的载体一般是凝胶类色谱介质。一般比较理想的亲和色谱介质的载体应具备以下特性。

（1）载体应是惰性的，尽量减少物理吸附和离子交换等非专一性吸附。

（2）载体上必须有足够数量的可活化的化学基因，这些可活化的基因应能在较温和的条件下与大量配基偶联。

（3）具有多孔的立体网状结构，能使被亲和吸附的大分子自由通过。

（4）具有较好的物理和化学稳定性，在一般的亲和色谱条件下，载体的结构不会破坏。

（5）具有良好的机械性能，并且颗粒均匀，保持色谱过程中流速稳定。

常用的载体有：琼脂糖凝胶、葡聚糖凝胶、聚丙烯酰胺凝胶、多孔玻璃珠等。

（三）亲和色谱的操作

同其他色谱技术相同，亲和色谱一般也采用柱色谱的操作方式。所选平衡缓冲液应具有合适的 pH 和离子强度以利于亲和吸附物的形成。上样时要在低温（4℃）下进行，流速要尽可能慢。应根据被分离物质与配基之间亲和力的大小，选择不同的洗脱方法。

1. 亲和色谱的洗脱

（1）非专一性洗脱 非专一性洗脱是最常用的洗脱方法。它主要靠改变缓冲液的 pH 、离子强度、介电常数或温度等方法，使固定在配基上的亲和物的构象发生改变，降低其亲和力，将被亲和物从配基上洗脱下来，达到纯化的目的。

（2）专一性洗脱 当所用配基带有电荷或配基本身对几种生物大分子都具有亲和力时，非专一性洗脱就难以奏效。因为配基上带有电荷，会使待分离的生物大分子和被吸附的杂蛋白同时被洗脱下来。但选用专一性的洗脱剂，可以只解吸待分离的生物大分子。

2. 亲和吸附剂的再生 已使用过的亲和吸附剂必须经过再生处理，除去非专一性吸附的杂质才能重复使用。通常，每次色谱分离之后应用 2～6mol/L 尿素溶液洗涤色谱柱。有时也加入适量的二甲基甲酰胺、链霉蛋白酶以恢复亲和吸附剂的吸附容量。如果每次色谱分离以后，色谱柱都经过适当的再生处理，则可使色谱柱的寿命大大延长。

PPT

第五节　移液枪的使用和维护

移液枪是移液器的一种，属于精密仪器，常用于实验室少量或微量液体的移取。

一、移液枪的分类

1. 空气垫加样器　活塞冲程（空气垫）加样器可很方便地用于固定或可调体积液体的加样，加样体积的范围在小于 1μl 至 10ml 之间，加样器结构如图 11－8。加样器中的空气垫的作用是将吸于塑料吸头内的液体样本与加样器内的活塞分隔开来，空气垫通过加样器活塞的弹簧样运动而移动，进而带动吸头中的液体上升，使其达到设定的体积。

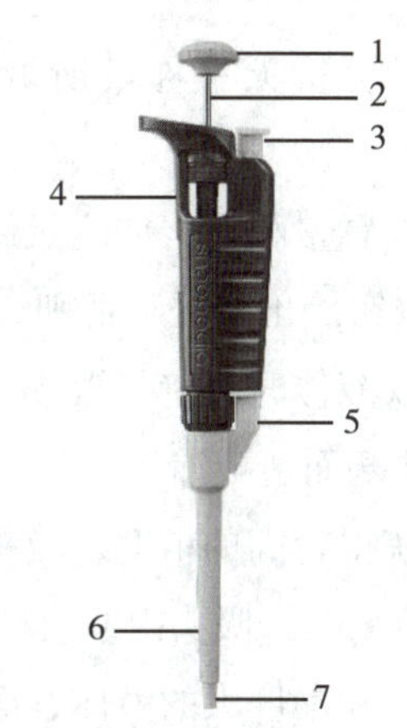

图 11－8　普通移液器结构图

1：推动按钮；2：推动杆；3：卸枪头按钮；4：调节轮；5：卸枪头器；6：吸液杆；7：一次性洗液枪头连接处

2. 活塞正移动加样器　活塞正移动加样器可以不受温度、压力等物理因素的影响，可用于具有高蒸汽压的、高黏稠度以及密度大于 2.0g/cm^3 的液体的量取。也可用于聚合酶链式反应（PCR），可防止气溶胶的生成。

3. 多通道加样器　多通道加样器通常为 8 通道或 12 通道，与 8×12＝96 孔微孔板一致。多通道加样器的使用不但可减少实验操作人员的加样操作次数，而且可提高加样的精密度。

4. 电子加样器、分配器　电子加样器和分配器为半自动加样系统，电子加样器最大的优点是其具有很高的加样重复性，应用范围广。

二、移液枪的使用

1. 设定移液体积　从大量程调节至小量程为正常调节方法，逆时针旋转刻度即可。从小量程调节至大量程时，应先顺时针旋转刻度旋钮调至超过设定体积刻度，再回调至设定体积，这样可以保证移液器的精确度。在此过程中切不可将按钮旋出量程，否则会卡住内部机械装置而毁坏移液器。

2. 装配移液枪头　将移液枪垂直插入吸头，稍微用力左右旋转半圈，上紧即可。如果是多道（如 8 道或 12 道）移液枪，则可以将移液枪的第一道对准第一个枪头，然后倾斜地插入，往前后方向摇动即可卡紧。枪头卡紧的标志是略微超过 O 型环，并可以看到连接部分形成清晰的密封圈。

3. 移液方法　移液前，要保证移液器、枪头和液体处于相同温度。吸取液体时，移液器应垂直，吸头尖端浸入液面 3mm 以下。吸液前可以先吸放几次液体润湿枪头（尤其是要吸取黏稠或密度与水不同的液体时）。

移液可采用两种移液方法。①前进移液法：用大拇指将按钮按下至第一停点，然后慢慢松开按钮回到原点。接着将按钮按至第一停点排出液体，稍停片刻继续按按钮至第二停点吹出残余液体。最后松开按钮。②反向移液法：此法一般用于转移高黏液体、生物活性液体、易起泡液体或极微量的液体，其原理是先吸入多余设置移液体积量的液体，转移液体的时候不用吹出残余的液体。先按下按钮至第二停点，慢慢松开按钮至原点。接着将按钮按至第一停点排出设置好移液体积的液体，继续保持按住按钮位于第一停点（千万别往下按），取下有残留液体的枪头，弃之。

4. 移液器的正确放置 使用完毕，可以将其垂直挂在移液器架上，但要小心别掉下来。当移液器枪头里有液体时，切勿将移液器水平放置或倒置，以免液体倒流腐蚀活塞弹簧。

三、使用注意事项及维护

（一）注意事项

1. 可用分析天平称量所取纯水的重量并进行计算的方法，来校正取液器，1ml 蒸馏水 20℃时重 0.9982g。

2. 在设置量程时，请注意旋转到所需量程数字清清楚楚在显示窗中，所设量程在移液器量程范围内不要将按钮旋出量程，否则会卡住机械装置，损坏了移液器。

3. 吸取液体时一定要缓慢平稳地松开拇指，绝不允许突然松开，以防将溶液吸入过快而冲入取液器内腐蚀柱塞而造成漏气。

4. 为获得较高的精度，吸头需预先吸取一次样品溶液，然后再正式移液，因为吸取血清蛋白质溶液或有机溶剂时，吸头内壁会残留一层“液膜”，造成排液量偏小而产生误差。

5. 浓度和黏度大的液体，会产生误差，为消除其误差的补偿量，可由试验确定，补偿量可用调节旋钮改变读数窗的读数来进行设定。

6. 吸有液体的移液枪不应平放，枪头内的液体很容易污染枪内部而可能导致枪的弹簧生锈。

7. 移液器严禁吸取有强挥发性、强腐蚀性的液体（如浓酸、浓碱、有机物等）。

8. 严禁使用移液器吹打混匀液体。

9. 不要用大量程的移液器移取小体积的液体，以免影响准确度。同时，如果需要移取量程范围以外较大量的液体，请使用移液管进行操作。

10. 移液枪在每次实验后应将刻度调至最大，让弹簧回复原型以延长移液枪的使用寿命。

11. 如液体不小心进入活塞室应及时清理污染物。定期清洁移液器外壁。

（二）维护

1. 定期检查移液器的密封状况，一旦发现密封老化或出现漏液，须及时更换密封圈。

2. 绝大多数移液器，在使用前和使用一段时间后，要给活塞涂上一层润滑油以保持密封性。

3. 每年对移液器进行 1 ~ 2 次校正（视使用频率而定）。

答案解析

一、名词解释

离心技术　超滤　浓差极化　电泳　离子交换色谱　亲和色谱

二、填空题

1. 超滤膜构造中一层为多孔的__________；另一层为空隙较大的__________。

2. 超滤膜的相对截留分子质量是指阻留率达__________以上的最小被截留物质的相对分子质量。
3. 透析是利用__________将大分子中的离子或小分子去掉的分离方法。
4. 醋酸纤维素薄膜电泳装置由________和________两部分组成。
5. 分配色谱是利用被分离物在两相中__________的差异而进行的分离方法。
6. 被分离颗粒在凝胶色谱柱时进行的运动有__________和__________。
7. 多通道加样器常分为__________通道和__________通道。

三、选择题

【A 型题】

1. 关于膜分离技术说法正确的是（　　）。
   A. 膜分离技术是利用膜的孔径大小以及膜表面的特性来进行分离的技术
   B. 膜分离技术仅以膜孔径大小为通用指标
   C. 膜分离技术只有透析和超滤两种类型
   D. 膜分离技术只能分离一定范围相对分子质量的分子
   E. 膜分离技术会对环境造成污染，操作复杂
2. 电泳时 pH 值、颗粒所带电荷和电泳速度的关系，下列描述正确的是（　　）。
   A. pH 值离等电点越远，颗粒所带电荷越多，电泳速度也越慢
   B. pH 值离等电点越近，颗粒所带电荷越多，电泳速度也越快
   C. pH 值离等电点越远，颗粒所带电荷越少，电泳速度也越快
   D. pH 值离等电点越远，颗粒所带电荷越多，电泳速度也越快
   E. pH 值离等电点越近，颗粒所带电荷越少，电泳速度也越快
3. 醋酸纤维素薄膜电泳的特点是（　　）。
   A. 分离速度慢、电泳时间短、样品用量少　　B. 分离速度快、电泳时间长、样品用量少
   C. 分离速度快、电泳时间短、样品用量少　　D. 分离速度快、电泳时间短、样品用量多
   E. 分离速度慢、电泳时间长、样品用量少
4. 根据被分离物在固定相和流动相中的不断的吸附和解吸附，在两相中的分配系数差异来进行分离的色谱技术是（　　）。
   A. 凝胶色谱　　B. 分配色谱　　C. 亲和色谱　　D. 离子交换色谱
   E. 吸附色谱
5. 属于专一性吸附能力进行分离的色谱技术是（　　）。
   A. 凝胶色谱　　B. 分配色谱　　C. 亲和色谱　　D. 离子交换色谱
   E. 吸附色谱

【B 型题】

［第 6 ~ 10 题选项］
   A. 纸色谱　　B. 高效液相色谱　　C. 凝胶色谱　　D. 亲和色谱
   E. 离子交换色谱

6. 用一种特制的专一性吸附剂进行分离的色谱技术是（　　）。
7. 根据溶液中各组带电颗粒与色谱柱中特定离子的结合力差异进行分离的色谱技术是（　　）。
8. 采用高压输液泵将流动相泵入色谱柱而使物质进行分离的色谱技术是（　　）。

9. 以纸为载体做固定相进行分离的色谱技术是（　　）。

10. 利用混合物分子大小不同而分离的色谱技术是（　　）。

【X 型题】

11. 常用的离心方法有（　　）。

A. 高温离心法　　B. 差速离心法　　C. 速率区带离心法　　D. 等密度离心法

12. 超滤过程中克服浓差极化常用的方法有（　　）。

A. 震荡　　B. 增加滤液浓度　　C. 搅拌　　D. 错流

13. 下列方法属于区带电泳的是（　　）。

A. 醋酸纤维素薄膜电泳　　B. 琼脂糖凝聚电泳

C. SDS－聚丙烯酰胺凝聚电泳　　D. 毛细管电泳

14. 凝胶色谱技术中常用的凝胶介质有（　　）。

A. 葡聚糖凝胶　　B. 多孔玻璃珠　　C. 聚丙烯酰胺凝胶　　D. 琼脂糖凝胶

15. 离子交换剂的组成有（　　）。

A. 载体　　B. 配基　　C. 功能基团　　D. 平衡离子

四、简答题

1. 简述离心技术的原理、常用的方法及应用。
2. 简述常用的电泳技术有哪些？其作用原理是什么？
3. 简述凝胶色谱、离子交换色谱和亲和色谱的作用原理。

书网融合……

知识回顾

微课 1

微课 2

习题

参考文献

[1] 国家药典委员会．中华人民共和国药典［M］．北京：中国医药科技出版社，2020.

[2] 解军，侯筱宇．生物化学［M］．北京：高等教育出版社，2014.

[3] 周克元，罗德生．生物化学［M］．2版．北京：科学出版社，2010.

[4] 黄纯．生物化学［M］．4版．北京：科学出版社，2021.

[5] 郑里翔，杨云．生物化学［M］．2版．北京：中国医药科技出版社，2018.

[6] 吴梧桐．生物制药工艺学［M］．北京：中国医药科技出版社，2015.

[7] 陈电容、朱照静．生物制药工艺学［M］．北京：人民卫生出版社，2013.

[8] 周春燕，药立波．生物化学与分子生物学［M］．9版．北京：人民卫生出版社，2018.

[9] 晁相蓉．生物化学［M］．3版．北京：科学出版社，2020.

[10] 赵瑞巧．生物化学（案例版）［M］．北京：科学出版社，2010.

[11] 肖建英．生物化学［M］．2版．北京：人民军医出版社，2012.

[12] 张淑芳．人体功能知识基础［M］．2版．北京：人民卫生出版社，2016.

[13] 查锡良，药立波．生物化学与分子生物学［M］．8版．北京：人民卫生出版社，2013.

[14] 李清秀．生物化学［M］．3版．北京：人民卫生出版社，2019.

[15] 杨荣武．生物化学原理［M］．3版．北京：高等教育出版社，2018.

[16] 冯美卿．生物技术制药［M］．北京：中国医药科技出版社，2016.